高校土木工程专业规划教材

建筑工程概预算与工程量清单计价

杨　静　孙　震　主编
侯敬峰　王　亮　廖维张　副主编

中国建筑工业出版社

图书在版编目（CIP）数据

建筑工程概预算与工程量清单计价/杨静，孙震主编. —北京：中国建筑工业出版社，2012.2
（高校土木工程专业规划教材）
ISBN 978-7-112-14064-0

Ⅰ.①建… Ⅱ.①杨… ②孙… Ⅲ.①建筑概算定额-高等学校-教材②建筑预算定额-高等学校-教材③建筑造价管理-高等学校-教材 Ⅳ.①TU723.3

中国版本图书馆 CIP 数据核字（2012）第 026910 号

本书共 16 章，内容为：建筑工程定额概述，施工定额，预算定额，概算定额和概算指标，建筑安装工程费用，建筑面积和檐高的计算，建筑工程工程量计算，装饰工程工程量计算，建筑工程施工图预算编制，建筑工程设计概算的编制，工程量清单计价，建筑工程工程量清单的编制及组价，装饰装修工程工程量清单的编制及组价，建筑工程工程量清单计价实例，建设工程承包合同价格，建设工程价款结算等。本书还附有教学光盘一张。

本书可作为高等院校建筑工程专业的教材或教学参考书，也可作为相关专业技术人员的参考书。

* * *

责任编辑：朱首明 刘平平
责任设计：张 虹
责任校对：王誉欣 刘 钰

高校土木工程专业规划教材
建筑工程概预算与工程量清单计价
杨 静 孙 震 主编
侯敬峰 王 亮 廖维张 副主编
*
中国建筑工业出版社出版、发行（北京西郊百万庄）
各地新华书店、建筑书店经销
北京红光制版公司制版
北京市书林印刷有限公司印刷
*
开本：787×1092 毫米 1/16 印张：17½ 字数：423 千字
2012 年 7 月第一版 2012 年 7 月第一次印刷
定价：**45.00** 元（含光盘）
ISBN 978-7-112-14064-0
（22089）

前　　言

《建筑工程概预算》是土木工程专业的主要专业课程之一，在系列课程中占有重要地位。课程的教学内容涉及建筑识图、建筑材料、土木工程施工、建筑施工、房屋建筑学、建筑结构等多个学科，是一门实践性和综合性较强、涉及面广的学科。其目的是培养学生掌握建筑工程施工图预算的编制方法和步骤，熟悉建筑工程工程量清单计价规范，并具有运用所学知识编制企业定额，从事企业经营管理的能力，为日后胜任工作岗位和进一步学习有关知识奠定基础。

本书是在2003年出版的《建筑工程概预算与工程量清单计价》的基础上，根据新世纪土木工程人才培养目标、专业指导委员会对课程设置的意见以及课程教学大纲的要求组织编写的。编写时，结合高等学校教育特点以及2008年12月实施的《建设工程工程量清单计价规范》（GB 50500—2008）、2005年7月实施的《建筑工程建筑面积计算规范》（GB/T 50353—2005）和北京市现行的建筑工程概预算定额，参阅大量资料，并综合编者多年的教学经验和建筑施工经验编写而成。

本书在内容上注意先进性和实用性，力求理论与实践紧密结合，图文并茂，语言简练，信息丰富，便于教学和自学。理论知识简洁、明了，例题与理论结合紧密，文字与图表结合，通俗易懂，同时以某一建筑工程施工图预算的编制贯穿整个内容中，并且还编制了该工程的清单报价书。使学生对定额计价和清单计价有一个全面的认识。

本书内容包括建筑工程定额的基本知识、建筑安装工程费用组成、檐高和建筑面积的计算、建筑工程和装饰工程预算工程量的计算、单位工程施工图预算的编制、建筑工程设计概算的编制、工程量清单计价的基础知识、建筑工程和装饰装修工程的工程量清单编制及组价、清单报价编制实例、招标控制价和标底的编制、合同价款管理以及建设工程价款结算等。每章前提示学习重点、学习要求，每章后附有复习思考题和习题，便于教师更好地组织教学和方便学生学习。

本书由北京建筑工程学院老师编写，杨静、孙震任主编，侯敬峰、王亮、廖维张任副主编。本书第一章至第四章由张艳霞编写，第五章由王亮编写，第六章、第七章、第九章、第十二章至第十四章由杨静编写，第八章和第十章由孙震编写，第十一章由侯敬峰编写，第十五章和第十六章由杨静、廖维张合作编写，全书由杨静统稿。

本书在编写过程中得到许多专家的指导，参考了同行的有关书籍和资料，谨此表示诚挚的谢意。

由于时间和作者水平有限，书中难免存在不妥之处，敬请广大学者和同行提出宝贵意见。

目　录

第三篇　工程量清单计价模式

第四篇 工程造价的管理

绪　　论

一、建筑产品及生产的特点

建筑产品和其他工农业产品一样，具有商品的属性。但从其产品和生产的特点看，却具有与一般商品不同的特点，具体表现在：

(一) 建筑产品的固定性和施工生产的流动性

建筑物、构筑物是建在土地之上，建筑产品从形成的那一天起，便与土地牢固的结为一体，形成了建筑产品最大的特点，即产品的固定性。

建筑产品的固定性决定了生产的流动性，一支建筑队伍在甲地承担的建筑生产任务完成后（延续时间不论长短），即须转移到乙地、丙地……承接新的施工任务。

上述特点，使工程建设地点的气象、工程地质、水文地质和技术经济条件，直接影响工程的造价。

(二) 建筑产品的单件性、多样性

建筑产品的单件性表现在每幢建筑物、构筑物都必须单件设计、单件建造、单独定价并独立存在。

建筑产品根据工程建设业主（买方）的特定要求，在特定的条件下单独设计的。因而建筑产品的形态、功能多样，各具特色。每项工程都有不同的规模、结构、造型、功能、等级和装饰，需要选用不同的材料和设备，即使同一类工程，各个单件也有差别。由于建设地点和设计的不同，必须采用不同的施工方法，单独组织施工。因此，每个工程所需的劳动力、材料、施工机械等各不相同，直接费、间接费均有很大差异，每个工程必须单独定价。

(三) 建筑产品庞大、生产周期长且露天作业

建筑产品体积庞大，大于任何工业产品。建筑产品又是一个庞大的系统，由土建、水、电、热力、设备安装、室外市政工程等分系统组成一个整体而发挥作用。由此决定了它的生产周期长、消耗资源多、露天作业等特点。

建筑产品生产过程要经过勘察、设计、施工、安装等很多环节，涉及面广，协作关系复杂，施工企业内部要进行多工种综合作业，工序繁多，往往长期地大量地投入人力、物力、财力，致使建筑产品生产周期长。由于建筑产品价格受时间的制约，工期长，价格因素变化大，如国家经济体制改革出现的一些新的费用项目，材料设备价格的调整等，都会直接影响建筑产品的价格。

另外由于建筑施工露天作业，受自然条件、季节性影响较大，也会造成防寒、防冻、防雨等费用的增加，影响到工程的造价。

二、建筑产品价格

(一) 建筑产品是商品

如前所述，建筑业是一个物质生产部门，在社会主义市场经济条件下，建筑产品生产

的目的是为了交换。建筑业不论是转让自己开发建设的土地使用权，出售自己建造的房屋，还是按“加工定做”方式交付承建的工程——即先有工程建设单位（买方）订货，再有工程承包企业生产和销售（卖方），都是商品的交换行为，因此建筑产品是商品。它与工程建设业主或使用单位（买方）和工程承包商（卖方）形成建设市场。

（二）建筑产品的价值

建筑产品是商品，它与其他商品一样具有使用价值和价值两种因素。

建筑产品的使用价值，主要表现在它的功能、质量和能满足用户的需要，这是它的自然属性决定的，它是构成社会物质财富的物质内容之一。在商品经济条件下，建筑产品的使用价值是它的价值的物质承担者。

建筑产品的价值应包括物化劳动、活劳动消耗和新创造的价值，即C（不变资本）＋V（可变资本）＋M（剩余价值）三部分。具体包括：

1. 建造过程中所消耗的生产资料的价值（C），其中包括建筑材料、燃料等劳动对象的耗费和建筑机械等劳动手段的耗费；

2. 劳动者为满足个人需要的生活资料所创造的价值（V），它表现为建筑职工的工资等；

3. 劳动者为社会和国家提供的剩余产品价值（M），它表现为利润等。

（三）建筑产品价格

1. 建筑产品价格及其费用组成

价值是价格的基础。商品的价值用货币形态表现出来，就是价格。

建筑产品的价格与所有商品一样是价值的货币表现，它是由直接费、间接费、利润和税金等四个部分组成。

2. 建筑产品价格的定价原理

由于建筑产品自身的特点，需采用特殊的计价方式单独定价。

确定单位工程建筑产品价格的方法，首先确定单位假定产品即分项工程（如$10m^3$砖墙）的人工、材料、施工机械台班消耗量指标（即概预算定额），再用货币形式计算出单位假定产品的预算价格（即概预算单位估价表），作为建筑产品计价基础。然后根据施工图纸及工程量计算规则分别计算出各工程项目的工程量，再分别乘以概预算单价，计算出建筑产品的直接费用，并以直接费为基础计算出间接费，最后再计算出利润和税金，汇总后构成建筑产品的完全价格。

关于计价基础（即概预算定额、工程量清单）和计价方法（工料单价法、综合单价法），将作为本教材的重点在以后的有关章节中专门论述。

（四）建筑产品价格的特点

1. 建筑产品需逐个定价且为一次性价格

由于建筑产品及其生产所固有的特性，决定了建筑产品的价格不能像一般工业产品那样有统一规定的价格，一般都需要通过编制工程概预算文件逐个进行定价（计划价格）。实行招标承包的工程，由工程建设单位（买方）编制招标文件，再由受邀的几家工程承包企业（卖方）编制投标文件，价格（在保证质量、工期等前提下）经过竞争、开标、评标、定标，以建设单位和中标单位签订承包合同的形式予以确定（浮动价格）。

在社会主义市场经济条件下，定额价只起参考作用，编制建筑工程概预算价格或者编制投标报价时必须根据市场价格进行调整。建筑产品的最终价格应是工程竣工结算价格（或成交价格），其价格是一次性的。

2. 影响建筑产品价格的因素繁多

构成建筑产品市场价格的因素，除建筑产品本身的功能、特征、级别及其所处地区的水文地质、气象及技术经济条件外，还包括劳动生产率水平，产品质量的优劣，施工方法、工艺技术和管理措施，建设速度及成本消耗，供求关系的变化，利润水平，税收指数等。

这些因素导致了建筑产品价格是一种综合性价格，地区不同，建筑企业的不同，价格水平必然存在着差异，因此建立政府宏观指导，企业自主报价，通过市场竞争形成价格已是大势所趋。

三、《建筑工程概预算与工程量清单计价》的研究对象及任务

随着我国社会主义市场经济逐步完善，建筑产品也是商品这一观念逐步确立，并被人们所接受。建筑产品既然是商品，它就应具有商品价格运动的共有规律，即价值规律和竞争规律。另外，建筑产品除了具有一般商品价值规律外，由于自身生产过程中的特性（产品固定性、生产人员流动性等）决定了其价值确定的特殊性。因此，认识建筑产品价格运动的特殊性，把握建筑产品价格实质，依据建筑工程定额标准，通过编制建筑工程概预算，确立建筑产品合理价格，是本课程研究的对象。

建设工程又叫基本建设，是指新建、改建或扩建的列为固定资产投资并达到国家规定标准的建设项目。建设工程是一个独特的物质生产领域，建设工程与其他物质生产部门的产品相比，具有总体性、单件性和固定性等特点；产品生产过程具有施工流动性、工期长期性、生产连续性的特点。建设工程计价定价方法也与一般商品有所不同。本课程就是运用马克思的再生产理论，社会主义市场经济规律和价值规律，研究建筑产品生产过程中产品的数量和资源消耗之间的关系，探索提高劳动生产率，减少物耗，研究建筑产品合理价格，合理计价定价，有效控制工程造价的学科。通过这种研究，以求达到减少资源消耗、降低工程成本、提高投资效益、企业经济效益和社会经济效益的目的。

本课程所研究的内容，不仅涉及工程技术，而且与社会性质、国家的方针政策、分配制度等都有密切的关系。在它所研究的对象中，既有生产力方面的课题，也有生产关系方面的课题；既有实际问题，又有理论问题；既有技术问题，又涉及方针政策问题。所以，建筑工程概预算与工程量清单计价是建设工程管理科学中一门技术性、专业性、实践性、综合性和政策性都很强的课程。

四、《建筑工程概预算与工程量清单计价》研究的内容

本书研究的内容主要包括建筑工程定额原理、建设工程概预算的编制及审查、施工图预算的编制、工程量清单表及工程量清单计价表的编制、建设工程招标投标价格、合同类型及合同价款的约定、工程变更、索赔、调价、结算等内容。

五、本课程与相关课程的联系

本课程与政治经济学、劳动经济学、建筑经济学、数学、统计学、生产工艺与设备、建筑学、建筑结构学、建筑安装工程施工技术与施工组织、建筑材料、建设工程合同管理、制图与识图等课程都有广泛而密切的联系。上述课程的许多内容被应用于本课程中，经过引申，直接为企业管理和建设项目计价定价服务。

随着现代科学技术的发展和管理科学水平的提高，运筹学、系统工程、数理统计学以及计算机技术和录像技术等，已应用到建设工程计价定价和工程造价管理中来；行为科学、管理工程学、工效学、人体工程学、劳动心理学等也在建筑产品价格研究中得到应用。

由于本课程的实践性和政策性都很强，所以研究本课程的基本方法是马克思主义的唯物辩证法，也就是坚持实事求是的科学态度，从实际出发，认真调查研究，在掌握大量数据信息的基础上，经过科学地整理、分析、研究和比较，从而发掘其内在规律，上升为理论以指导实践。

六、课程的重点及难点

1. 课程重点

本教材的核心内容是单位建筑工程施工图预算的编制，以及建筑工程工程量清单及清单计价的编制，共涉及六章的内容。本书详细地阐述了施工图预算和工程量清单的编制依据、编制方法和具体步骤。要求学生在教师指导下能够编制单位工程的施工图预算和工程量清单。教学中土建工程专业和装饰工程专业教师可侧重其一。

2. 课程难点

本课程的难点，有如下四个方面：

(1) 预算定额中的人工费、材料费、机械台班费的概念，特别是对材料预算价格的理解。

(2) 各专业工程的定额工程量的计算。应了解定额工程量计算规则，并理解其含义，能够熟练计算工程量。

(3) 在编制工程概预算中，结合工程定额的规定，进行定额子目的合理选用。费用的计取和价差的调整。

(4) 各专业工程工程量清单的编制。应了解清单工程量的计算规则，并理解其含义，能够熟练计算工程量。

3. 本课程的学习方法

建筑工程概预算课程学习方法有以下两点：

(1) 必须与前期所学课程有机地结合。本课程是一门专业性、技术性很强的专业课程，它要求学生必须与前期课程《建筑构造》、《建筑结构》、《建筑材料》、《建筑装饰工程》、《建筑施工》及《建筑设备》、《工程识图》、《施工技术》、《施工组织》与《建筑企业管理》等课程有机结合，才能更好地理解和学好本门课程。

(2) 学习必须与实践结合。本课程实践性和操作性很强，学生的学习不能只满足于懂原理，必须结合实际工程，动手参与工程概预算的编制工作。在编制中发现问题，解决问题，并在编制中获得对知识的更深入的理解。

第一篇 建筑工程定额

第一章 建筑工程定额概述

本章学习重点：建筑工程定额的概念、作用、特点和分类。

本章学习要求：熟悉建筑工程定额的概念、作用、特点。了解建筑工程定额的分类。

一、建筑工程定额的概念

建筑安装工程定额，习惯上称为建筑工程定额，是指在一定的社会生产力发展水平条件下，在正常的施工条件和合理的劳动组织、合理地使用材料及机械的条件下，完成单位合格建筑产品所规定的资源消耗标准。

“一定的社会生产力发展水平”说明了定额所处的时代背景，定额应是这一时期技术和管理的反映，是这一时期的社会生产力水平的反映。

“正常的施工条件”用来说明该单位产品生产的前提条件，如浇筑混凝土是在常温下进行的，挖土深度或安装高度是在正常的范围以内等；否则，定额往往规定在特殊情况下需作相应的调整。

“合理的劳动组织，合理地使用材料和机械”是指定额规定的劳动组织、生产施工应符合国家现行的施工及验收规范、规程、标准，材料应符合质量验收标准，施工机械应运行正常。

“单位合格建筑产品”中的单位是指定额子目中的单位，由于定额类型和研究对象的不同，这个“单位”可以指某一单位的分项工程、分部工程或单位工程。如：$10m^3$ 砖基础，$100m^2$ 场地平整，1座烟囱等。在定额概念中规定了单位产品必须是合格的，即符合国家施工及验收规范和质量评定标准的要求。

“资源消耗标准”是指施工生产中所必须消耗的人工、材料、机械、资金等生产要素的数量标准。

定额中数量标准的多少称为定额水平。确定定额水平是编制定额的核心，定额水平是一定时期生产力的反映，它与劳动生产率的高低成正比，与资源消耗量的多少成反比。不同的定额，定额水平也不相同，一般有平均先进水平、社会平均水平和企业自身水平等。

二、建筑工程定额的作用

1. 定额是编制计划的基础；
2. 定额是确定建筑工程造价的依据；
3. 定额是贯彻按劳分配原则的尺度；
4. 定额是加强企业管理的重要工具；
5. 定额是总结先进生产方法的手段。

三、建筑工程定额的特点

定额具有科学性、法令性、群众性、针对性、相对稳定性和时效性的特点。

四、建设工程定额的分类

建设工程定额的种类很多，按照定额的生产要素、编制程序和用途、专业和主编单位及使用范围的不同，建设工程定额通常分类如下：

1. 按生产要素，分为劳动定额、材料消耗定额、机械台班使用定额。

2. 按编制程序和用途，分为施工定额、预算定额、概算定额、概算指标和估算指标五种。

3. 按编制单位和执行范围划分为全国统一定额、地区统一定额、企业定额和临时定额四种。

4. 按专业不同可分为建筑工程定额、给排水工程定额、电气照明工程定额、公路工程定额、铁路工程定额和井巷工程定额等。

另外，还有按国家有关规定制定的计取间接费等费用定额（图 1-1）。

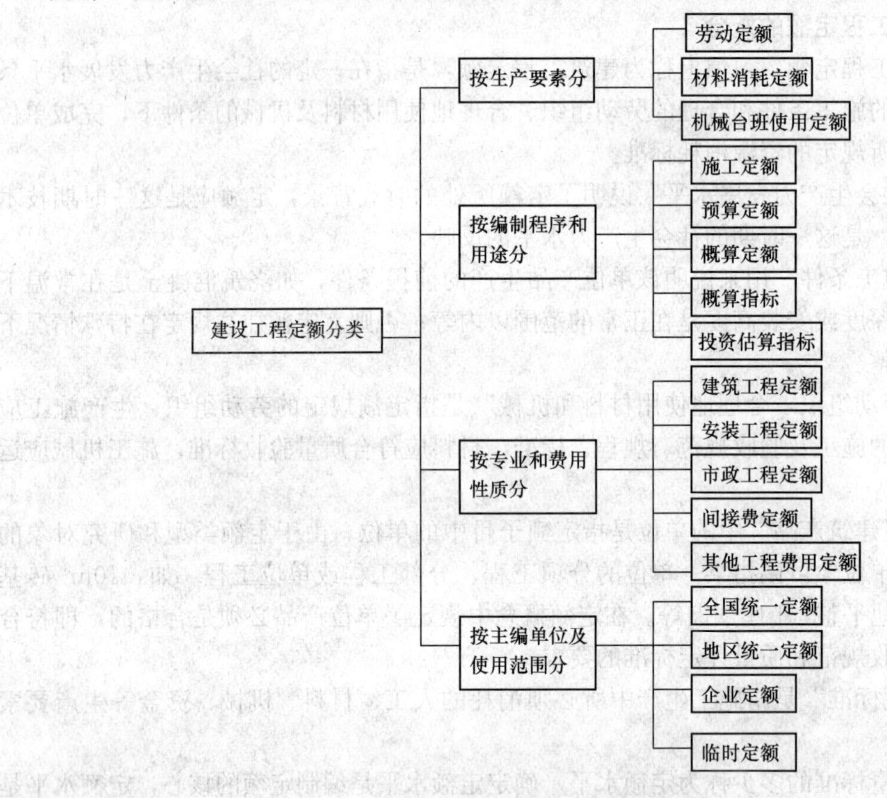

图 1-1　建设工程定额的分类

复　习　题

1. 建筑工程定额的定义如何？它有哪些特点？
2. 建筑工程定额的作用是什么？
3. 建设工程定额有哪些分类？

第二章　施　工　定　额

本章学习重点：施工定额的组成和编制；劳动定额的编制；材料消耗定额的编制；机械台班消耗定额的编制。

本章学习要求：了解施工定额的内容；掌握劳动定额、材料消耗定额和机械台班消耗定额的编制；熟悉施工定额的编制。

第一节　劳　动　定　额

一、劳动定额的概念和作用

劳动定额也称人工定额，是指在正常的施工技术组织条件下，生产单位合格产品所需要的劳动消耗量的标准。

劳动定额的作用有：

1. 是编制施工定额、预算定额和概算定额的基础；
2. 是计算定额用工、编制施工进度计划、劳动工资计划等的依据；
3. 是衡量工人劳动生产率、考核工效的主要尺度；
4. 是确定定员标准和合理组织生产的依据；
5. 是贯彻按劳分配原则和推行经济责任制的依据。

二、劳动定额的表示形式

劳动定额的表示形式有时间定额和产量定额两种。

1. 时间定额

时间定额也称人工定额。是指在一定的施工技术和组织条件下，某工种、某种技术等级的工人班组或个人，完成单位合格产品所必须消耗的工作时间。定额时间包括基本工作时间、辅助工作时间、准备与结束时间、必需休息时间以及不可避免的中断时间。

时间定额以“工日”为单位，如：工日/m、工日/m^2、工日/m^3、工日/t等。每个工日现行规定时间为8个小时，其计算公式表示如下：

$$\text{单位产品时间定额(工日)} = \frac{1}{\text{每工产量}} \tag{2-1}$$

或

$$\text{单位产品时间定额(工日)} = \frac{\text{小组成员工日数总和}}{\text{机械台班产量}} \tag{2-2}$$

2. 产量定额

产量定额是指在一定的施工技术和组织条件下，某工种、某种技术等级的工人班组或个人，在单位时间内所应完成合格产品的数量。

产量定额的计量单位是以产品的单位计算，如：m/工日、m^2/工日、m^3/工日、t/工日等，其计算公式表示如下：

$$小组产量 = \frac{1}{单位产品时间定额(工日)} \tag{2-3}$$

或 $$小组台班产量 = \frac{小组成员工日数总和}{单位产品时间定额(工日)} \tag{2-4}$$

3. 时间定额和产量定额的关系

时间定额和产量定额之间的关系是互为倒数关系，即

$$时间定额 \times 产量定额 = 1 \tag{2-5}$$

4. 综合时间定额和综合产量定额

表 2-1 摘自 2009 年《建设工程劳动定额—建筑工程—砌筑工程》LD/T 72.4—2008。

由表 2-1 可看出，劳动定额按标定的对象不同又可分为单项工序定额和综合定额。综合定额表示完成同一产品中的各单项（工序）定额的综合。计算方法如下：

$$综合时间定额(工日) = \Sigma 各单项(工序)时间定额 \tag{2-6}$$

$$综合产量定额 = \frac{1}{综合时间定额(工日)} \tag{2-7}$$

砖墙时间定额 **表 2-1**

单位：m^3

定额编号	AD0020	AD0021	AD0022	AD0023	AD0024	序号
项目	混水内墙					
	1/2 砖	3/4 砖	1 砖	3/2 砖	≥2 砖	
综合	1.380	1.340	1.020	0.994	0.917	一
砌砖	0.865	0.815	0.482	0.448	0.404	二
运输	0.434	0.437	0.440	0.440	0.395	三
调制砂浆	0.085	0.089	0.101	0.106	0.118	四

定额编号	AD0025	AD0026	AD0027	AD0028	AD0029	序号
项目	混水外墙					
	1/2 砖	3/4 砖	1 砖	3/2 砖	≥2 砖	
综合	1.500	1.440	1.090	1.040	1.010	一
砌砖	0.980	0.951	0.549	0.491	0.458	二
运输	0.434	0.437	0.440	0.440	0.440	三
调制砂浆	0.085	0.089	0.101	0.106	0.107	四

定额编号	AD0030	AD0031	AD0032	AD0033	AD0034	AD0035	序号
项目	多孔砖墙			空心砖墙			
	墙体厚度（mm）						
	≤150	≤250	>250	≤150	≤250	>250	
综合	0.967	0.915	0.860	0.965	0.804	0.712	一
砌砖	0.500	0.450	0.400	0.556	0.463	0.411	二
运输	0.417	0.415	0.410	0.364	0.296	0.256	三
调制砂浆	0.050	0.050	0.050	0.045	0.045	0.045	四

注：多孔砖墙、空心砖墙包括镶砌标准砖。

三、劳动定额制定方法

(一) 工人工作时间分析

工人工作时间是指工人在工作班内消耗的工作时间。按性质分为定额时间和非定额时间。

定额时间即必须消耗的时间，指工人在正常施工条件下，为完成一定产品所消耗的时间。

非定额时间即非生产所必须的工作时间，也就是工时损失，它与产品生产无关，而和施工组织和技术上的缺点有关，与工人在施工过程中的过失或某些偶然因素有关。

有关工作时间的分类如图 2-1 所示。

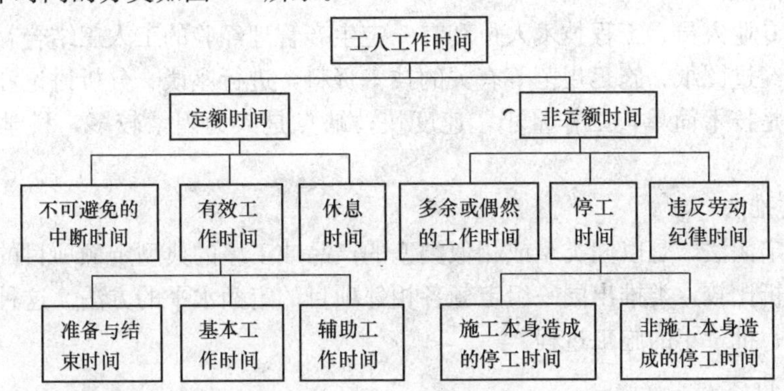

图 2-1 工作时间的分类

1. 定额时间

定额时间由有效工作时间、休息时间及不可避免的中断时间三个部分组成。

(1) 有效工作时间。包括准备和结束时间、基本工作时间及辅助工作时间。从生产效果来看，它是与产品生产直接有关的时间消耗。

1) 准备和结束工作时间。可分为两部分：一部分为工作班内的准备与结束工作时间，如工作班中的领料、领工具、布置工作地点、检查、清理及交接班等；另一部分为任务内的准备和结束工作时间，如接受任务书、技术交底、熟悉施工图等所消耗的时间。

2) 基本工作时间。是人工直接完成一定产品的施工工艺过程所消耗的时间，包括这一施工过程所有工序的工作时间。

3) 辅助工作时间。是为了保证基本工作时间的正常进行所必须的辅助性工作的消耗时间。例如：工具校正、机械调整、机器上油、搭设小型脚手架等所消耗的工作时间均属于辅助工作时间。

(2) 休息时间。

(3) 不可避免的中断时间。是指劳动者在施工活动中，由于工艺上的要求，在施工组织或作业中引起的难以避免的中断操作所消耗的时间。例如：汽车司机在汽车装卸货时的消耗时间，起重机吊预制构件时安装工人等待的时间等。

2. 非定额时间

非定额时间也即损失时间，它由多余和偶然的工作时间、停工时间及违反劳动纪律所损失的时间三部分组成。

（1）多余和偶然工作时间。指在正常施工条件下不应发生或因意外因素所造成的时间消耗。例如：对已磨光的水磨石进行多余磨光，不合格产品的返工等。

（2）停工时间。是指在工作班内停止工作所造成的工时损失。停工时间按其性质可分为施工本身造成的停工时间和非施工本身造成的停工时间。

（3）违反劳动纪律的损失时间。

（二）制定劳动定额的方法

劳动定额的制定方法主要有技术测定法、统计分析法、经验估工法、比较类推法等。其中技术测定法是我国建筑安装工程收集定额基础资料的基本方法。

1. 经验估工法

是由定额专业人员、工程技术人员和有一定生产管理经验的工人三结合，根据个人或集体的经验，经过图纸、施工规范等有关的技术资料，进行座谈、分析讨论和综合计算制定的。其特点是技术简单，工作量小，速度快；缺点是人为因素较多，科学性、准确性较差。

2. 比较类推法

又称典型定额法，是以同类型或相似类型的产品或工序的典型定额项目的定额水平为标准，经过分析比较，类推出同一组定额各相邻项目的定额水平的方法。这种方法适用于同类型规格多、批量小的施工过程。

3. 统计分析法

统计分析法就是把过去施工中同类工程或同类产品的工时消耗的统计资料，与当前生产技术组织条件的变化因素结合起来进行分析研究以制定劳动定额的方法。其特点为方法简单，有一定的准确度；若过去的统计资料不足会影响定额的水平。

4. 技术测定法

技术测定法是在深入施工现场的条件下，根据施工过程合理先进的技术条件、组织条件和施工方法，对施工过程各工序工作时间的各个组成部分进行实地观测，分别测定每一工序的工时消耗，通过测定的资料进行分析计算，并参考以往数据经过科学整理分析以制定定额的一种方法。

技术测定法有较充分的科学技术依据，制定的定额比较合理先进。但是，这种方法工作量较大，使它的应用受到一定限制。

第二节 材料消耗定额

在建筑工程中，材料费用约占工程造价的60％～70％，材料的运输、存贮和管理在工程施工中占极重要的地位。

一、材料消耗定额的概念和作用

材料消耗定额是指在正常的施工条件下和合理使用材料的情况下，完成单位合格的建筑产品所必需消耗的一定品种、规格的材料，包括原材料、半成品、燃料、配件和水、电等的数量标准。

材料消耗定额的作用有：

1. 是建筑企业确定材料需要量和储备量的依据；

2. 是建筑企业编制材料计划，进行单位工程核算的基础；

3. 是对工人班组签发限额领料单的依据，也是考核、分析班组材料使用情况的依据；

4. 是推行经济承包制，促进企业合理用料的重要手段。

二、材料消耗定额的组成

材料消耗定额（即总消耗量）包括直接消耗在建筑产品实体上的净用量和在施工现场内运输及操作过程的不可避免的损耗量（不包括二次搬运、场外运输等损耗）。

$$材料总消耗量=材料净用量+材料损耗量 \tag{2-8}$$

$$材料损耗量=材料净用量\times材料损耗率 \tag{2-9}$$

即：

$$材料总消耗量=材料净用量\times(1+材料损耗率) \tag{2-10}$$

材料的损耗率是通过观测和统计，由国家有关部门确定。表 2-2 为部分建筑材料、成品、半成品的损耗率参考表。

三、材料消耗定额的制定方法

根据材料使用次数的不同，建筑安装材料分为非周转性材料和周转性材料两类。非周转性材料也称为直接性材料，它是指在建筑工程施工中，一次性消耗并直接构成工程实体的材料，如砖、砂、石、钢筋、水泥等；周转性材料是指在施工中能够多次使用、反复周转但并不构成工程实体的工具性材料，如各种模板、脚手架、支撑等。

部分建筑材料、成品、半成品的损耗率参考表 **表 2-2**

材料名称	工程项目	损耗率（%）	材料名称	工程项目	损耗率（%）
标准砖	基础	0.4	石灰砂浆	抹顶棚	1.5
标准砖	实砖墙	1	石灰砂浆	抹墙及墙裙	1
标准砖	方砖柱	3	水泥砂浆	顶棚、梁、柱、腰线	2.5
多孔砖	墙	1	水泥砂浆	抹墙及墙裙	2
白瓷砖		1.5	水泥砂浆	地面、屋面	1
陶瓷马赛克	（马赛克）	1	混凝土（现浇）	地面	1
铺地砖	（缸砖）	0.8	混凝土（现浇）	其余部分	1.5
水磨石板		1	混凝土（预制）	桩基础、梁、柱	1
小青瓦黏土瓦及水泥瓦	（包括脊瓦）	2.5	混凝土（预制）	其余部分	1.5
天然砂		2	钢筋	现浇及预制混凝土	2
砂	混凝土工程	1.5	铁件	成品	1
砾（碎）石		2	钢材		6
生石灰		1	木材	门窗	6
水泥		1	木材	门心板制作	13.1
砌筑砂浆	砖砌体	1	玻璃	配制	15
混合砂浆	抹顶棚	3	玻璃	安装	3
混合砂浆	抹墙及墙裙	2	沥青	操作	1

（一）直接性材料消耗定额的制定

常用的制定方法有：观测法、试验法、统计法和计算法。

1. 观测法

观测法是在合理使用材料的条件下，对施工过程中有代表性的工程结构的材料消耗数量，和形成产品的数量进行观测，并通过分析、研究，区分不可避免的材料损耗量和可以避免的材料损耗量，最后确定确切的材料消耗标准，列入定额。

2. 试验法

试验法是指在材料试验室中进行试验和测定数据的方法。例如：以各种原材料为变量因素，求得不同强度等级混凝土的配合比，从而计算出每立方米混凝土的各种材料消耗用量。

3. 统计法

统计法是以现场积累的分部分项工程拨付材料数量、剩余材料数量以及总共完成产品数量的统计资料为基础，经过分析，计算出单位产品的材料消耗标准的方法。

4. 计算法

计算法是根据施工图直接计算材料消耗用量的方法。但理论计算法只能算出单位产品的材料净用量，材料的损耗量仍要在现场通过实测取得。二者之和构成材料的总消耗量。

计算确定材料消耗定额举例如下：

(1) 计算每 $1m^3$ 标准砖不同墙厚的砖和砂浆的材料消耗量。

计算公式如下：

$$砖净用量(块)=\frac{2\times 墙厚砖数}{墙厚\times(砖长+灰缝)(砖厚+灰缝)} \tag{2-11}$$

$$砂浆净用量(m^3)=1-砖净用量\times 每块砖体积 \tag{2-12}$$

$$砖消耗量=砖净用量\times(1+砖损耗率) \tag{2-13}$$

$$砂浆消耗量=砂浆净用量\times(1+砂浆损耗率) \tag{2-14}$$

$$每块标准砖体积=长\times宽\times厚=0.24\times0.115\times0.053=0.0014628m^3$$

$$灰缝厚=10mm$$

墙厚与墙厚砖数的关系　　表 2-3

墙厚砖数	$\frac{1}{2}$	$\frac{3}{4}$	1	$1\frac{1}{2}$	2
墙厚（m）	0.115	0.18	0.24	0.365	0.49

【例 2-1】 计算 $1m^3$ 一砖半厚的标准砖墙的砖和砂浆的消耗量（标准砖和砂浆的损耗率均为 1%）。

【解】

$$砖净用量=\frac{2\times1.5}{0.365\times(0.24+0.01)\times(0.053+0.01)}=521.8\ 块$$

$$砂浆净用量=1-521.8\times0.0014628=0.237m^3$$

$$砖消耗量 = 521.8 \times (1 + 1\%) = 527 块$$

$$砂浆消耗量 = 0.237 \times (1 + 1\%) = 0.239m^3$$

（2）$100m^2$ 块料面层材料消耗量的计算

块料面层一般指瓷砖、地面砖、墙面砖、大理石、花岗石等。通常以 $100m^2$ 为计量单位，其计算公式为：

$$面层净用量 = \frac{100}{(块料长 + 灰缝) \times (块料宽 + 灰缝)} \tag{2-15}$$

$$面层消耗量 = 面层净用量 \times (1 + 损耗率) \tag{2-16}$$

【例 2-2】 某工程有 $300m^2$ 地面砖，规格为 150mm×150mm，灰缝为 1mm，损耗率为 1.5%，试计算 $300m^2$ 地面砖的消耗量是多少？

【解】

$$100m^2 地面砖净用量 = \frac{100}{(0.15 + 0.001) \times (0.15 + 0.001)} \approx 4386 块$$

$$100m^2 地面砖消耗量 = 4386 \times (1 + 1.5\%) = 4452 块$$

$$300m^2 地面砖消耗量 = 3 \times 4452 = 13356 块$$

（二）周转性材料消耗量的计算

周转性材料，是指在施工过程中不是一次性消耗的，而是可多次周转使用，经过修理、补充才逐渐耗尽的材料。如：模板、脚手架、临时支撑等。

周转性材料在单位合格产品生产中的损耗量，称为摊销量。

1. 一次使用量

周转材料的一次使用量是根据施工图计算得出的。它与各分部分项工程的名称、部位、施工工艺和施工方法有关。例如：钢筋混凝土模板的一次使用量计算公式为：

$$一次使用量 = 每 1m^3 构件模板接触面积 \times 每 1m^2 接触面积模板用量 \times (1 + 制作损耗率) \tag{2-17}$$

2. 损耗率，又称补损率，是指周转性材料使用一次后，因损坏不能再次使用的数量占一次使用量的百分数。

3. 周转次数，是指周转性材料从第一次使用起可重复使用的次数。

影响周转次数的因素主要有材料的坚固程度、材料的使用寿命、材料服务的工程对象、施工方法及操作技术以及对材料的管理、保养等。一般情况下，金属模板，脚手架的周转次数可达数十次，木模板的周转次数在 5 次左右。

4. 周转使用量

周转使用量是指周转性材料每完成一次生产时所需材料的平均数量。

$$周转使用量 = \frac{一次使用量 + 一次使用量 \times (周转次数 - 1) \times 损耗率}{周转次数}$$

$$= 一次使用量 \times \left[\frac{1 + (周转次数 - 1) \times 损耗率}{周转次数}\right] \tag{2-18}$$

5. 周转回收量

周转回收量是指周转材料在一定的周转次数下，平均每周转一次可以回收的数量。

$$周转回收量=\frac{一次使用量-一次使用量\times 损耗率}{周转次数}$$

$$=一次使用量\times\left[\frac{1-损耗率}{周转次数}\right] \tag{2-19}$$

6. 周转材料摊销量

(1)现浇混凝土结构的模板摊销量的计算

$$摊销量=周转使用量-周转回收量 \tag{2-20}$$

(2) 预制混凝土结构的模板摊销量的计算

预制钢筋混凝土构件模板虽然也多次使用反复周转，但与现浇构件模板的计算方法不同，预制构件是按多次使用平均摊销的计算方法，不计算每次周转损耗率。摊销量按下式计算：

$$摊销量=\frac{一次使用量}{周转次数} \tag{2-21}$$

第三节　机械台班消耗定额

一、机械台班消耗定额概念

机械台班消耗定额，是指在正常施工条件、合理劳动组织和合理使用机械的条件下，完成单位合格产品所必须消耗机械台班数量的标准，简称机械台班定额。

机械台班定额以台班为单位，每一个台班按8h计算。

二、机械台班定额的表现形式

机械台班定额按其表现形式不同，可分为机械时间定额和机械产量定额。

1. 机械时间定额

机械时间定额是指在正常施工条件下、合理劳动组织和合理使用机械的条件下，完成单位合格产品所必须消耗的台班数量。用公式表示如下：

$$机械时间定额=\frac{1}{机械台班产量定额} \tag{2-22}$$

2. 机械产量定额

机械时间定额是指在正常施工条件下、合理劳动组织和合理使用机械的条件下，单位时间内完成单位合格产品的数量。用公式表示如下：

$$机械台班产量定额=\frac{1}{机械台班时间定额} \tag{2-23}$$

3. 机械台班人工配合定额

由于机械必须由工人小组配合，机械台班人工配合定额是指机械台班配合用工部分，即机械台班劳动定额。其表现形式为：机械台班工人小组的人工时间定额和完成合格产品数量，即：

$$单位产品的时间定额(工日)=\frac{小组成员班组总工日数}{台班产量} \tag{2-24}$$

$$机械台班产量定额=\frac{每台班产量}{班组总工日数} \tag{2-25}$$

三、机器工作时间消耗的分类

在机械化施工过程中，对工作时间消耗的分析和研究，除了要对工人工作时间的消耗进行分类研究之外，还需要分类研究机器工作时间的消耗。

机器工作时间的消耗，按其性质也分为必需消耗的时间和损失时间两大类。

（1）在必需消耗的工作时间里，包括有效工作、不可避免的无负荷工作和不可避免的中断三项时间消耗。而在有效工作的时间消耗中又包括正常负荷下、有根据地降低负荷下的工时消耗。

1）正常负荷下的工作时间，是机器在与机器说明书规定的额定负荷相符的情况下进行工作的时间。

2）有根据地降低负荷下的工作时间，是在个别情况下由于技术上的原因，机器在低于其计算负荷下工作的时间。例如，汽车运输重量轻而体积大的货物时，不能充分利用汽车的载重吨位因而不得不降低其计算负荷。

3）不可避免的无负荷工作时间，是由施工过程的特点和机械结构的特点造成的机械无负荷工作时间。例如，筑路机在工作区末端调头等，就属于此项工作时间的消耗。

4）不可避免的中断工作时间是与工艺过程的特点、机器的使用和保养、工人休息有关的中断时间。

A. 与工艺过程的特点有关的不可避免中断工作时间，有循环的和定期的两种。循环的不可避免中断，是在机器工作的每一个循环中重复一次。如汽车装货和卸货时的停车。定期的不可避免中断，是经过一定时期重复一次。比如，把灰浆泵由一个工作地点转移到另一工作地点时的工作中断。

有关机械工作时间的分类如图 2-2 所示。

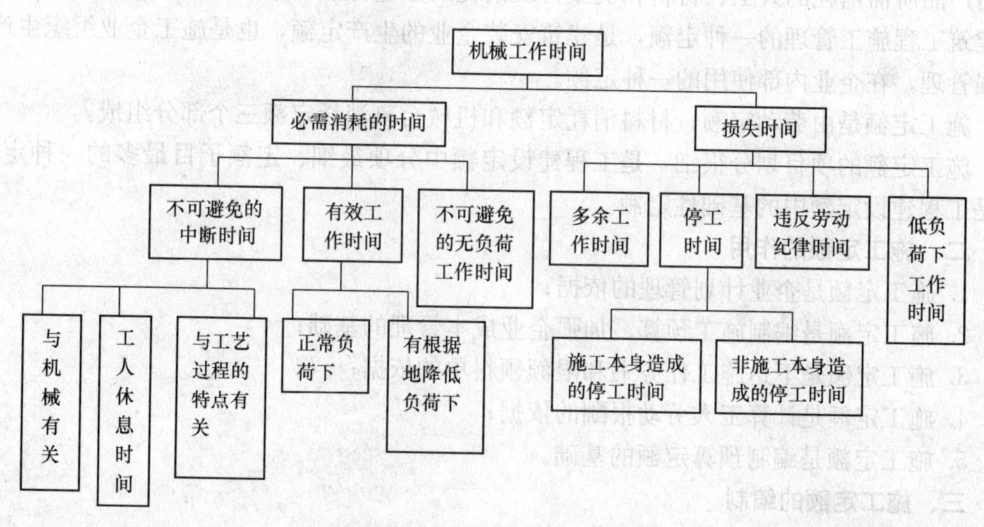

图 2-2 机械工作时间的分类

B. 与机器有关的不可避免中断工作时间，是由于工人进行准备与结束工作或辅助工作时，机器停止工作而引起的中断工作时间。它是与机器的使用与保养有关的不可避免中断时间。

C. 工人休息时间前面已经作了说明。这里要注意的是，应尽量利用与工艺过程有关的和与机器有关的不可避免中断时间进行休息，以充分利用工作时间。

(2) 损失的工作时间包括多余工作、停工、违背劳动纪律所消耗的工作时间和低负荷下的工作时间。

1) 机器的多余工作时间，一是机器进行任务内和工艺过程内未包括的工作而延续的时间。如工人没有及时供料而使机器空运转的时间；二是机械在负荷下所做的多余工作，如混凝土搅拌机搅拌混凝土时超过规定搅拌时间，即属于多余工作时间。

2) 机器的停工时间，按其性质也可分为施工本身造成和非施工本身造成的停工。前者是由于施工组织得不好而引起的停工现象，如由于未及时供给机器燃料而引起的停工。后者是由于气候条件所引起的停工现象，如暴雨时压路机的停工。上述停工中延续的时间均为机械的停工时间。

3) 违反劳动纪律引起的机器的时间损失，是指由于工人迟到早退或擅离岗位等原因引起的机器停工时间。

4) 低负荷下的工作时间，是由于工人或技术人员的过错所造成的施工机械在降低负荷的情况下工作的时间。例如，工人装车的砂石数量不足引起的汽车在降低负荷的情况下工作所延续的时间。此项工作时间不能作为计算时间定额的基础。

第四节 施 工 定 额

一、施工定额的概念

施工定额是指在正常的施工条件下，以施工过程或工序为标定对象而规定的完成单位合格产品所需消耗的人工、材料和机械台班消耗的数量标准。施工定额是施工企业直接用于建筑工程施工管理的一种定额，是建筑安装企业的生产定额，也是施工企业组织生产和加强管理，在企业内部使用的一种定额。

施工定额是由劳动定额、材料消耗定额和机械台班消耗定额三个部分组成。

施工定额的项目划分很细，是工程建设定额中分项最细、定额子目最多的一种定额，也是工程建设定额中的基础性定额。

二、施工定额的作用

1. 施工定额是企业计划管理的依据；
2. 施工定额是编制施工预算、加强企业成本管理的基础；
3. 施工定额是下达施工任务书和限额领料单的依据；
4. 施工定额是计算工人劳动报酬的依据；
5. 施工定额是编制预算定额的基础。

三、施工定额的编制

1. 编制原则

(1) 平均先进原则

所谓平均先进原则，是指在正常的条件下，多数施工班组或生产者经过努力可以达到，少数班组或生产者可以接近，个别班组或生产者可以超过定额的水平。

(2) 简明适用原则

简明适用原则是指定额结构合理，定额步距大小适当，文字通俗易懂，计算方法简便，易为群众掌握运用。它具有多方面的适应性，能在较大范围内满足不同情况、不同用途的需要。具体包括：

1）定额项目划分合理；

2）定额步距大小适当。定额步距，是指同类型产品或同类工作过程、相邻定额工作标准项目之间的水平间距。

(3) 以专家为主的原则。

2. 编制依据

(1) 现行的全国建筑安装工程统一劳动定额、材料消耗定额和机械台班消耗定额；

(2) 现行的建筑安装工程施工验收规范，工程质量检查评定标准，技术安全操作规程；

(3) 有关建筑安装工程历史资料及定额测定资料；

(4) 有关建筑安装工程标准图等。

3. 编制方法

施工定额的编制方法一般有两种：一是实物法，即施工定额由劳动消耗定额、材料消耗定额和机械台班消耗定额三部分组成；二是实物单价法，即由劳动消耗定额、材料消耗定额和机械台班消耗定额，分别乘以相应单价并汇总得出单位总价，称为“施工定额单价表”。无论采用何种形式，其编制步骤主要如下：

(1) 确定定额项目；

(2) 选择计量单位；

(3) 确定制表方案；

(4) 确定定额水平；

(5) 写编制说明和附注；

(6) 汇编成册、审定、颁发。

四、施工定额的内容

现以北京地区 1993 年颁发的《北京市建筑工程施工预算定额》为例，此定额属于施工定额范畴，是施工定额的一种形式。主要内容由三部分组成。

1. 文字说明部分。

文字说明部分又分为总说明、分册（章）说明和分节说明三种。

总说明的基本内容包括定额编制依据、编制原则、用途、适用范围等。

分册说明的基本内容包括分册定额项目、工作内容、施工方法、质量要求、工程量计算规则、有关规定及说明等。

分节说明的主要内容有工作内容、质量要求、施工说明等。

2. 分节定额部分。

它包括定额的文字说明、定额项目表和附注。文字说明上面已作介绍。

定额项目表是定额中的核心部分。表 2-4 所示是 1993 年《北京市建筑工程施工预算定额》中的砖石工程部分。

3. 附录。

附录一般放在定额分册说明之后，包括有名词解释、图示及有关参考资料。例如，材料消耗计算附表，砂浆、混凝土配合比表等。

砖 石 工 程 **表 2-4**

定额编号	项目		单位	施工预算								劳动定额
				预算价值（元）	其中			预算用工（工日）	主要材料、机械			综合
					人工费（元）	材料费（元）	机械费（元）		红机砖（块）	M2.5混合砂浆（m^3）	1∶3水泥砂浆（m^3）	
									0.23	(97.09)	172.12	
6-1	砌砖	基础	m^3	159.03	16.63	142.40		1.183	507	0.26		$\frac{1.088}{0.919}$
6-2		外墙	m^3	165.53	22.19	143.34		1.578	510	0.26		$\frac{1.351}{0.74}$
6-3		内墙	m^3	163.66	20.32	143.34		1.445	510	0.26		$\frac{1.233}{0.811}$
6-4		圆弧形墙	m^3	167.13	23.79	143.34		1.692	510	0.26		$\frac{1.441}{0.694}$
6-5		1/2砖墙	m^3	175.85	30.62	145.23		2.178	535	0.22		$\frac{1.86}{0.538}$
6-6		1/4砖墙	m^3	213.76	59.85	153.91		4.257	602	0.15		$\frac{3.772}{0.265}$
6-7		1/2保护墙	m^3	26.90	2.85	24.05		0.203	63		0.055	$\frac{0.069}{5.926}$

复 习 题

1. 施工定额的定义如何？它由哪几部分组成？
2. 施工定额有哪些作用？
3. 如何制定劳动定额？
4. 如何制定材料消耗定额？
5. 如何制定机械台班消耗定额？
6. 选择题：

(1) 制定劳动定额常用的方法有（　　　）。

A. 理论计算法　　B. 技术测定法　　C. 统计分析法

D. 经验估计法　　E. 比较类推法

(2) 拟定定额时间的前提是对工人工作时间按其（　　　）进行分类研究。

A. 消耗性质　　B. 消耗内容　　C. 消耗时间　　D. 消耗标准

(3) 人工挖土方，土壤是潮湿的黏性土，按土壤分类属普通土，测验资料表明，挖 $1m^3$ 需消耗基本工作时间 60min，辅助工作时间，准备与结束工作时间，不可避免中断时间，休息时间分别占工作延续时间 2%、2%、1%、20%，则产量定额为（　　）m^3/工日。

A. 3　　B. 4　　C. 6.4　　D. 10

第三章　预　算　定　额

本章学习重点：预算定额的概念、应用；预算定额的人工、材料、机械台班消耗量的确定。

本章学习要求：掌握预算定额的应用；熟悉预算定额的人工、材料、机械台班消耗量的确定。了解预算定额的概念、单位估价表和基础定额的概念。

第一节　人工、材料、机械台班消耗量的确定

一、预算定额人工消耗量的确定

预算定额中的人工消耗量（定额人工工日）是指完成某一计量单位的分项工程或结构构件所需的各种用工量的总和。定额人工工日不分工种、技术等级一律以综合工日表示。内容包括基本用工、辅助用工、超运距用工和人工幅度差。

1. 基本用工

指完成某一计量单位的分项工程或结构构件所需的主要用工量。按综合取定的工程量和施工劳动定额进行计算。

基本用工工日数量＝Σ(工序工程量×时间定额)　　(3-1)

2. 辅助用工

指劳动定额中未包括的各种辅助工序用工，如材料加工等的用工。

辅助用工工日数量＝Σ(加工材料数量×时间定额)　　(3-2)

3. 超运距用工

指预算定额取定的材料、成品、半成品等运距超过劳动定额规定的运距应增加的用工量。

超运距＝预算定额规定的运距－劳动定额规定的运距　　(3-3)

超运距用工数量＝Σ(超运距材料数量×时间定额)　　(3-4)

4. 人工幅度差

人工幅度差是指在劳动定额时间未包括而在预算定额中应考虑的在正常施工条件下所发生的无法计算的各种工时消耗。

人工幅度差的计算方法是：

人工幅度差＝(基本用工＋辅助用工＋超运距用工)×人工幅度差系数　　(3-5)

国家现行规定的人工幅度差系数为10％～15％。

二、材料消耗指标的确定

1. 材料分类

预算定额内的材料，按其使用性质、用途和用量大小划分为四类，即：主要材料、辅助材料、周转性材料和次要材料。

2. 材料消耗指标的确定方法

(1) 非周转性材料消耗指标

材料施工损耗量一般测定起来比较繁锁。为简便起见，多根据已往测定的材料施工（包括操作和运输）损耗率来进行计算。一般可按下式进行计算：

$$非周转性材料消耗量＝材料净用量＋材料损耗量 \tag{3-6}$$

$$＝材料净用量×(1＋材料损耗率) \tag{3-7}$$

式中 材料净用量——一般可按材料消耗净定额或采用观察法、试验法和计算法确定；

材料损耗量——一般可按材料损耗定额或采用观察法、试验法和计算法确定；

材料损耗率——材料损耗量与净用量的百分比，即：

$$材料损耗率＝损耗量/净用量×100\% \tag{3-8}$$

(2) 周转性材料消耗量的确定

在预算定额中，周转性材料消耗指标分别用一次使用量和摊销量两个指标表示。一次使用量是指模板在不重复使用的条件下的一次使用量。摊销量是按照多次使用，分次摊销的方法计算。

周转性材料摊销量，一般可按下式进行计算：

$$摊销量 = 周转使用量 - 回收量 \times \frac{回收折价率}{1 + 间接费率} \tag{3-9}$$

其中，周转使用量和回收量的计算同施工定额。

三、机械台班消耗指标的确定

1. 预算定额机械台班消耗指标，应根据全国统一劳动定额中的机械台班产量编制。

2. 以手工操作为主的工人班组所配备的施工机械，如砂浆、混凝土搅拌机、垂直运输用塔式起重机，为小组配用，应以小组产量计算机械台班。

$$分项定额机械台班使用量＝预算定额项目计量单位值/小组总产量 \tag{3-10}$$

式中：小组总产量＝小组总人数×Σ(分项计算取定的比重×

劳动定额每工综合产量) (3-11)

3. 机械化施工过程，如机械化土石方工程、机械打桩工程、机械化运输及吊装工程所用的大型机械及其他专用机械，应在劳动定额中的台班定额的基础上另加机械幅度差。

机械幅度差是指在劳动定额（机械台班量）中未曾包括的，而机械在合理的施工组织条件下所必须的停歇时间。在编制预算定额时应予以考虑。

分项定额机械台班使用量＝预算定额项目计量单位值/机械台班产量×

机械幅度差系数 (3-12)

机械幅度差用机械幅度差系数表示，见表 3-1。

机械幅度差系数表 **表 3-1**

序号	项目	机械幅度差系数（%）	序号	项目	机械幅度差系数（%）
1	机械土方	25	4	构件运输	25
2	机械石方	33	5	构件安装：起重机机械及电焊机	30
3	机械打桩	33			

第二节　人工、材料、机械预算价格的确定

一、人工预算价格的确定

人工预算价格也称人工工日单价或定额工资单价，是指一个建筑安装工人一个工作日在预算中应记入的全部人工费用。

定额工资单价包括了基本工资、辅助工资、工资性质津贴、职工福利费、交通补助和劳动保护费等。

1. 基本工资：是根据建设部建人（1992）680 文《全民所有制大中型建筑安装企业的岗位技能工资制试行方案》和《全民所有制大中型建筑安装企业试行岗位技能工资制有关问题的意见》，按岗位工资加技能工资计算的发放生产工人的基本工资。

2. 辅助工资：是指生产工人年有效施工天数以外非作业天数的工资，包括职工学习、培训期间的工资，调动工作、探亲、休假期间的工资，因气候影响的停工工资，女工哺乳时间的工资，病假在六个月以内的工资及产、婚、丧假期的工资。

3. 工资性质津贴：是指按规定标准发放的物价补贴，如煤、燃气补贴，住房补贴，流动施工津贴，地区津贴等。

4. 职工福利费：是指按规定标准计提的职工福利费。

5. 交通补助和劳动保护费：是指按规定标准发放的交通费补助，劳动保护用品的购置费及修理费，徒工服装补贴，防暑降温费，以及在有碍身体健康环境中施工的保健费用等。

二、材料预算价格的确定

材料预算价格是指材料（包括构件、成品及半成品）由来源地或交货点到达工地仓库或施工现场指定堆放点后的出库价格。它由材料原价、供销部门手续费、材料包装费、运杂费、采购及保管费组成。

1. 材料原价

材料原价是指材料出厂价、市场采购价或进口材料价。在编制材料预算价格时，考虑材料的不同供应渠道不同来源地的不同原价，材料原价可以根据供应数量比例，按加权平均方法计算，计算公式如下：

$$\overline{P}=\sum_{i=1}^{n} P_iQ_i \Big/ \sum_{i=1}^{n} Q_i \tag{3-13}$$

式中　$\overline{P}$——加权平均材料原价；

P_i——各来源地材料原价；

Q_i——各来源地材料数量或占总供应量的百分比。

【例 3-1】　某工地所需标准砖，由甲、乙、丙三地供应，数量如下：

货源地	数量（千块）	出厂价（元/千块）
甲地	800	150.00
乙地	1600	156.00
丙地	500	154.00

求标准砖的加权平均原价。

【解】 $\overline{P}=\dfrac{150\times800+156\times1600+154\times500}{800+1600+500}=154.00$ 元/千块

2. 材料供销部门手续费

材料供销部门手续费是指购买材料的单位不能直接向生产厂家采购、订货，必须经过物资供销部门供应时所支付的手续费。包括材料入库、出库、管理和进货运杂费等。

计算公式： 供销部门手续费＝材料原价×手续费率 (3-14)

3. 材料包装费

材料包装费是指为了便于储运材料，保护材料，使材料不受损失而发生的包装费用，主要指耗用包装品的价值和包装费用。此外，还需考虑扣除包装品的回收价值。

(1) 材料包装费计算公式

材料包装费＝发生包装品的数量×包装品单价 (3-15)

(2) 包装品回收价值的确定

包装品的回收价值＝材料包装费×包装品回收率×包装品残值率 (3-16)

当确定包装品的回收率和残值率时，如地区有规定，按规定计算；若地区没有规定，可根据实际情况，参照以下比率确定：

1) 用木材制品包装，回收率70%，残值率20%。

2) 用薄钢板、钢丝制品包装

铁桶回收率95%，残值率50%；

薄钢板回收率50%，残值率50%；

钢丝回收率20%，残值率50%。

3) 用纸皮、纤维品包装时，回收率60%，残值率50%。

4) 用草绳、草袋制品包装，不计算回收价值。

4. 运杂费

材料运杂费是指材料由其来源地运至工地仓库或堆放场地后的全部运输过程中所支出的一切费用。包括车、船等的运输费、调车费或驳船费、装卸费及合理的运输损耗等。

(1) 加权平均运费的计算

编制地区材料预算价格时，当同一种材料有几个货源地时，应按各货源地供应的数量比例和运费单价，计算加权平均运费。

计算公式： $\overline{P}=\sum_{i=1}^{n}P_iQ_i\Big/\sum_{i=1}^{n}Q_i$ (3-17)

式中 $\overline{P}$——加权平均运费；

P_i——各来源地材料运输单价；

Q_i——各来源地材料供应量或占总供应量的百分比。

其他调车费或驳船费、装卸费计算方法与运输费相同。

(2) 材料运输损耗费的计算

材料运输损耗是指材料在运输、装卸和搬运过程中的合理损耗。一般按照有关部门规定的损耗率来确定，表3-2为部分材料运输损耗率参考表。

计算公式：材料运输损耗费＝(材料加权平均原价＋供销部门手续费＋包装费＋运费＋调车费或驳船费＋装卸费)×运输损耗率 (3-18)

(3) 材料运杂费计算

材料运杂费=运费+调车费或驳船费+装卸费+材料运输损耗费 (3-19)

5. 材料采购及保管费

材料采购及保管费是指材料供应部门在组织采购、供应和保管材料过程中所发生的各项费用。

计算公式：材料采购及保管费=(加权平均原价+供销部门手续费+包装费+运杂费)×采购及保管费率 (3-20)

采购及保管费率综合取定值一般为2%。各地区可根据实际情况来确定。

6. 材料预算价格综合计算

材料预算价格=(材料原价+供销部门手续费+包装费+运杂费)×(1+采购保管费率)-包装品回收价值 (3-21)

材料运输损耗率参考表 **表 3-2**

序号	材料名称	损失率(%)	序号	材料名称	损失率(%)
1	标准砖、空心砖	2	16	人造石及天然石制品	0.5
2	黏土瓦、脊瓦	2.5	17	陶瓷器具	1.0
3	水泥瓦、脊瓦	2.5	18	白石子	1.0
4	水泥	散 2.0 袋 1.5	19	石棉瓦	1.0
5	粗(细)砂	2.0	20	灯具	0.5
6	碎石	1.0	21	煤	1.0
7	玻璃及制品	3.0	22	耐火石	1.5
8	沥青	0.5	23	石膏制品	2.0
9	轻质、加气混凝土块	2.0	24	炉(水)渣	1.0
10	陶土管	1.0	25	混凝土管	0.5
11	耐火砖	0.5	26	白灰	1.5
12	缸砖、水泥砖	0.5	27	石屑、石粉	20
13	瓷砖、小瓷砖	1.0	28	石棉粉	0.5
14	蛭石及制品	1.5	29	耐火碎砖沫	2.0
15	珍珠岩及制品	1.5	30	石棉制品	0.5

【例 3-2】 根据以下资料计算某种涂料的材料预算价格。

货源地	数量(kg)	出厂价(元/kg)	运费(元/kg)	装卸费(元/kg)	运输损耗率(%)	供销部门手续费率(%)	采购及保管费率(%)
甲地	2000	25.00	1.5	0.8	2.0	3	2.5
乙地	500	27.50	1.2	0.7	2.0	3	2.5
丙地	1000	26.00	1.4	0.6	2.0	3	2.5

采用塑料桶包装，每桶装20kg，每个桶单价10元，回收率80%，残值率60%。

【解】

(1) 加权平均原价

$$\overline{P}=\frac{25.00\times 2000+27.50\times 500+26.00\times 1000}{2000+500+1000}=25.64\text{元}/\text{kg}$$

(2) 供销部门手续费＝25.64×3％＝0.77 元/kg

(3) 包装费＝10.00/20＝0.50 元/kg

包装品回收价值＝0.5×0.8×0.6＝0.24 元/kg

(4) 运杂费：

1) 运费$=\frac{1.5\times 2000+1.2\times 500+1.4\times 1000}{2000+500+1000}=1.43$元/kg

2) 装卸费$=\frac{0.8\times 2000+0.7\times 500+0.6\times 1000}{2000+500+1000}=0.73$元/kg

3) 材料运输损耗费＝(25.64＋0.77＋0.50＋1.43＋0.73)×2％＝0.58 元/kg

材料运杂费＝1.43＋0.73＋0.58＝2.74 元/kg

(5) 该涂料材料预算价格＝(25.64＋0.77＋0.50＋2.74)×(1＋2.5％)－0.24＝30.15 元/kg

答：该涂料的材料预算价格为 30.15 元/kg。

【例 3-3】 某地方材料，经货源调查后确定，甲地可以供货 20％，原价 93.50 元/t；乙地可供货 30％，原价 91.20 元/t；丙地可以供货 15％，原价 94.80 元/t；丁地可以供货 35％，原价 90.80 元/t。甲乙两地为水路运输，甲地运距 103km，乙地运距 115km，运费 0.35 元/（km·t），装卸费 3.4 元/t，驳船费 2.5 元/t，途中损耗 3％；丙丁两地为汽车运输，运距分别为 62km 和 68km，运费 0.45 元/（km·t），装卸费 3.6 元/t，调车费 2.8 元/t，途中损耗 2.5％。材料包装费均为 10 元/t，采购保管费率 2.5％，计算该材料的预算价格。

【解】

(1) 加权平均原价＝93.50×0.2＋91.20×0.3＋94.80×0.15＋90.80×0.35＝92.06 元/t

(2) 地方材料直接从厂家采购，不计供销部门手续费

(3) 包装费 10 元/t

(4) 运杂费：

1) 运费＝(0.2×103＋0.3×115)×0.35＋(0.15×62＋0.35×68)×0.45
　　＝34.18 元/t

2) 装卸费＝(0.2＋0.3)×3.4＋(0.15＋0.35)×3.6＝3.5 元/t

3) 调车驳船费＝(0.2＋0.3)×2.5＋(0.15＋0.35)×2.8＝2.65 元/t

4) 加权平均途耗率＝(0.2＋0.3)×3％＋(0.15＋0.35)×2.5％＝2.75％

材料运输损耗费＝(92.06＋10＋34.18＋3.5＋2.65)×2.75％＝3.92 元/t

材料运杂费＝34.18＋3.5＋2.65＋3.92＝44.25 元/t

(5) 该地方材料预算价格＝(92.06＋10＋44.25)×(1＋2.5％)＝149.97 元/t

另外，也可以将上述五项费用划分为三项：

(1) 供应价格：材料、设备在本市的销售价格，包括出厂价、包装费以及由产地运至本市或由生产厂运至供销部门仓库的运杂费和供销部门的手续费。

供应价格＝材料原价＋供销部门手续费＋包装费＋外埠运费　　(3-22)

(2) 市内运费：自本市生产厂或供销部门仓库运至施工现场或施工单位指定地点的运杂费；由外埠采购的材料、设备自本市车站（到货站）运至施工现场或施工单位指定地点的运杂费。

表 3-3 选自 1996 年《北京市建设工程材料预算价格》第一册附录建筑材料市内运费。

1996 年《北京市建设工程材料预算价格》第一册附录建筑材料市内运费　　表 3-3

序号	材料类别	范围	计取单位	市内运费
01	黑色及有色金属	全章	t	45.00
02	水泥及水泥制品	其中：水泥	t	25.00
		加气混凝土砌块、板，泡沫水泥砖	m^3	13.00
		其他诸项	供应价格	15%
03	木　材	其中：原木，厚板	m^3	25.00
		其他诸项	供应价格	2.5%
04	玻　璃	全章	供应价格	3%
05	砖、瓦、灰、砂、石	其中：机制红、蓝砖，瓦	千块	50.00
		非承重黏土空心砖	千块	225.00
		承重黏土空心砖	千块	110.00
		陶粒、水泥、炉渣空心砖，黏土珍珠岩砖	m^3	35.00
		石棉水泥瓦、脊瓦、玻璃钢波形瓦、脊瓦、透明尼龙瓦	供应价格	4%

(3) 采购及保管费＝(供应价格＋市内运费)×采购及保管费率　　(3-23)

表 3-4 选自 1996 年《北京市建设工程材料预算价格》中部分材料供应价格与预算价格，其中：

$$材料预算价格＝供应价格＋市内运费＋采购及保管费 \quad (3-24)$$

《北京市建设工程材料预算价格》中部分材料供应价格与预算价格　　表 3-4

序号	物资名称	规格及特征 (mm)	计量单位	供应价格 (元)	预算价格 (元)
0100001	碳素结构圆(方)钢	直径 5.5～9	t	2700.00	2814.00
0100002	碳素结构圆(方)钢	直径 10～14		2750.00	2865.00
0100003	碳素结构圆(方)钢	直径 15～24		2780.00	2896.00
0100004	碳素结构圆(方)钢	直径 25～36		2680.00	2793.00
0100005	碳素结构圆(方)钢	直径 38 以上		2630.00	2742.00
0100006	优质碳素结构圆(方)钢	钢号 08～70　边长 8～14		2760.00	2875.00
0100007	优质碳素结构圆(方)钢	钢号 08～70　边长 15～32		2620.00	2732.00
0100008	优质碳素结构圆(方)钢	钢号 08～70　边长 32 以上		2510.00	2619.00
0100009	合金结构圆(方)钢	钢号 40～50　8～28		3980.00	4126.00
0100010	合金结构圆(方)钢	钢号 40～50　28 以上		3840.00	3982.00
0100011	冷拔钢丝	4～5		4690.00	4853.00
0100012	钢绞线	普通		6600.00	6811.00
0100013	钢绞线	低松弛		7600.00	7836.00

续表

序号	物资名称	规格及特征 (mm)	计量单位	供应价格 (元)	预算价格 (元)
0400001	平板玻璃	厚度 2		13.00	13.72
0400002	平板玻璃	厚度 3		16.00	16.89
0400003	平板玻璃	厚度 4		22.00	23.23
0400004	平板玻璃	厚度 5		27.00	28.51
0400005	平板玻璃	厚度 6		36.00	38.01
0400006	磨砂玻璃	厚度 2		17.00	17.95
0400007	磨砂玻璃	厚度 3	m^2	30.00	31.67
0400008	磨砂玻璃	厚度 4		37.00	39.06
0400009	磨砂玻璃	厚度 5		45.00	47.51
0400010	磨砂玻璃	厚度 6		55.00	58.07
0400011	浮法玻璃	厚度 3		23.00	24.28
0400012	浮法玻璃	厚度 4		30.00	31.67
0400013	浮法玻璃	厚度 5		38.00	40.12

三、施工机械台班预算价格的确定

施工机械台班预算价格亦称施工机械台班使用费。它是指在单位工作台班中为使机械正常运转所分摊和支出的各项费用。

机械台班预算价格按建设部建标（1994）449 号文颁发的《全国统一施工机械台班费用定额》的规定，由八项费用组成。这些费用按其性质划分为第一类费用和第二类费用。第一类费用也称不变费用，是指属于分摊性质的费用，包括折旧费、大修理费、经常修理费和安拆费及场外运费。第二类费用也称可变费用，是指属于支出性质的费用，包括燃料动力费、人工费、养路费及车船使用税、保险费。

1. 第一类费用的计算

(1) 台班折旧费

台班折旧费是指机械设备在规定的使用期限内（耐用总台班），陆续收回其原值及付贷款利息等费用。其计算公式：

$$台班折旧费=\frac{机械预算价格\times(1-残值率)+贷款利息}{耐用总台班} \tag{3-25}$$

1) 预算价格

机械预算价格由机械出厂（或到岸完税）价格和由生产厂（销售单位交货地点或口岸）运至使用单位库房，并经过主管部门验收的全部费用组成。计算公式如下：

$$国产运输机械预算价格=出厂（或销售）价格\times(1+购置附加费率)+供销部门手续费+一次运费 \tag{3-26}$$

2) 残值率

残值率是指机械报废时其回收残余价值占原值的比率。国家规定的残值率在 3%～5%范围内。

3) 耐用总台班是指机械设备从开始投入使用至报废前所使用的总台班数。

$$耐用总台班=大修理间隔台班\times大修理周期 \tag{3-27}$$

4）贷款利息是指用于支付购置机械设备所需贷款的利息。贷款利息一般按复利计算。

（2）大修理费

大修理费是指机械设备按规定的大修理间隔台班进行必要的大修理，以恢复正常使用功能所需的费用。计算公式如下：

$$台班大修理费=\frac{一次大修理费\times(大修理周期-1)}{耐用总台班} \tag{3-28}$$

$$大修理周期=寿命期大修次数+1 \tag{3-29}$$

（3）经常修理费

经常修理费是指机械设备除大修理外的各级保养及临时故障排除所需费用；为保障机械正常运转所需替换设备，随机配置的工具、附具的摊销及维护费用；机械运转及日常保养所需润滑、擦拭材料费用和机械停置期间的维护保养费用等。

$$台班经常修理费=大修理费\times K_a \tag{3-30}$$

式中 $K_a=\frac{典型机械台班经常修理费测算值}{典型机械台班大修理费测算值}$ (3-31)

（4）安拆费及场外运输费

1）安拆费：是指机械在施工现场进行安装、拆卸所需的人工、材料、机械费、试运转费以及安装所需的辅助设施（机械的基础、底座、固定锚桩、行走轨道、枕木等）的折旧、搭设、拆除等费用。其计算公式为：

$$台班安拆费=\frac{机械一次安装拆卸费\times每年平均安装拆卸次数}{年工作台班} \tag{3-32}$$

2）场外运输费：是指机械整体或分件自停放场地运至施工现场或由一个工地运至另一个工地，运距25km以内的机械进出场运输及转移（机械的装卸、运输、辅助材料等）费用。其计算公式为：

$$台班场外运费=\frac{(一次运输及装卸费+辅助材料一次摊销费+一次架线费)\times年运输次数}{年工作台班} \tag{3-33}$$

2. 第二类费用的计算

（1）人工费

人工费是指机上司机、司炉及其他操作人员的工作日工资及上述人员在机械规定的年工作台班以外基本工资和工资性津贴，其计算公式为

$$台班人工费=机上操作人员人工工日数\times人工工日单价 \tag{3-34}$$

（2）燃料动力费

燃料动力费是指机械在运转施工作业中所耗用的电力、固体燃料（煤、木柴）、液体燃料（汽油、柴油）、水和风力等费用。其计算公式为：

$$台班燃料动力费=台班燃料动力消耗量\times燃料动力的预算单价 \tag{3-35}$$

（3）养路费及车船使用税

养路费及车船使用税是指机械按国家及省、市有关规定应交纳的养路费、运输管理费、车辆年检费、牌照费和车船使用税等的台班摊销费用。其计算公式为：

$$台班养路费及车船使用税=\frac{载重量\times年工作月数\times养路费[元/(t\cdot月)]+年车船使用税}{年工作台班} \tag{3-36}$$

《全国统一施工机械台班费用定额》基础数据摘录见表3-5。

《全国统一施工机械台班费用定额》部分机械费用基础数据摘录　　表3-5

序号	机械名称	规格	预算价格（元）	残值率（%）	使用总台班（台班）	大修间隔期（台班）	一次大修理费（元）	使用周期	K_a
1	载重汽车	6t	91649	2	1900	950	19732.06	2	5.61
2	自卸汽车	6t	151261	2	1650	825	27611.04	2	4.14
3	混凝土输送泵	$10m^3/h$	147000	4	1120	560	22083.96	2	2.23
4	塔式起重机	8t	727650	3	3600	1200	47944.60	3	3.94
5	履带式柴油打桩机	5t	2499000	3	2700	900	189124.20	3	1.95
6	滚筒式电动混凝土搅拌机	500L	53550	4	1750	875	8228.68	2	1.95
7	电动葫芦　双速	10t	25452	4	800	400	7455.52	2	2.62
8	钢筋调直机	ϕ14	15735	4	1000	500	2182.81	2	2.66

第三节　预　算　定　额

一、预算定额的概念

建筑工程预算定额简称预算定额，是指正常合理的施工条件下，规定完成一定计量单位的分项工程或结构构件所必需的人工、材料和施工机械台班消耗的数量标准。

二、预算定额的作用

1. 是编制施工图预算、确定工程造价的依据；

2. 是编制单位估价表的依据；

3. 是施工企业编制人工、材料、机械台班需要量计划，考核工程成本，实行经济核算的依据；

4. 是建设工程招标投标中确定标底及投标报价，签订工程合同的依据；

5. 是建设单位和建设银行拨付工程价款和编制工程结算的依据；

6. 是编制概算定额与概算指标的基础。

三、预算定额手册的内容

预算定额手册的内容由定额总说明、建筑面积计算规则、分部工程定额及有关的附录组成。

1. 预算定额总说明

预算定额总说明一般用来说明以下内容：

（1）预算定额的适用范围，指导思想及定额编制的目的与作用；

（2）编制定额的原则及主要依据；

（3）使用本定额必须遵守的规则及定额在编制过程中包括及未包括的内容；

（4）定额所采用的材料规格标准，允许换算的原则；

（5）各分部工程定额的共性问题统一规定及使用方法。

2. 建筑面积计算规则

建筑面积计算规则是由国家统一规定制订的，是计算工业建筑与民用建筑面积的依据。详见第六章第三节。

3. 分部工程定额

分部工程定额是预算定额手册的主体部分，内容包括：

（1）分部工程定额说明。分部工程定额说明主要说明该分部工程所包括的定额项目内容，工程量的计算方法及分部工程定额内综合的内容，允许换算的界限及其他规定。

（2）分项工程定额表头说明。定额项目表表头上方说明分项工程的工作内容。

（3）定额项目表。定额项目表的主要内容包括：

1）分项工程定额名称；

2）分项工程定额编号；

3）分项工程基价，其中包括人工费，材料费，机械费；

4）人工消耗量及人工预算单价；

5）主要材料、周转材料名称、消耗数量及预算单价；

6）主要机械的名称规格、消耗数量及预算单价。

（4）附注。在定额表的下方附注说明定额应调整的内容和方法。

建筑工程定额摘录 **表 3-6**

第一节　砌　　砖

工作内容：1. 基础：清理基槽、调运砂浆、运砖、砌砖。

2. 砖墙：筛砂、调运砂浆、运砖、砌砖等。

单位：m³

定额编号					4-1	4-2	4-3	4-4	4-5	4-6
项目					砖					
					基础	外墙	内墙	贴砌墙		圆弧形墙
								1/4	1/2	
基价（元）					165.13	178.46	174.59	246.70	205.54	183.60
其中	人工费（元）				34.51	45.75	41.97	87.24	60.17	49.00
	材料费（元）				126.57	128.24	128.20	153.75	140.40	130.07
	机械费（元）				4.05	4.47	4.42	5.71	4.97	4.53
名称			单位	单价（元）	数量					
人工	82002	综合工日	工日	28.240	1.183	1.578	1.445	3.031	2.082	1.692
	82013	其他人工费	元	—	1.100	1.190	1.160	1.640	1.370	1.220
材料	04001	红机砖	块	0.177	523.600	510.000	510.000	615.900	563.100	520.000
	81071	M5 水泥砂浆	m³	135.210	0.236	0.265	0.265	0.309	0.283	0.265
	84004	其他材料费	元	—	1.980	2.140	2.100	2.960	2.470	2.200
机械	84023	其他机具费	元	—	4.050	4.470	4.420	5.710	4.970	4.530

装饰工程定额摘录 **表 3-7**

单位：m^2

定额编号					1-62	1-63	1-64	1-65	1-66	1-67
项目					大理石			花岗石		
					每块面积（m^2）					
					0.25以内	0.25以外	拼花	0.25以内	0.25以外	拼花
基价（元）					186.47	205.35	291.41	204.88	225.77	321.51
其中	人工费（元）				13.47	14.04	16.58	13.80	14.38	17.05
	材料费（元）				166.81	184.56	265.41	184.35	204.04	294.22
	机械费（元）				6.19	6.75	9.42	6.73	7.35	10.24
名称			单位	单价（元）	数量					
人工	82008	综合工日	工日	34.350	0.338	0.349	0.398	0.342	0.353	0.403
	82013	其他人工费	元	—	1.860	2.050	2.910	2.050	2.250	3.210
材料	06011	大理石板 0.25m^2 以内	m^2	155.700	1.020	—	—	—	—	—
	06012	大理石板 0.25m^2 以外	m^2	173.000	—	1.020	—	—	—	—
	06013	异形大理石板	m^2	247.000	—	—	1.040	—	—	—
	06016	花岗石板 0.25m^2 以内	m^2	172.800	—	—	—	1.020	—	—
	06017	花岗石板 0.25m^2 以外	m^2	192.000	—	—	—	—	1.020	—
	06018	异形花岗石板	m^2	274.560	—	—	—	—	—	1.040
	02001	水泥（综合）	kg	0.366	13.629	13.629	13.629	13.629	13.629	13.629
	02003	白水泥	kg	0.550	0.100	0.100	0.103	0.100	0.100	0.103
	04025	砂子	kg	0.036	48.268	48.268	48.268	48.268	48.268	48.268
	11166	建筑胶	kg	1.700	0.052	0.052	0.052	0.052	0.052	0.052
	84004	其他材料费	元	—	1.130	1.230	1.660	1.220	1.330	1.810
机械	84023	其他机具费	元	—	6.190	6.750	9.420	6.730	7.350	10.240

4. 附录

附录是预算定额手册的有机组成部分，定额附录由四部分组成：

（1）各种不同强度等级的砂浆，混凝土的配合比；

（2）建筑机械台班费用定额；

（3）主要材料施工损耗率表；

（4）建筑材料名称、规格及预算价格表。

表 3-6 和表 3-7 分别为《2001 年北京市建筑工程和装饰工程预算定额》摘录。

四、预算定额的应用

预算定额的应用方法，一般分为定额的套用、定额的换算和编制补充定额三种情况。

（一）定额的套用

定额的套用分以下三种情况：

1. 当分项工程的设计要求、做法说明、结构特征、施工方法等条件与定额中相应项目的设置条件（如工作内容、施工方法等）完全一致时，可直接套用相应的定额子目。

在编制单位工程施工图预算的过程中，大多数项目可以直接套用预算定额。

2. 当设计要求与定额条件基本一致时，可根据定额规定套用相近定额子目，不允许换算。例如，在2001年《北京市建设工程预算定额》中第五章规定：在毛石混凝土项目中，毛石的含量与设计要求不同时不得换算。

3. 当设计要求与定额条件完全不符时，可根据定额规定套用相应定额子目，不允许换算。

例如，定额中规定，有梁式满堂基础的反梁高度在1.5m以内时，执行梁的相应子目；梁高超过1.5m时，单独计算工程量，执行墙的相应定额子目。

（二）定额的换算

当设计要求与定额条件不完全一致时，应根据定额的有关规定先换算、后套用。预算定额规定允许换算的类型一般分为：价差换算和其他换算。

1. 价差换算。价差换算是指设计采用的材料、机械等品种、规格与定额规定不同时所进行的价格换算。例如，由于钢种、木种不同需作的价格换算；砂浆、混凝土强度等级不同需作的价格换算等。

如在定额中规定：定额中的混凝土、砂浆强度等级是按常用标准列出的，若设计要求与定额不同时，允许换算。换算公式为：

换算后的定额基价＝原定额基价＋(换入材料单价－换出材料单价)×定额材料含量　(3-37)

【例3-4】 试确定M7.5水泥砂浆砌加气块墙的定额基价。

【解】 由于砌加气块墙定额子目（4-35）中是按M5水泥砂浆编制的，设计为M7.5水泥砂浆，与定额不符，根据定额规定，可以换算。

查定额4-35子目，加气块墙定额基价为215.54元，水泥砂浆的定额含量为0.15。

查定额附录得

M7.5水泥砂浆的材料单价为159元/m^3，M5水泥砂浆的材料单价为135.21元/m^3。

M7.5水泥砂浆砌加气块墙的定额基价＝215.54＋(159－135.21)×0.15＝219.11元

【例3-5】 试确定现场搅拌浇筑C50混凝土柱的定额基价。

【解】 由于现场搅拌浇筑柱的定额子目中，定额按混凝土的强度等级C30（5-17）、C35（5-18）和C40（5-19）编制的，设计为C50混凝土柱，与定额不符，根据定额规定，可以换算。

查定额5-19子目，C40混凝土柱的定额基价为301.84元，混凝土的定额含量为0.986。

C50混凝土的材料单价为260.58元/m^3，C40混凝土的材料单价为235.39元/m^3。

现场搅拌浇筑C50混凝土柱的定额基价＝301.84＋(260.58－235.39)×0.986＝326.68元

2. 其他换算

例如，在2001年《北京市建设工程预算定额》中规定：本定额中注明的门窗、装饰材料的材质、型号、规格与设计要求不同时，材料价格可以换算。

（三）编制补充定额

根据北京市建设工程造价计价办法规定：在编制建设工程预算、招标标底、投标报价、工程结算时，对于新材料、新技术、新工艺的工程项目，属于定额缺项项目时，应编制补充定额，有关编制补充预算定额管理办法将另行规定。

第四节　单位估价表

一、单位估价表概念及基价确定

单位估价表是确定建筑安装产品直接工程费的文件，以建筑安装工程概预算定额规定的人工、材料、机械台班消耗量为依据，以货币形式表示分部分项工程单位概预算价值而制定的价格表。

单位估价表的基价确定：

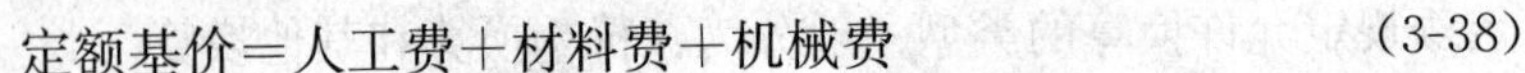

定额基价＝人工费＋材料费＋机械费　　(3-38)

人工费＝概预算定额人工工日数×地区相应人工预算价格　　(3-39)

材料费＝Σ(概预算定额材料消耗数量×地区材料预算价格)　　(3-40)

机械费＝Σ(概预算定额机械消耗数量×地区相应机械台班预算价格)　　(3-41)

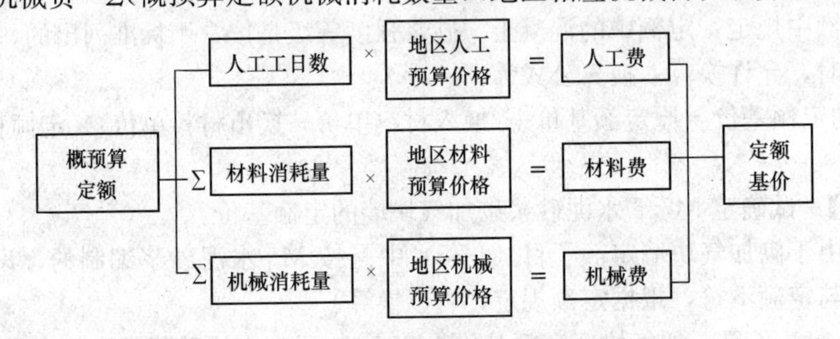

图 3-1　定额基价构成及其相互关系

二、单位估价表的编制依据

1. 现行全国统一基础定额和本地区统一概预算定额及有关定额资料；
2. 现行地区的工资标准；
3. 现行地区材料预算价格；
4. 现行地区施工机械台班预算价格；
5. 国务院有关地区单位估价表的编制方法及其他有关规定。

三、单位估价表的编制步骤

1. 选定预算定额项目；
2. 抄录预算定额人工、材料、机械台班的消耗数量；
3. 选择和填写单价；
4. 进行基价计算；
5. 复核与审批。

四、单位估价表与预算定额

从理论上讲，预算定额只规定单位分项工程或结构构件的人工、材料、机械台班消耗的数量标准，不用货币表示。地区单位估价表是将单位分项工程或结构构件的人工、材料、机械台班消耗量在本地区用货币形式表示，一般不列工、料、机消耗的数量标准。但实际上，为了便于进行施工图预算的编制，往往将预算定额和地区单位估价表合并。即在预算定额中不仅列出“三量”指标，同时列出“三费”指标及定额基价，还列出基价所依据的单价并在附录中列出材料预算价格表，使预算定额与地区单位估价表融为一体。

复 习 题

1. 预算定额的定义如何？它由哪几部分组成？

2. 人工、材料、机械台班消耗量如何确定？

3. 人工、材料、机械预算价格如何确定？

4. 什么是单价估价表，基价如何确定？

5. 如何进行定额单价的换算？

6. 选择题：

(1) 施工图预算对施工单位的作用不包括（　　）。

A. 监督检查执行定额标准、合理确定工程造价、测算造价指数及审定招标工程标底的重要依据

B. 控制施工成本的依据

C. 施工单位进行施工准备的依据

D. 确定投标报价的依据

(2)《2001 年北京市建设工程预算定额》适用于（　　）。

A. 新建工程　　B. 整体更新改建工程　　C. 房屋拆除工程

D. 扩建工程　　E. 房屋维修工程

第四章　概算定额和概算指标

本章学习重点：概算定额和概算指标的作用和编制依据。

本章学习要求：熟悉概算定额和概算指标的作用和编制依据。

第一节　概　算　定　额

一、概算定额的概念

概算定额全称是建筑安装工程概算定额，亦称扩大结构定额。它是按一定计量单位规定的，扩大分部分项工程或扩大结构部分的人工、材料和机械台班的消耗量标准和综合价格。

概算定额是在预算定额基础上的综合和扩大，是介于预算定额和概算指标之间的一种定额。它是在预算定额的基础上，根据施工顺序的衔接和互相关联性较大的原则，确定定额的划分。按常用主体结构工程列项，以主要工程内容为主，适当合并相关预算定额的分项内容，进行综合扩大，较之预算定额具有更为综合扩大的性质，所以又称为"扩大结构定额"。

概算定额的编制水平是社会平均水平，与预算定额水平幅度差在5%以内。

例如，在概算定额中的砖基础工程，往往把预算定额中的砌筑基础、敷设防潮层、回填土、余土外运等项目，合并为一项砖基础工程；在概算定额中的预制钢筋混凝土矩形梁，则综合了预制钢筋混凝土矩形梁的制作、钢筋调整、安装、接头、梁粉刷等工作内容。

二、概算定额的作用

1. 是初步设计阶段编制设计概算和技术设计阶段编制修正概算的依据；

2. 是设计方案比较的依据；

3. 是编制主要材料需要量的基础；

4. 是编制概算指标和投资估算指标的依据。

三、概算定额的编制依据

1. 现行的有关设计标准、设计规范、通用图集、标准定型图集、施工验收规范、典型工程设计图等资料；

2. 现行的预算定额、施工定额；

3. 原有的概算定额；

4. 现行的定额工资标准、材料预算价格和机械台班单价等；

5. 有关的施工图预算或工程结算等资料。

四、概算定额的内容

建筑工程概算定额的主要内容包括总说明、建筑面积计算规则、册章节说明、定额项目表和附录、附件等。

1. 总说明。主要是介绍概算定额的作用、编制依据、编制原则、适用范围、有关规定等内容。

2. 建筑面积计算规则。规定了计算建筑面积的范围、计算方法，不计算建筑面积的范围等。建筑面积是分析建筑工程技术经济指标的重要数据，现行建筑面积的计算规则，是由国家统一规定的。

3. 册章节说明。册章节（又称各章分部说明）主要是对本章定额运用、界限划分、工程量计算规则、调整换算规定等内容进行说明。

4. 概算定额项目表。定额项目表是概算定额的核心，它反映了一定计量单位扩大结构或构件扩大分项工程的概算单价，以及主要材料消耗量的标准。表 4-1 为 2004 年《北京市建设工程概算定额》第二章墙体工程中有关项目表。表头部分有工程内容，表中有项目计量单位、概算单价、主要工程量及主要材料用量等。

概算定额的第二章墙体工程 **表 4-1**

第一节 砖墙、砌块墙及砖柱

工程内容：砌砖和砌块墙包括：过梁、圈梁、构造柱（含混凝土、模板、钢筋及预制混凝土构件运输）、钢筋混凝土加固带、加固筋等。女儿墙包括了钢筋混凝土压顶。

单位：m²

定额编号					2-1	2-2	2-3
项目					机砖外墙		
					240mm	360mm	490mm
概算基价（元）					102.79	161.62	223.70
其中		人工费（元）			16.68	24.39	32.03
		材料费（元）			84.33	134.57	188.19
		机械费（元）			1.78	2.66	3.48
主要工程量		砌体（m³）			0.189	0.274	0.349
		预拌混凝土（m³）			0.046	0.084	0.130
名称			单位	单价（元）	消耗量		
人工	82000	综合工日	工日	—	0.501	0.734	0.964
	82013	其他人工费	元	—	0.590	0.930	1.290
材料	01001	钢筋Φ 10 以内	kg	3.450	2.050	3.075	4.100
	01002	钢筋Φ 10 以外	kg	3.550	5.125	9.225	14.350
	04001	机砖	块	0.290	96.390	139.740	177.990
	39009	过梁	m³	823.000	0.005	0.008	0.010
	40008	C25 预拌混凝土	m³	295.000	0.046	0.084	0.130
	81071	M5 水泥砂浆	m³	169.380	0.050	0.073	0.093
	84012	钢筋成型加工及运费Φ 10 以内	kg	0.146	2.050	3.075	4.100
	84013	钢筋成型加工及运费Φ 10 以外	kg	0.109	5.125	9.225	14.350
	84017	材料费	元	—	1.620	2.130	2.630
	84018	模板租赁费	元	—	0.440	0.510	0.590
	84004	其他材料费	元	—	2.040	2.860	3.770
机械	84016	机械费	元	—	0.640	0.910	1.110
	84023	其他机具费	元	—	1.140	1.750	2.370

5. 附录、附件。附录一般列在概算定额手册的后面，包括砂浆、混凝土配合比表，各种材料、机械台班单价表等有关资料，供定额换算、编制施工作业计划等使用。

第二节　概　算　指　标

一、概算指标的概念

概算指标是比概算定额更综合、扩大性更强的一种定额指标。它是以每 100m^2 建筑面积或 1000m^3 建筑体积、构筑物以座为计算单位规定出人工、材料、机械消耗数量标准或定出每万元投资所需人工、材料、机械消耗数量及造价的数量标准。

二、建筑工程概算指标的作用

1. 作为编制初步设计概算的主要依据；
2. 作为基本建设计划工作的参考；
3. 作为设计机构和建设单位选厂和进行设计方案比较的参考；
4. 作为投资估算指标的编制依据。

三、建筑工程概算指标的内容及表现形式

概算指标的内容包括总说明、经济指标、结构特征和建筑物结构示意图等。总说明包括概算指标的编制依据、适用范围、指标的作用、工程量计算规则及其他有关规定；经济指标包括工程造价指标、人工、材料消耗指标；结构特征及适用范围可作为不同结构间换算的依据。

概算指标在表现方法上，分综合指标与单项指标两种形式。综合指标是按照工业与民用建筑或按结构类型分类的一种概括性较大的指标。而单项指标是一种以典型的建筑物或构筑物为分析对象的概算指标。单项概算指标附有工程结构内容介绍，使用时，若在建项目与结构内容基本相符，还是比较准确的。

复　习　题

1. 什么是概算定额？它的作用如何？
2. 什么是概算指标？它的作用如何？
3. 将各类定额的区别，填在表 4-2 中。

表 4-2

区别	施工定额	预算定额	概算定额	概算指标
1. 标定对象（研究对象）				
2. 项目划分				
3. 定额步距				
4. 编制水平				
5. 使用单位				
6. 作用				

第二篇　传统计价模式——定额计价

第五章　建筑安装工程费用

本章学习重点：建筑安装工程费的组成和计算。

本章学习要求：掌握建筑安装工程费的组成；熟悉建筑安装工程费的计算。

第一节　建筑安装工程费用的组成

建筑安装工程费，是指建设单位用于建筑和安装工程方面的投资，它由建筑工程费和设备安装工程费两部分组成。

建筑工程费是指工程项目范围内的场地平整、土石方工程、设备基础、室外管道及各类房屋建筑等工程费。

设备安装工程费是指主要生产、辅助生产、公用工程等单项工程（如工艺、电气、自动控制、运输、供热、制冷等）中需要安装的机械设备、电器设备、专用设备、仪器仪表等设备的安装及配件工程费，以及工艺、供热、供水等各种管道、配件、闸门和供电、通信、自控等管线的安装工程费等。

根据中华人民共和国建设部和财政部建标［2003］206号文件的规定，建筑安装工程费由直接费、间接费（包括规费和企业管理费）、利润和税金组成，见表5-1。

建筑安装工程费用项目组成　　　　表5-1

<table>
<tr><td rowspan="6">建筑安装工程费</td><td rowspan="2">直接费</td><td>直接工程费</td><td>包括：人工费；材料费；施工机械使用费</td></tr>
<tr><td>措施费（通用项目）</td><td>包括：安全文明施工费（环境保护费；文明施工费；安全施工费；临时设施费）；夜间施工费；二次搬运费；冬雨季施工费；大型机械设备进出场及安拆费；施工排水费；施工降水费；地上地下设施、建筑物的临时设施保护费；已完工程及设备保护费；混凝土、钢筋混凝土模板及支架费；脚手架费</td></tr>
<tr><td rowspan="2">间接费</td><td>规费</td><td>包括：工程排污费；工程定额测定费；社会保障费（养老保险费、失业保险费、医疗保险费）；住房公积金；危险作业意外伤害保险</td></tr>
<tr><td>企业管理费</td><td>包括：管理人员工资；办公费；差旅交通费；固定资产使用费；工具用具使用费；劳动保险费；工会经费；职工教育经费；财产保险费；财务费；税金；其他</td></tr>
<tr><td>利润</td><td></td><td></td></tr>
<tr><td>税金</td><td></td><td>包括：营业税；城市维护建设税；教育费附加</td></tr>
</table>

一、直接费

直接费由直接工程费和措施费组成。

$$\text{直接费}=\text{直接工程费}+\text{措施费} \quad (5\text{-}1)$$

（一）直接工程费

直接工程费是指施工过程中耗费的构成工程实体的各项费用，包括人工费、材料费、施工机械使用费。

$$直接工程费=人工费+材料费+机械使用费 \tag{5-2}$$

1. 人工费

人工费是指支付给直接从事工程施工的生产工人的各项费用，内容包括：

（1）基本工资：是指发放给生产工人的基本工资。

（2）工资性补贴：是指按规定标准发放的物价补贴、煤（燃）气补贴、交通补贴、住房补贴、流动施工津贴等。

（3）生产工人辅助工资：是指生产工人年有效施工天数以外非作业天数的工资，包括职工学习、培训期间的工资，调动工作、探亲、休假期间的工资，因气候影响的停工工资，女工哺乳时间的工资，病假在六个月以内的工资及产假、婚假、丧假期的工资。

（4）职工福利费：是指按规定标准计提的职工福利费。

（5）生产工人劳动保护费：是指按规定标准发放的劳动保护用品的购置费及修理费、职工服装补贴、防暑降温费、在有碍身体健康环境中施工的保健费用等。

单位工程量人工费的计算公式为：

$$人工费=\Sigma(人工定额消耗量\times 日工资单价) \tag{5-3}$$

$$日基本工资=\frac{生产工人平均月工资}{年平均每月法定工作日} \tag{5-4}$$

$$日工资性补贴=\frac{\Sigma 年发放标准}{全年日历日-法定假日}+\frac{\Sigma 月发放标准}{年平均每月法定工作日}+每工作日发放标准 \tag{5-5}$$

$$日生产工人辅助工资=\frac{全年无效工作日\times(G_1+G_2)}{全年日历日-法定假日} \tag{5-6}$$

$$日职工福利费=(G_1+G_2+G_3)\times 福利费计提比例(\%) \tag{5-7}$$

$$日生产工人劳动保护费=\frac{生产工人年平均支出劳动保护费}{全年日历日-法定假日} \tag{5-8}$$

2. 材料费

材料费是指施工过程中耗费的构成工程实体的原材料、辅助材料、构配件、零件、半成品的费用。内容包括：

（1）材料原价（或供应价格）。

（2）材料运杂费：是指材料自来源地运至工地仓库或指定堆放地点所发生的全部费用。

（3）运输损耗费：是指材料在运输装卸过程中不可避免的损耗。

（4）采购及保管费：是指组织采购、供应和保管材料过程中所需要的各项费用。包括采购费、仓储费、工地保管费、仓储损耗。

（5）检验试验费：是指对建筑材料、构件和建筑安装物进行一般鉴定、检查所发生的费用，包括自设实验室进行试验所耗用的材料和化学药品等费用，不包括新结构、新材料的试验费和建设单位对具有出厂合格证明的材料进行检验、对构件做破坏性试验及其他特殊要求检验试验的费用。

单位工程量材料费的计算公式为：

$$材料费 = \Sigma(材料定额消耗量 \times 材料基价) + 检验试验费 \quad (5-9)$$

$$材料基价 = [(供应价格 + 运杂费) \times (1 + 运输损耗率(\%))] \times [1 + 采购保管费率(\%)] \quad (5-10)$$

$$检验试验费 = \Sigma(单位材料量检验试验费 \times 材料消耗量) \quad (5-11)$$

3. 施工机械使用费

施工机械使用费是指施工机械作业所发生的机械使用费以及机械安拆费和场外运费。施工机械台班单价由下列七项费用组成：

（1）折旧费：是指施工机械在规定的使用年限内，陆续收回其原值及购置资金的时间价值。

（2）大修理费：是指施工机械按规定的大修理间隔台班进行必要的大修理，以恢复其正常功能所需的费用。

（3）经常修理费：是指施工机械除大修理以外的各级保养和临时故障排除所需的费用。包括为保障机械正常运转所需替换设备与随机配备工具附具的摊销和维护费用，机械运转中日常保养所需润滑与擦拭的材料费用及机械停滞期间的维护和保养费用等。

（4）安拆费及场外运费：安拆费是指施工机械在现场进行安装与拆卸所需的人工、材料、机械和试运转费用以及机械辅助设施的折旧、搭设、拆除等费用；场外运费是指施工机械整体或分体自停放地点运至施工现场或由一施工地点运至另一施工地点的运输、装卸、辅助材料及架线等费用。

（5）人工费：是指机上司机（司炉）和其他操作人员的工作日人工费及上述人员在施工机械规定的年工作台班以外的人工费。

（6）燃料动力费：是指施工机械在运转作业中所消耗的固体燃料（煤、木柴）、液体燃料（汽油、柴油）及水、电等。

（7）养路费及车船使用税：是指施工机械按照国家规定和有关部门规定应缴纳的养路费、车船使用税、保险费及年检费等。

单位工程量施工机械使用费的计算公式为：

$$施工机械使用费 = \Sigma(施工机械台班定额消耗量 \times 机械台班单价) \quad (5-12)$$

$$机械台班单价 = 台班折旧费 + 台班大修费 + 台班经常修理费 + 台班安拆费及场外运费 + 台班人工费 + 台班燃料动力费 + 台班养路费及车船使用税 \quad (5-13)$$

$$台班折旧费 = \frac{机械预算价格 \times [1 - 残值率(\%)]}{耐用总台班数} \quad (5-14)$$

$$台班大修费 = \frac{一次大修费 \times 大修次数}{耐用总台班数} \quad (5-15)$$

$$耐用总台班数 = 折旧年限 \times 年工作台班 \quad (5-16)$$

（二）措施费

措施费是指为完成工程项目施工，发生于该工程施工前和施工过程中非工程实体项目的费用。其内容包括：

1. 安全文明施工费

（1）环境保护费：是指施工现场为达到环保部门要求所需要的各项费用。

(2) 文明施工费：是指施工现场文明施工所需要的各项费用。

(3) 安全施工费：是指施工现场安全施工所需要的各项费用。

(4) 临时设施费：是指施工企业为进行建筑工程施工所必须搭设的生活和生产用的临时建筑物、构筑物和其他临时设施费用等。临时设施包括临时宿舍、文化福利及公用事业房屋与构筑物，仓库、办公室、加工厂以及规定范围内道路、水、电、管线等临时设施和小型临时设施。临时设施费用包括临时设施的搭设、维修、拆除费或摊销费。

2. 夜间施工费：是指因夜间施工所发生的夜班补助费、夜间施工降效、夜间施工照明设备摊销及照明用电等费用。

3. 二次搬运费：是指因施工场地狭小等特殊情况而发生的二次搬运费用。

4. 冬雨季施工费：是指在冬雨季施工期间，采取防寒保暖或防雨措施所增加的费用。

5. 大型机械设备进出场及安拆费：是指机械整体或分体自停放场地运至施工现场或由一个施工地点运至另一个施工地点，所发生的机械进出场运输及转移费用及机械在施工现场进行安装、拆卸所需的人工费、材料费、机械费、试运转费和安装所需的辅助设施的费用。

6. 施工排水费：是指为确保工程在正常条件下施工，采取各种排水措施所发生的各种费用。

7. 施工降水费：是指为确保工程在正常条件下施工，采取各种降水措施所发生的各种费用。

8. 地上地下设施、建筑物的临时设施保护费：是指施工过程中间，对工程地上地下设施及建筑物进行临时保护的费用。如在临时设施施工阶段未达到强度时的成品保护和完成后的维护发生的费用。

9. 已完工程及设备保护费：是指竣工验收前，对已完工程及设备进行保护所需费用。

10. 混凝土、钢筋混凝土模板及支架费：是指混凝土施工过程中需要的各种钢模板、木模板、支架等的支、拆、运输费用及模板、支架的摊销（或租赁）费用。

11. 脚手架费：是指施工需要的各种脚手架搭、拆、运输费用及脚手架的摊销（或租赁）费用。

措施费的计算方法如下：

1. 安全文明施工费

(1) 环境保护费 = 直接工程费 × 环境保护费费率(%)　　(5-17)

$$环境保护费费率(\%) = \frac{本项费用年度平均支出}{全年建安产值 \times 直接工程费占总造价比例(\%)} \quad (5\text{-}18)$$

(2) 文明施工费

文明施工费 = 直接工程费 × 文明施工费费率(%)　　(5-19)

$$文明施工费费率(\%) = \frac{本项费用年度平均支出}{全年建安产值 \times 直接工程费占总造价比例(\%)} \quad (5\text{-}20)$$

(3) 安全施工费

安全施工费 = 直接工程费 × 安全施工费费率(%)　　(5-21)

$$安全施工费费率(\%) = \frac{本项费用年度平均支出}{全年建安产值 \times 直接工程费占总造价比例(\%)} \quad (5\text{-}22)$$

(4) 临时设施费

临时设施费有三部分组成：周转使用临建（如活动房屋）、一次性使用临建（如简易建筑）、其他临时设施（如临时管线）。

$$临时设施费 = (周转使用临建费 + 一次性使用临建费) \times [1 + 其他临时设施所占比例(\%)] \quad (5\text{-}23)$$

$$周转使用临建费 = \Sigma\left[\frac{临建面积 \times 每平方米造价}{使用年限 \times 365 \times 利用率(\%)} \times 工期(天)\right] + 一次性拆除费 \quad (5\text{-}24)$$

$$一次性使用临建费 = \Sigma 临建面积 \times 每平方米造价 \times [1 - 残值率(\%)] + 一次性拆除费 \quad (5\text{-}25)$$

其他临时设施在临时设施费中所占比例，可由各地区造价管理部门依据典型施工企业的成本资料经分析后综合测定。

2. 夜间施工费

$$夜间施工费 = \left(1 - \frac{合同工期}{定额工期}\right) \times \frac{直接工程费中的人工费合计}{平均日工资单价} \times 每工日夜间施工费开支 \quad (5\text{-}26)$$

3. 二次搬运费

$$二次搬运费 = 直接工程费 \times 二次搬运费费率(\%) \quad (5\text{-}27)$$

$$二次搬运费费率(\%) = \frac{年平均二次搬运费开支额}{全年建安产值 \times 直接工程费占总造价的比例(\%)} \quad (5\text{-}28)$$

4. 冬雨季施工费：

$$冬雨季施工费 = 分部分项清单人工费 \times 冬雨季施工费费率 \quad (5\text{-}29)$$

5. 大型机械设备进出场及安拆费

$$大型机械进出场及安拆费 = \frac{一次进出场及安拆费 \times 年平均安拆次数}{年工作台班} \quad (5\text{-}30)$$

6. 施工排水费

$$施工排水费 = 计算基础 \times 施工排水费费率 \quad (5\text{-}31)$$

$$计算基础 = 人工费或人工费 + 机械费 \quad (5\text{-}32)$$

7. 施工降水费

$$施工排水降水费 = \Sigma 排水降水机械台班费 \times 排水降水周期 + 排水降水使用材料费及人工费 \quad (5\text{-}33)$$

或

$$施工降水费 = 计算基础 \times 施工降水费费率 \quad (5\text{-}34)$$

$$计算基础 = 人工费或人工费 + 机械费 \quad (5\text{-}35)$$

8. 地上地下设施、建筑物的临时保护设施费

$$地上地下设施、建筑物的临时保护设施费 = 计算基础 \times 临时保护设施费费率 \quad (5\text{-}36)$$

$$计算基础 = 人工费或人工费 + 机械费 \quad (5\text{-}37)$$

9. 已完工程及设备保护费

$$已完工程及设备保护费 = 成品保护所需机械费 + 材料费 + 人工费 \quad (5\text{-}38)$$

10. 混凝土、钢筋混凝土模板及支架费

(1) 模板及支架费

$$模板及支架费 = 模板摊销量 \times 模板价格 + 支、拆、运输费 \quad (5\text{-}39)$$

$$模板摊销量 = 一次使用量 \times (1 + 施工损耗) \times [1 + (周转次数 - 1) \times 补损率 / 周转次数 - (1 - 补损率) \times 50\% / 周转次数] \quad (5\text{-}40)$$

(2) 租赁费 = 模板使用量 × 使用日期 × 租赁价格 + 支、拆、运输费 (5-41)

11. 脚手架搭拆费

(1) 脚手架搭拆费 = 脚手架摊销量 × 脚手架价格 + 支、拆、运输费 (5-42)

$$脚手架摊销量 = \frac{单位一次使用量 \times [1 - 残值率(\%)]}{耐用期} \times 一次使用期 \quad (5\text{-}43)$$

(2) 租赁费 = 脚手架每日租金 × 搭设周期 + 搭、拆、运输费 (5-44)

二、间接费

间接费由规费和企业管理费组成。

(一) 间接费的组成

1. 规费

规费是指政府和有关权力部门规定必须缴纳的费用（简称规费）。具体包括：

(1) 工程排污费：是指施工现场按规定缴纳的工程排污费。

(2) 定额测定费：是指按规定支付工程造价（定额）管理部门的定额测定费。

(3) 社会保障费：是指企业按照规定标准为职工缴纳的基本养老保险费、失业保险费、基本医疗保险费。

(4) 住房公积金：是指企业按规定标准为职工缴纳的住房公积金。

(5) 危险作业意外伤害保险：是指按照《建筑法》规定，企业为从事危险作业的建筑安装施工人员支付的意外伤害保险费。

规费费率的确定是根据各地区典型工程发承包价格的分析资料综合取定规费计算中所需数据。

(1) 每万元发承包价中人工费含量和机械费含量。

(2) 人工费占直接费的比例。

(3) 每万元发承包价中所含规费缴纳标准的各项基数。

规费费率的计算公式按取费基数的不同分为以下三种：

(1) 以直接费为计算基础

$$规费费率(\%) = \frac{\Sigma 规费缴纳标准 \times 每万元发承包价计算基数}{每万元发承包价中的人工费含量} \times 人工费占直接费的比例(\%) \quad (5\text{-}45)$$

(2) 以人工费和机械费合计为计算基础

$$规费费率(\%) = \frac{\Sigma 规费缴纳标准 \times 每万元发承包价计算基数}{每万元发承包价中的人工费含量和机械费含量} \times 100\% \quad (5\text{-}46)$$

(3) 以人工费为计算基础

$$规费费率(\%) = \frac{\Sigma 规费缴纳标准 \times 每万元发承包价计算基数}{每万元发承包价中的人工费含量} \times 100\% \quad (5\text{-}47)$$

2. 企业管理费

企业管理费是指建筑安装企业组织施工生产和经营管理所需费用。具体内容包括：

（1）管理人员工资：是指管理人员的基本工资、工资性补贴、职工福利费、劳动保护费等。

（2）办公费：是指企业管理办公用的文具、纸张、账表、印刷、邮电、书报、会议、水电、烧水和集体取暖（包括现场临时宿舍取暖）用煤等费用。

（3）差旅交通费：是指职工因公出差、调动工作的差旅费、住勤补助费，市内交通费和误餐补助费，职工探亲路费，劳动力招募费，职工离退休、退职一次性路费，工伤人员就医路费，工地转移费以及管理部门使用的交通工具的油料、燃料、养路费及牌照费。

（4）固定资产使用费：是指管理和试验部门及附属生产单位使用的属于固定资产的房屋、设备仪器等的折旧、大修、维修或租赁费。

（5）工具用具使用费：是指管理使用的不属于固定资产的生产工具、器具、家具、交通工具和检验、试验、测绘、消防用具等的购置、维修和摊销费。

（6）劳动保险费：是指由企业支付离退休职工的异地安家补助费、职工退职金、六个月以上的病假人员工资、职工死亡丧葬补助费、抚恤费、按规定支付给离休干部的各项经费。

（7）工会经费：是指企业按职工工资总额计提的工会经费。

（8）职工教育经费：是指企业为职工学习先进技术和提高文化水平，按职工工资总额计提的费用。

（9）财产保险费：是指施工管理用财产、车辆保险。

（10）财务费：是指企业为筹集资金而发生的各种费用。

（11）税金：是指企业按规定缴纳的房产税、车船使用税、土地使用税、印花税等。

（12）其他：包括技术转让费、技术开发费、业务招待费、绿化费、广告费、公证费、法律顾问费、审计费、咨询费等。

企业管理费费率计算公式按取费基数的不同分为以下三种：

（1）以直接费为计算基础

$$\text{企业管理费费率}(\%)=\frac{\text{生产工人年平均管理费}}{\text{年有效施工天数}\times\text{人工单价}}\times\text{人工费占直接费比例}(\%)\tag{5-48}$$

（2）以人工费和机械费合计为计算基础

$$\text{企业管理费费率}(\%)=\frac{\text{生产工人年平均管理费}}{\text{年有效施工天数}\times(\text{人工单价}+\text{每一工日机械使用费})}\times100\%\tag{5-49}$$

（3）以人工费为计算基础

$$\text{企业管理费费率}(\%)=\frac{\text{生产工人年平均管理费}}{\text{年有效施工天数}\times\text{人工单价}}\times100\%\tag{5-50}$$

（二）间接费的计算方法

按取费基数的不同分为以下三种：

1. 以直接费为计算基础

$$\text{间接费}=\text{直接费合计}\times\text{间接费费率}(\%)\tag{5-51}$$

2. 以人工费和机械费合计为计算基础

$$\text{间接费}=\text{人工费和机械费合计}\times\text{间接费费率}(\%)\tag{5-52}$$

$$\text{间接费费率}(\%)=\text{规费费率}(\%)+\text{企业管理费费率}(\%)\tag{5-53}$$

3. 以人工费为计算基础

$$间接费 = 人工费合计 \times 间接费费率(\%) \tag{5-54}$$

三、利润

利润是指施工企业完成所承包工程获得的盈利。利润的计算方法按取费基数的不同分为以下三种：

1. 以直接费和间接费合计为计算基础

$$利润 = (直接费 + 间接费) \times 利润率(\%) \tag{5-55}$$

2. 以人工费和机械费合计为计算基础

$$利润 = (人工费 + 机械费) \times 利润率(\%) \tag{5-56}$$

3. 以人工费为计算基础

$$利润 = 人工费合计 \times 利润率(\%) \tag{5-57}$$

四、税金

税金是指按国家税法规定的应计入建筑安装工程造价内的营业税、城市维护建设税和教育费附加等。

1. 营业税

营业税以营业收入额为计税依据计算纳税，税率为3%。计算公式为：

$$营业税 = 计税营业额 \times 3\% \tag{5-58}$$

计税营业额是指从事建筑、安装、修缮、装饰及其他工程作业取得的全部收入，还包括建筑、修缮、装饰工程所用原材料及其他物资和动力的价款。当安装的设备价值作为安装工程产值时，亦包括所安装设备的价款。但建筑安装工程总承包方将工程分包给他人的，其营业额中不包括付给分包方的价款。

2. 城市维护建设税

城市维护建设税是国家为了加强城乡的维护建设，扩大和稳定城市、乡镇维护建设资金来源，而对有经营收入的单位和个人征收的一种税。城市维护建设税是以营业税额为基础计税。因纳税人地点不同其税率分别为：纳税人所在地为市区者，税率为7%；纳税人所在地为县镇者，税率为5%；纳税人所在地为农村者，税率为1%。计算公式为：

$$城市维护建设税 = 应纳营业税额 \times 适用税率 \tag{5-59}$$

3. 教育费附加

建筑安装企业的教育费附加要与其营业税同时缴纳，以营业税额为基础计取，税率为3%。计算公式为：

$$教育费附加 = 应纳营业税额 \times 3\% \tag{5-60}$$

为了计算上的方便，可将营业税、城市维护建设税和教育费附加合并在一起计算，以工程成本加利润为基数计算税金。即：

$$税金 = (税前造价 + 利润) \times 税率 \tag{5-61}$$

$$税前造价 = 直接费 + 间接费 \tag{5-62}$$

$$税率(计税系数) = \{1/[1 - 营业税税率 \times (1 + 城市维护建设税税率 + 教育费附加率)] - 1\} \times 100\% \tag{5-63}$$

如果纳税人所在地为市区，则

$$税率(计税系数) = \left[\frac{1}{1 - 3\% \times (1 + 7\% + 3\%)} - 1\right] \times 100\% = 3.41\% \tag{5-64}$$

如果纳税人所在地为县镇，则

$$税率（计税系数）=\left[\frac{1}{1-3\%\times(1+5\%+3\%)}-1\right]\times100\%=3.35\% \quad (5\text{-}65)$$

如果纳税人所在地为农村，则

$$税率（计税系数）=\left[\frac{1}{1-3\%\times(1+1\%+3\%)}-1\right]\times100\%=3.22\% \quad (5\text{-}66)$$

第二节　建筑安装工程费用的计算程序

根据建设部第107号部令《建筑工程施工发包与承包计价管理办法》的规定，发包与承包价的计算方法分为工料单价法和综合单价法。

一、工料单价法计价程序

工料单价法是计算出分部分项工程量后乘以工料单价，合计得到直接工程费，直接工程费以人工、材料、机械的消耗量及其相应价格确定。直接工程费汇总后再加措施费、间接费、利润和税金生成工程发承包价，其计算程序分为三种：

1. 以直接费为计算基础的计价程序见表5-2。

以直接费为计算基础的工料单价法计价程序　　**表5-2**

序　号	费 用 项 目	计 算 方 法
①	直接工程费	按预算表
②	措施费	按规定标准计算
③	小计	①+②
④	间接费	③×相应费率
⑤	利润	（③+④）×相应利润率
⑥	合计	③+④+⑤
⑦	含税造价	⑥×（1+相应税率）

【例5-1】 某工程直接工程费为5000万元，以直接费为计算基础计算建筑安装工程费，其中措施费为直接工程费的6%，间接费费率为10%，利润率为7%，综合计税系数为3.41%。列表计算该工程的建筑安装工程总造价。

【解】 建筑安装工程总造价计算过程见表5-3。

建筑安装工程总造价　　**表5-3**

（单位：万元）

序　号	费 用 项 目	计 算 方 法
①	直接工程费	5000
②	措施费	①×6%=300
③	直接费	①+②=5000+300=5300
④	间接费	③×10%=5300×10%=530
⑤	利润	（③+④）×7%=（5300+530）×7%=408.1
⑥	不含税造价	③+④+⑤=5300+530+408.1=6238.1
⑦	税金	⑥×3.41%=6238.1×3.41%=212.719
⑧	含税造价	⑥+⑦=6238.1+212.719=6450.819

2. 以人工费和机械费为计算基础的计价程序见表5-4。

以人工费和机械费为计算基础的工料单价法计价程序　　表5-4

序　号	费用项目	计算方法
①	直接工程费	按预算表
②	直接工程费中的人工费和机械费	按预算表
③	措施费	按规定标准计算
④	措施费中的人工费和机械费	按规定标准计算
⑤	直接费小计	①+③
⑥	人工费和机械费小计	②+④
⑦	间接费	⑥×相应费率
⑧	利润	⑥×相应利润率
⑨	合计	⑤+⑦+⑧
⑩	含税造价	⑨×（1+相应税率）

3. 以人工费为计算基础的计价程序见表5-5。

以人工费为计算基础的工料单价法计价程序　　表5-5

序　号	费用项目	计算方法
①	直接工程费	按预算表
②	直接工程费中的人工费	按预算表
③	措施费	按规定标准计算
④	措施费中的人工费	按规定标准计算
⑤	小计	①+③
⑥	人工费小计	②+④
⑦	间接费	⑥×相应费率
⑧	利润	⑥×相应利润率
⑨	合计	⑤+⑦+⑧
⑩	含税造价	⑨×（1+相应税率）

【例5-2】 某工程直接费为1000万元。其中人工费为320万元，按人工费计算的间接费费率为31%，利润率为8%，综合计税系数为3.41%。列表计算该工程不含和含税的总造价。

【解】 建筑安装工程造价计算过程见表5-6。

建筑安装工程总造价　　表5-6

（单位：万元）

序　号	费用项目	计算方法
①	直接费	1000
②	人工费小计	320
③	间接费	320×31%=99.2
④	利润	320×8%=25.6
⑤	合计	1000+99.2+25.6=1124.8
⑥	含税造价	1124.8×（1+3.41%）=1163.16

二、综合单价法计价程序

综合单价分为全费用综合单价和部分费用综合单价，全费用综合单价其单价内容包括直接工程费、措施费、间接费、利润和税金。由于大多数情况下，措施费由投标人单独报价，而不包括在综合单价中，此时综合单价仅包括直接工程费、间接费、利润和税金，称为部分费用综合单价。

综合单价如果是全费用综合单价，则综合单价乘以各分项工程量汇总后，即生成工程发承包价格。如果综合单价是部分费用综合单价（不含措施费），则综合单价乘以各分项工程量汇总后，还须加上措施费才得到工程发承包价格。

由于各分部分项工程中的人工、材料、机械含量的比例不同，各分项工程可根据其材料费占人工费、材料费、机械费合计的比例（以字母“C”代表该项比值）在以下三种计算程序中选择一种计算不含措施费的综合单价。

1. 当$C>C_0$（C_0为本地区原费用定额测算所选典型工程材料费占人工费、材料费和机械费合计的比例）时，可采用以人工费、材料费、机械费合计（直接工程费）为基数计算该分项工程的间接费和利润。以直接工程费为计算基础的计价程序见表5-7。

以直接工程费为计算基础的综合单价法计价程序　表5-7

序　号	费 用 项 目	计 算 方 法
①	分项直接工程费	人工费＋材料费＋机械费
②	间接费	①×相应费率
③	利润	（①＋②）×相应利润率
④	合计	①＋②＋③
⑤	含税造价	④×（1＋相应税率）

2. 当$C<C_0$值的下限时，可采用以人工费和机械费合计为基数计算该分项工程的间接费和利润。以人工费和机械费为计算基础的计价程序见表5-8。

以人工费和机械费为计算基础的综合单价法计价程序　表5-8

序　号	费 用 项 目	计 算 方 法
①	分项直接工程费	人工费＋材料费＋机械费
②	直接工程费中的人工费和机械费	人工费＋机械费
③	间接费	②×相应费率
④	利润	②×相应利润率
⑤	合计	①＋③＋④
⑥	含税造价	⑤×（1＋相应税率）

3. 如该分项工程的直接工程费仅为人工费，无材料费和机械费时，可采用以人工费为基数计算该分项工程的间接费和利润。以人工费为计算基础的计价程序见表5-9。

以人工费为计算基础的综合单价法计价程序　**表 5-9**

序　号	费 用 项 目	计 算 方 法
①	分项直接工程费	人工费＋材料费＋机械费
②	直接工程费中的人工费	人工费
③	间接费	②×相应费率
④	利润	②×相应利润率
⑤	合计	①＋③＋④
⑥	含税造价	⑤×（1＋相应税率）

上述计价程序在工程造价确定过程中的具体应用还应与《建设工程工程量清单计价规范》GB 50500—2008 及各地区的规定相结合。

复 习 题

1. 建筑安装工程费用的组成包括哪些内容？

2. 直接工程费包括哪些内容？如何计算？

3. 措施费包括哪些内容？如何计算？

4. 规费包括哪些内容？如何计算？

5. 税金包括哪些内容？如何计算？

6. 利润的计算方法有哪些？

7. 企业管理费包括哪些内容？如何计算？

8. 建筑安装工程费用的计算程序有哪些？

9. 某工程直接工程费为 3500 万元，以直接费为计算基础计算建筑安装工程费，其中措施费为直接工程费的 5%，间接费费率为 10%，利润率为 5%，综合计税系数为 3.41%。列表计算该工程的建筑安装工程总造价。

10. 某工程直接费为 800 万元。其中，人工费为 300 万元，按人工费计算的间接费费率为 30%，利润率为 10%，综合计税系数为 3.41%。列表计算该工程不含和含税的总造价。

11. 选择题：

（1）工地材料保管人员的工资属于（　　）。

A. 现场经费　　B. 企业管理费　　C. 其他人工费　　D. 材料费

（2）项目经理、公司经理的住房公积金属于（　　）。

A. 措施费　　B. 企业管理费　　C. 规费　　D. 利润

（3）材料预算价格包括（　　）。

A. 供应价格和 2%的采购及保管费

B. 供应价格和 2.5%的采购及保管费

C. 市场价格（含实际发生的外埠、本市运杂费）和 2%的采购及保管费

D. 市场价格（含实际发生的外埠、本市运杂费）和 2.5%的采购及保管费

（4）施工现场的临时设施包括（　　）。

A. 临时宿舍　　B. 临时仓库　　C. 现场施工道距、水电管线

D. 保证文明施工现场安全和环境保护所采取的必要措施

E. 塔式起重机路基

（5）按照《建筑安装工程费用项目组成》（建标［2003］206 号）的规定，人工费单价中包括（　　）。

A. 职工教育经费　　B. 基本工资　　C. 劳动保护费　　D. 养老保险和医疗保险

E. 交通补助

(6) 北京市2001年预算定额中的现场经费是指施工企业的项目经理部组织施工过程中所发生的费用，包括(　　)。

A. 项目经理部工作人员工资　　B. 财务经费

C. 检验试验费　　D. 工程定位复测点交及竣工清理费

E. 住房公积金

(7) 按照《建筑安装工程费用项目组成》(建标［2003］206号)的规定，对施工中的建筑材料、试块进行相关试验，以验证其质量，则该项试验费用应在(　　)中支出。

A. 业主方的研究试验费　　B. 施工方的材料费

C. 业主方建设管理费　　D. 勘察设计费

(8) 按照《建筑安装工程费用项目组成》(建标［2003］206号)，建筑安装工程费项目组成包括(　　)。

A. 直接费　　B. 间接费　　C. 利润　　D. 税金

E. 工程建设其他费用

(9) 根据我国现行建筑安装工程费用组成，下列各费用项目中属于措施费的是(　　)。

A. 安全、文明施工费　　B. 夜间施工费

C. 建设单位的临时办公室　　D. 已完工程及设备保护费

E. 工程排污费

(10) 根据建设部、财政部发布的《建筑安装工程费用组成》(建标［2003］206号文)的规定，规费应按国家或省级、行业建设主管部门的规定计算，不得作为竞争性费用。规费的计算基础可为(　　)。

A. 直接费　　B. 人工费　　C. 人工费＋机械费　　D. 材料费

E. 人工费＋材料费

(11) 根据《建筑安装工程费用组成》(建标［2003］206号文)的规定，利润的计算基数有(　　)。

A. 直接工程费＋间接费　　B. 直接费＋间接费

C. 人工费　　D. 人工费＋材料、设备价值

E. 材料、设备价值

(12) 某工程是施工总承包甲承揽了2000万元的建筑施工合同。经业主同意，甲将其中200万元的工程分包给承包商乙，营业税税率为3%，则甲应缴纳的营业税为(　　)万元。

A. 6　　B. 54　　C. 60　　D. 66

(13) 若工程坐落在市区，第(12)题中的总包甲应缴纳的城市维护建设税为(　　)万元。

A. 126　　B. 3.78　　C. 2.7　　D. 90

第六章　建筑面积和檐高的计算

本章学习重点： 建筑面积；檐高、层高。

本章学习要求： 掌握建筑面积的计算；熟悉檐高、层高的计算；熟悉工程量计算注意事项。

第一节　工程量计算注意事项

确定工程项目和计算工程量，是编制预算的重要环节。工程项目划分的是否齐全，工程量计算的正确与否将直接影响预算的编制质量及速度。一般应注意以下几点：

1. 计算口径要一致

计算工程量时，根据施工图纸列出的分项工程的口径与定额中相应分项工程的口径相一致，因此在划分项目时一定要熟悉定额中该项目所包括的工程内容。如楼地面工程的整体楼地面，北京市预算定额中包括了结合层、找平层、面层，因此在确定项目时，结合层和找平层就不应另列项目重复计算。

2. 计量单位要一致

按施工图纸计算工程量时，各分项工程的工程量计量单位，必须与定额中相应项目的计算单位一致，不能凭个人主观臆断随意改变。计算公式要正确，取定尺寸来源要注明部位或轴线。如现浇钢筋混凝土构造柱定额的计量单位是立方米，工程量的计量单位也应该是立方米。另外还要正确地掌握同一计量单位的不同含义，如阳台栏杆与楼梯栏杆虽然都是以延长“米”为计量单位，但按定额的含义，前者是图示长度，而后者是指水平投影长度。

3. 严格执行定额中的工程量计算规则

在计算工程量时，必须严格执行工程量计算规则，以免造成工程量计算中的误差，从而影响工程造价的准确性。如计算墙体工程量时应按立方米计算，并扣除门窗框外围面积，以及0.3m^2以外的孔洞及圈梁、过梁、梁、柱所占的体积（其中门窗为框外围面积，而不是门窗洞口的面积）。

4. 计算必须要准确

在计算工程量时，计算底稿要整洁，数字要清楚，项目部位要注明，计算精度要一致。工程量的数据一般精确到小数点后两位，钢材、木材及使用贵重材料的项目可精确到小数点后三位，余数四舍五入。

5. 尽量利用一数多用的计算原则，以加快计算速度

（1）重复使用的数值，要反复核对后再连续使用。否则据以计算的其他工程量也都错了。

（2）对计算结果影响大的数字，要严格要求其精确度，如长×宽，面积×高，则对长

或高的数字，就要求正确无误，否则差值很大。

（3）计算顺序要合理，利用共同因数计算其他有关项目。

6. 核对门窗及洞口

门窗和洞口要结合建筑平、立面图对照清点，列出数量、面积明细表，以备扣除门窗面积、洞口面积之用。

7. 计算时要做到不重不漏

为防止工程量计算中的漏项和重算，计算时应预先确定合理的计算顺序，通常采用以下几种方法：

（1）从平面图左上角开始，按顺时针方向逐步计算，绕一周后再回到左上角为止，这种方法适用于计算外墙、外墙基础、外墙装修、楼地面、顶棚等工程量。

（2）按先横后竖、先上后下、先左后右，先外墙后内墙，先从施工图纵轴顺序计算，后从施工图横轴顺序计算。此种方法适用于计算内墙、内墙基础、和各种间壁墙、保温墙等工程量。

（3）按图纸上注明不同类别的构件、配件的编号顺序进行计算，这种方法适用于计算打桩工程、钢筋混凝土柱、梁、板等构件，金属构件、钢木门窗及建筑构件等。如结构图示，柱 Z1……Zn，梁 L1……Ln，建筑图示，门窗编号 M1……Mn，C1……Cn，MC 等。

工程量的计算和汇总，都应该分层、分段（以施工分段为准）计算，分别计列分层分段的数量，然后汇总。这样既便于核算，又能满足其他职能部门业务管理上的需要。

为了便于整理核对，工程量计算顺序，使用时也可综合使用：

（1）按施工顺序。先计算建筑面积，再计算基础、结构、屋面、装修（先室内后室外）、台阶、散水、管沟、构筑物等。

（2）结合图纸，结构分层计算，内装修分层、分房间计算，外装修分立面计算。

（3）按预算定额分部顺序。

关于分部分项工程量汇总应根据定额和费用定额取费标准分别计算，首先将建筑工程与装饰工程区分开，一般按照定额的分部工程顺序来汇总。即：

（1）基础工程（含土方、桩基及基坑支护、降水、垫层、基础、防水）；

（2）结构工程（含砌筑、混凝土、模板、钢筋、构件运输、制作安装等）；

（3）屋面工程（含保温、找平、防水保护层、排水等）；

（4）室外道路停车场及管道工程；

（5）脚手架、大型垂直运输机械使用费，高层建筑超高费及工程水电费。

装饰工程可按下列顺序：

（1）门窗工程（含制、安、塞口、安玻璃、刷油漆等）；

（2）楼地面工程、天棚工程、栏杆及扶手；

（3）墙面、隔墙、隔断、装饰线条、独立柱及油漆；

（4）建筑配件、变形缝；

（5）脚手架及垂直运输机械和高层建筑超高费。

无论采用哪种计算顺序或方法，都应以不漏项，不重复为原则。在实际工作中，可根据自己的习惯和经验灵活掌握。

第二节 层高与檐高

一、建筑物层高的计算方法

层高是定额中计算结构工程、装修工程的主要依据，计算方法如下：

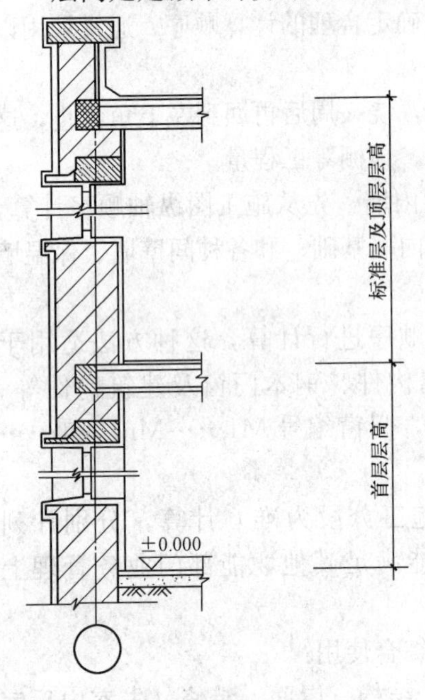

图 6-1 建筑物层高示意图

1. 建筑物的首层层高，按室内设计地坪标高至首层顶部的结构层（楼板）顶面的高度，如图 6-1 所示。

2. 其余各层的层高，均为上下结构层顶面标高之差，如图 6-1 所示。

二、建筑物檐高的计算方法

由于建筑物檐高的不同，则选择垂直运输机械的类型也有所差异，同时也影响到劳动力和机械的生产效率，所以准确地计算檐高，对工程造价的确定有着重要的意义，计算方法如下：

1. 平屋顶带挑檐者，从室外设计地坪标高算至挑檐下皮的高度，如图 6-2 所示。

2. 平屋顶带女儿墙者，从室外设计地坪标高算至屋顶结构板上皮的高度，如图 6-3 所示。

3. 坡屋面或其他曲面屋顶，从室外设计地坪标高算至墙（支撑屋架的墙）的中心线与屋面板交点的高度。

4. 阶梯式建筑物，按高层的建筑物计算檐高。

5. 突出屋面的水箱间、电梯间、楼梯间、亭台楼阁等均不计算檐高。

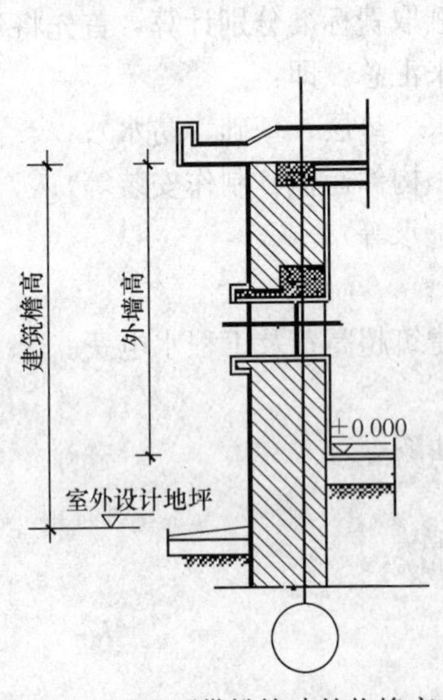

图 6-2 平屋顶带挑檐建筑物檐高、外墙高示意图

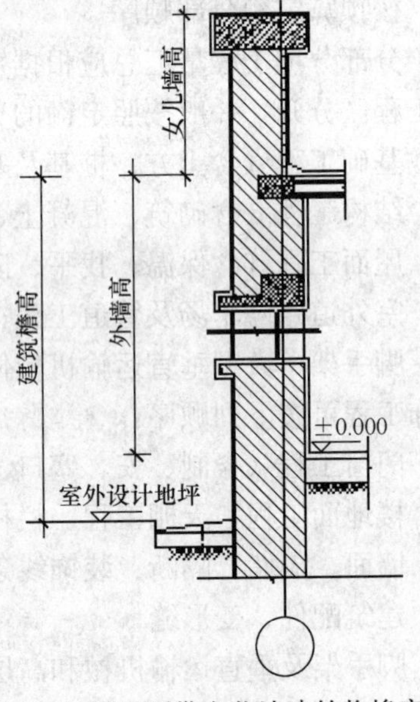

图 6-3 平屋顶带女儿墙建筑物檐高、外墙高示意图

第三节　建筑面积计算规则

一、建筑面积的概念及作用

房屋建筑面积是指建筑物各层面积总和，它包括使用面积、辅助面积和结构面积。

使用面积：是指建筑物各层平面中直接为生产或生活使用的净面积之和。例如，住宅建筑中的各居室、客厅等。

辅助面积：是指建筑物各层平面中为辅助生产或辅助生活所占净面积之和。例如，住宅建筑中的楼梯、走道、厨房、厕所等。使用面积与辅助面积的总和称为有效面积。

结构面积：是指建筑物各层平面中的墙、柱等结构所占面积的总和。

建筑面积是在统一计算规则下计算出来的重要指标，是用来反映基本建设管理工作中其他技术指标的基础指标。国家用建筑面积指标的数量计算和控制建设规模；设计单位要按单位建筑面积的技术经济指标评定设计方案的优劣；物质管理部门按照建筑面积分配主要材料指标；统计部门要使用建筑面积指标进行各种数据统计分析；施工企业用每年开、竣工建筑面积表达其工作成果；建设单位要用建筑面积计算房屋折旧与收取房租。因此学习和掌握建筑面积的计算规则是十分重要的。

二、计算建筑面积的规定

《建筑工程建筑面积计算规范》GB/T 50353—2005，自 2005 年 7 月 1 日起实施。该规范为工业与民用建筑工程面积的统一计算方法。适用于新建、扩建、改建的工业与民用建筑工程的面积计算，包括工业厂房、仓库，公共建筑、居住建筑，农业生产使用的房屋、粮种仓库，地铁车站等的建筑面积的计算。该规范的主要内容有总则、术语、计算建筑面积的规定，并对建筑面积计算规范的有关条文进行了说明。建筑物的透视图如图 6-4 所示。

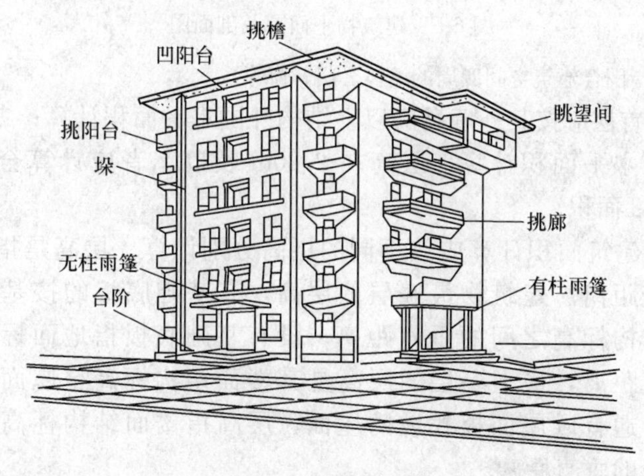

图 6-4　建筑物的透视图

1. 单层建筑物的建筑面积，应按其外墙勒脚以上结构外围水平面积计算，并应符合下列规定：

1) 单层建筑物高度在 2.20m 及以上者应计算全面积；高度不足 2.20m 者应计算 1/2 面积。

单层建筑物应按不同的高度确定其面积的计算。其高度指室内地面标高至屋面板板面结构标高之间的垂直距离。遇有以屋面板找坡的平屋顶单层建筑物，其高度指室内地面标高至屋面板最低处板面结构标高之间的垂直距离。

2）利用坡屋顶内空间时净高超过 2.10m 的部位应计算全面积：净高在 1.20～2.10m 的部位应计算 1/2 面积；净高不足 1.20m 的部位不应计算面积。

坡屋顶计算建筑面积时，将坡屋顶的建筑按不同净高确定其面积的计算。净高指楼面或地面至上部楼板底或吊顶底面之间垂直距离。

注：勒脚是指建筑物的外墙与室外地面或散水接触部位墙体的加厚部分。

注意：建筑面积的计算是以勒脚以上外墙结构外边线计算。勒脚是墙根部很矮的一部分墙体加厚，不能代表整个外墙结构，因此要扣除勒脚墙体加厚的部分。

2. 单层建筑物内设有局部楼层者，局部楼层的二层及以上楼层，有围护结构的应按其围护结构外围水平面积计算，无围护结构的应按其结构底板水平面积计算。层高在 2.20m 及以上者应计算全面积；层高不足 2.20m 者应计算 1/2 面积如图 6-5 所示，其建筑面积为 $a\times b+a'\times b'$。

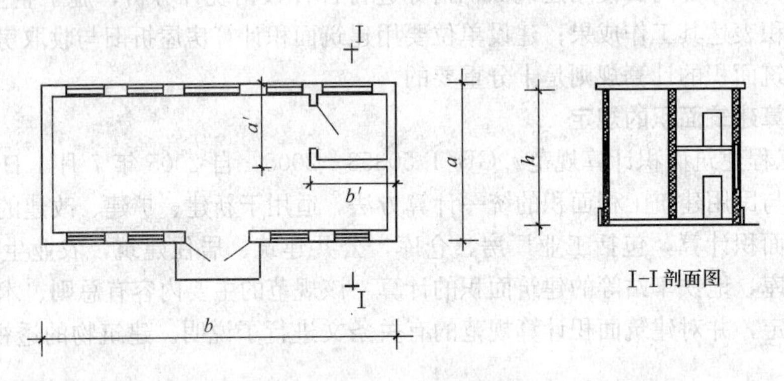

图 6-5　建筑物平面图及剖面图

注：围护结构是指围合建筑空间四周的墙体、门、窗等。

3. 多层建筑物首层应按其外墙勒脚以上结构外围水平面积计算；二层及以上楼层应按其外墙结构外围水平面积计算。层高在 2.20m 及以上者应计算全面积；层高不足 2.20m 者应计算 1/2 面积。

多层建筑物的建筑面积计算应按不同的层高分别计算。层高是指上下两层楼面结构标高之间的垂直距离。建筑物最底层的层高，有基础底板的按基础底板上表面结构至上层楼面的结构标高之间的垂直距离；没有基础底板指地面标高至上层楼面结构标高之间的垂直距离，最上一层的层高是其楼面结构标高至屋面板板面结构标高之间的垂直距离，遇有以屋面板找坡的屋面，层高指楼面结构标高至屋面板最低处板面结构标高之间的垂直距离。

4. 多层建筑坡屋顶内和场馆看台下，当设计加以利用时净高超过 2.10m 的部位应计算全面积；净高在 1.20～2.10m 的部位应计算 1/2 面积；当设计不利用或室内净高不足 1.20m 时不应计算面积。

多层建筑坡屋顶内和场馆看台下的空间应视为坡屋顶内的空间，设计加以利用时，应按其净高确定其面积的计算。设计不利用的空间，不应计算建筑面积。

5. 地下室、半地下室（车间、商店、车站、车库、仓库等），包括相应的有永久性顶盖的出入口，应按其外墙上口（不包括采光井、外墙防潮层及其保护墙）外边线所围水平面积计算。层高在 2.20m 及以上者应计算全面积；层高不足 2.20m 者应计算 1/2 面积。

注：永久性顶盖指经规划批准设计的永久使用的顶盖。地下室是指房间地平面低于室外地平面的高度超过该房间净高的 1/2 者为地下室。半地下室是指房间地平面低于室外地平面的高度超过该房间净高的 1/3，且不超过 1/2 者为半地下室。

地下室、半地下室应以其外墙上口外边线所围水平面积计算。由于上一层建筑外墙与地下室墙的中心线不一定完全重叠，多数情况是凸出或凹进地下室外墙中心线。如图 6-6 所示。

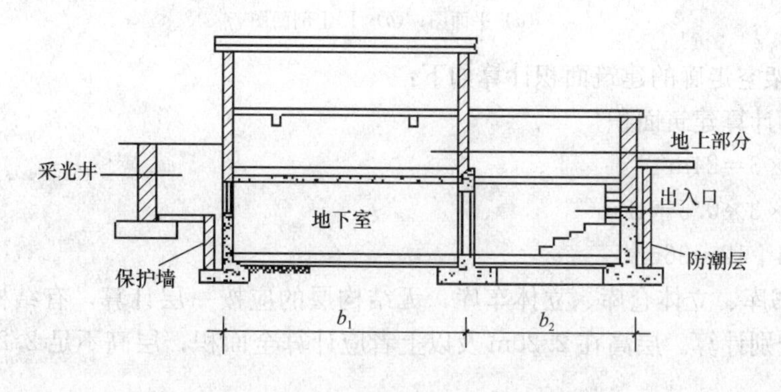

图 6-6　地下室剖面图

6. 坡地的建筑物吊脚架空层、深基础架空层，设计加以利用并有围护结构的，层高在 2.20m 及以上的部位应计算全面积；层高不足 2.20m 的部位应计算 1/2 面积。设计加以利用、无围护结构的建筑吊脚架空层，应按其利用部位水平面积的 1/2 计算；设计不利用的深基础架空层、坡地吊脚架空层、多层建筑坡屋顶内、场馆看台下的空间不应计算面积。

注：架空层是指建筑物深基础或坡地建筑吊脚架空部位不回填土石方形成的建筑空间。

7. 建筑物的门厅、大厅按一层计算建筑面积。门厅、大厅内设有回廊时，应按其结构底板水平面积计算。层高在 2.20m 及以上者应计算全面积；层高不足 2.20m 者应计算 1/2 面积。

注：回廊是指在建筑物门厅、大厅内设置在二层或二层以上的回形走廊。如图 6-7 所示。

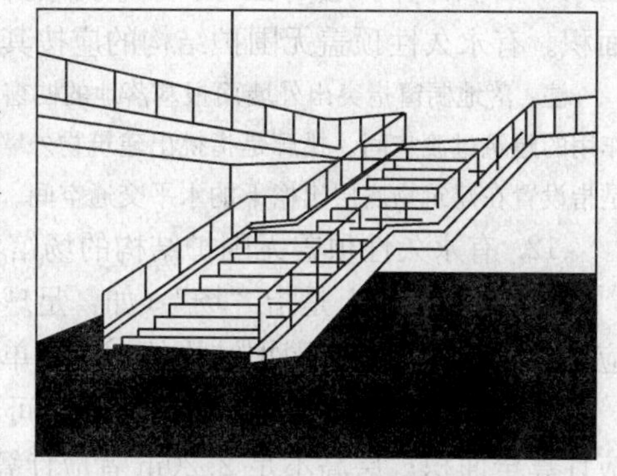

图 6-7　回廊透视图

8. 建筑物间有围护结构的架空走廊，应按其围护结构外围水平面积计算。层高在 2.20m 及以上者应计算全面积；层高不足 2.20m 者应计算 1/2 面积。有永久性顶盖无围护结构的应按其结构底板水平面积的 1/2 计算。

注：架空走廊是指建筑物与建筑物之间，在二层或二层以上专门为水平交通设置的走廊。如图 6-8 所示。

【例 6-1】 计算图 6-8 架空走廊的建筑面积。

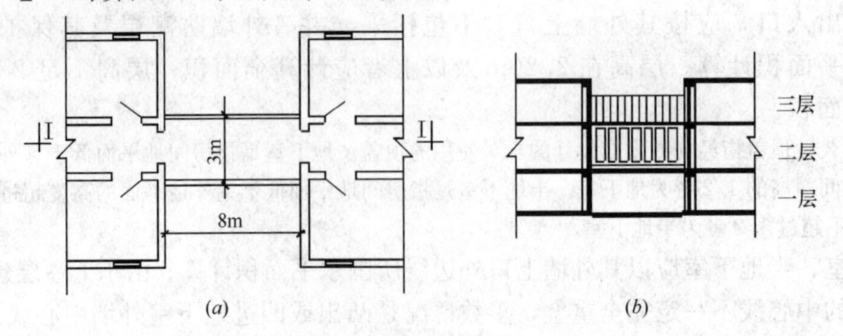

图 6-8 架空走廊示意图
(a) 平面图；(b) Ⅰ-Ⅰ剖面图

【解】 架空走廊的建筑面积计算如下：

一层：不计算建筑面积

二层：$8\times3=24m^2$

三层：$8\times3\times0.5=12m^2$

共计：$24+12=36m^2$

9. 立体书库、立体仓库、立体车库，无结构层的应按一层计算，有结构层的应按其结构层面积分别计算。层高在 2.20m 及以上者应计算全面积；层高不足 2.20m 者应计算 1/2 面积。

注：立体车库、立体仓库、立体书库不规定是否有围护结构，均按有结构层区分不同的层高确定建筑面积计算的范围。

10. 有围护结构的舞台灯光控制室，应按其围护结构外围水平面积计算。层高在 2.20m 及以上者应计算全面积；层高不足 2.20m 者应计算 1/2 面积。

11. 建筑物外有围护结构的落地橱窗、门斗、挑廊、走廊、檐廊，应按其围护结构外围水平面积计算。层高在 2.20m 及以上者应计算全面积；层高不足 2.20m 者应计算 1/2 面积。有永久性顶盖无围护结构的应按其结构底板水平面积的 1/2 计算。

注：落地橱窗指突出外墙面根基落地的橱窗。门斗是在建筑物出入口设置的起分隔、挡风、御寒等作用的建筑过渡空间。挑廊是指挑出建筑物外墙的水平交通空间。走廊指建筑物的水平交通空间。檐廊是指设置在建筑物底层出檐下的水平交通空间。

12. 有永久性顶盖无围护结构的场馆看台应按其顶盖水平投影面积的 1/2 计算。

"场馆"实质上是指"场"（如：足球场、网球场等）看台上有永久性顶盖部分。"馆"应是有永久性顶盖和围护结构的，应按单层或多层建筑相关规定计算面积。

13. 建筑物顶部有围护结构的楼梯间、水箱间、电梯机房等，层高在 2.20m 及以上者应计算全面积；层高不足 2.20m 者应计算 1/2 面积。

如遇建筑物屋顶的楼梯间是坡屋顶，应按坡屋顶的相关条文计算面积。

14. 设有围护结构不垂直于水平面而超出底板外沿的建筑物，应按其底板面的外围水平面积计算。层高在 2.20m 及以上者应计算全面积；层高不足 2.20m 者应计算 1/2 面积。

设有围护结构不垂直于水平面而超出底板外沿的建筑物是指向建筑物外倾斜的墙体。若遇有向建筑物内倾斜的墙体，应视为坡屋顶。应按坡屋顶有关条文计算面积。

15. 建筑物内的室内楼梯间、电梯井（图 6-9）、观光电梯井、提物井、管道井、通风排气竖井、通风道、附墙烟囱应按建筑物的自然层计算。

注：自然层是指按楼板、地板结构分层的楼层。

室内楼梯间的面积计算，应按楼梯依附的建筑物的自然层数计算并在建筑物面积内。遇跃层建筑，其共用的室内楼梯应按自然层计算面积；上下两错层户室共用的室内楼梯，应选上一层的自然层计算面积。

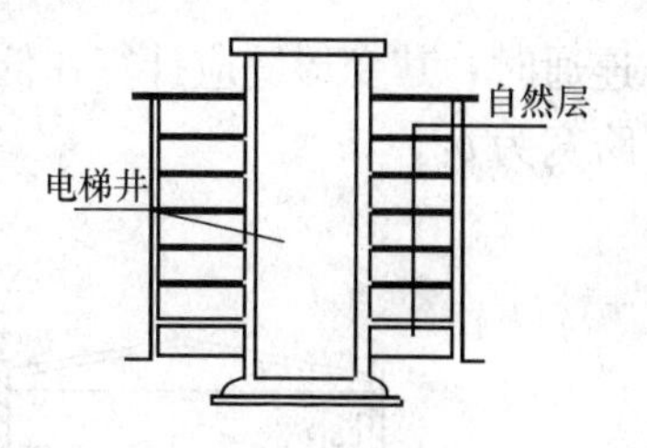

图 6-9　电梯井示意图

16. 雨篷结构的外边线至外墙结构外边线的宽度超过 2.10m 者，应按雨篷结构板的水平投影面积的 1/2 计算。

注：雨篷是设置在建筑物进出口上部的遮雨、遮阳篷。

注意：雨篷均以其宽度超过 2.10m 或不超过 2.10m 衡量，超过 2.10m 者应按雨篷的结构板水平投影面积的 1/2 计算。有柱雨篷和无柱雨篷计算应一致。

17. 有永久性顶盖的室外楼梯，应按建筑物自然层的水平投影面积的 1/2 计算。

室外楼梯，最上层楼梯无永久性顶盖或不能完全遮盖楼梯的雨篷。上层楼梯不计算面积，上层楼梯可视为下层楼梯的永久性顶盖，下层楼梯应计算面积。

18. 建筑物的阳台均应按其水平投影面积的 1/2 计算。

注：阳台指供使用者进行活动和晾晒衣物的建筑空间。眺望间是设置在建筑物顶层或挑出房间的供人们远眺或观察周围情况的建筑空间。

注意：建筑物的阳台，不论是凹阳台、挑阳台、封闭阳台、不封闭阳台均按其水平投影面积的一半计算。

19. 有永久性顶盖无围护结构的车棚、货棚、站台、加油站、收费站等，应按其顶盖水平投影面积的 1/2 计算。

计算车棚、货棚、站台、加油站、收费站等的面积时，由于建筑技术的发展，出现许多新型结构，如柱不再是单纯的直立的柱，而出现正 V 形柱、倒 ∧ 形柱等不同类型的柱，此时建筑面积应依据顶盖的水平投影面积$\frac{1}{2}$计算。在车棚、货棚、站台、加油站、收费站内设有有围护结构的管理室、休息室等，另按相关条款计算面积。

【例 6-2】　如图 6-10 中，计算单排柱站台的建筑面积。

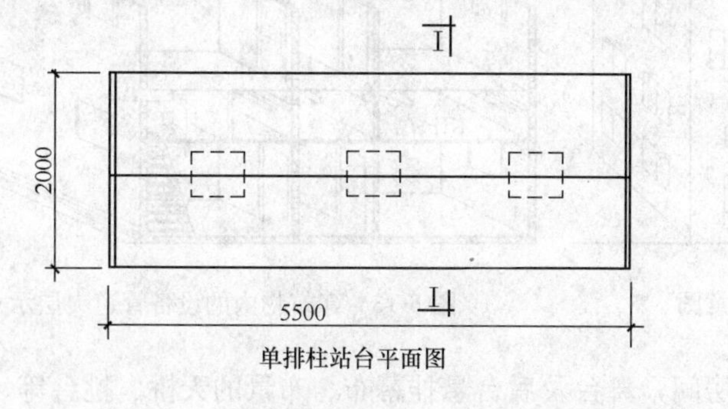

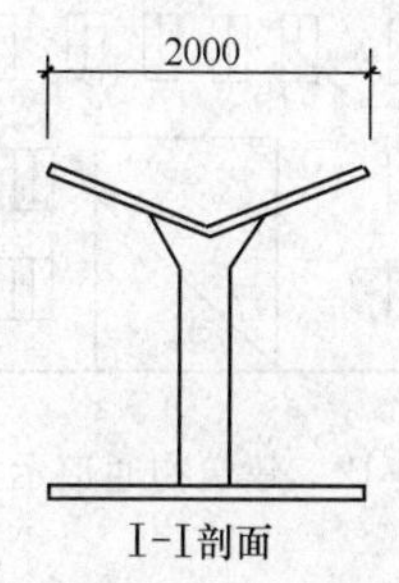

图 6-10　单排柱站台示意图

【解】　单排柱站台的建筑面积＝2×5.5×1/2＝5.5m^2

20. 高低联跨的建筑物，应以高跨结构外边线为界分别计算建筑面积；其高低跨内部连通时，其变形缝应计算在低跨面积内。如图 6-11 中（*a*）图的高跨宽为 b_1，（*b*）图的高跨宽为 b_4。

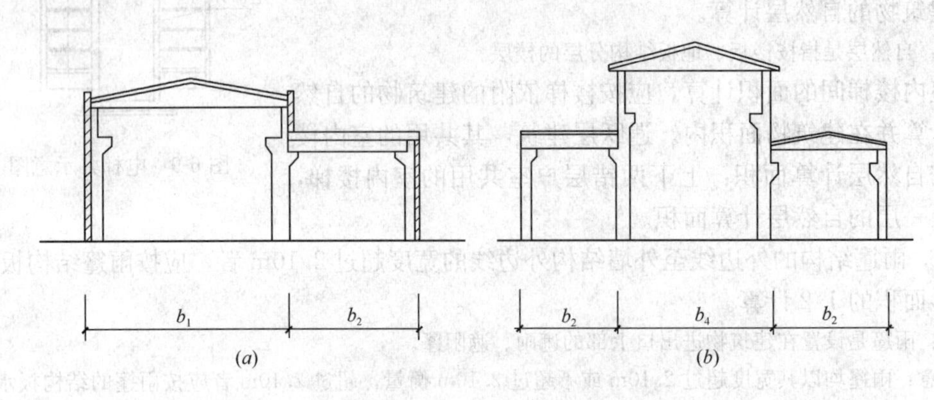

图 6-11　高低跨单层建筑物建筑面积计算示意图

21. 以幕墙作为围护结构的建筑物，应按幕墙外边线计算建筑面积。

注：围护性幕墙是指直接作为外墙起围护作用的幕墙。装饰性幕墙是指设置在建筑物墙体外起装饰作用的幕墙。

22. 建筑物外墙外侧有保温隔热层的，应按保温隔热层外边线计算建筑面积。

23. 建筑物内的变形缝，应按其自然层合并在建筑物面积内计算。

注：变形缝是伸缩缝（温度缝）、沉降缝和防震缝的总称。建筑物内的变形缝是与建筑物相连通的变形缝，即暴露在建筑物内，在建筑物内可以看得见的变形缝。

三、不计算建筑面积的范围

1. 建筑物通道（骑楼、过街楼的底层）。如图 6-12 所示。

注：建筑物通道是为道路穿过建筑物而设置的建筑空间。骑楼指楼层部分跨在人行道上的临街楼房。过街楼指有道路穿过建筑空间的楼房。

2. 建筑物内的设备管道夹层。如图 6-13 所示。

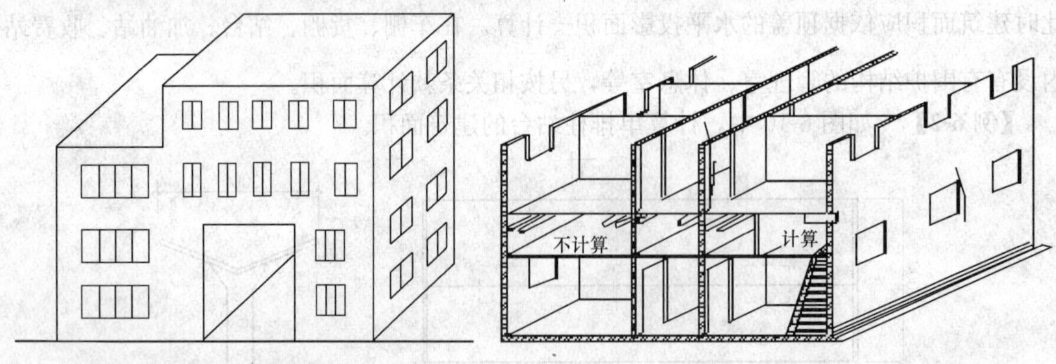

图 6-12　建筑物通道示意图　　　　图 6-13　建筑物内的设备管道夹层示意图

3. 建筑物内分隔的单层房间，舞台及后台悬挂幕布、布景的天桥、挑台等。

4. 屋顶水箱、花架、凉棚、露台、露天游泳池。

5. 建筑物内的操作平台、上料平台、安装箱和罐体的平台。

6. 勒脚、附墙柱、垛、台阶、墙面抹灰、装饰面、镶贴块料面层、装饰性幕墙、空调机外机搁板（箱）、飘窗、构件、配件、宽度在 2.10m 及以内的雨篷以及与建筑物内不相连通的装饰性阳台、挑廊。

突出墙外的勒脚、附墙柱垛、台阶、墙面抹灰、装饰面、镶贴块料面层、装饰性幕墙、空调室外机搁板（箱）、飘窗、构件、配件、宽度在 2.10m 及以内的雨篷以及与建筑物内不相连通的装饰性阳台、挑廊等均不属于建筑结构，不应计算建筑面积。

注：飘窗是为房间采光和美化造型而设置的突出外墙的窗。

7. 无永久性顶盖的架空走廊、室外楼梯和用于检修、消防等的室外钢楼梯、爬梯。

8. 自动扶梯、自动人行道。

自动扶梯（斜步道滚梯），除两端固定在楼层板或梁之外，扶梯本身属于设备。为此扶梯不宜计算建筑面积。水平步道（滚梯）属于安装在楼板上的设备，不应单独计算建筑面积。

9. 独立烟囱、烟道、地沟、油（水）罐、气柜、水塔、贮油（水）池、贮仓、栈桥、地下人防通道、地铁隧道。

复习题

1. 计算工程量时要注意哪些问题？
2. 为什么要计算建筑物的檐高？如何计算？
3. 为什么要计算建筑物的层高？如何计算？
4. 建筑物的哪些部位应计算一半的建筑面积？
5. 建筑物的哪些部位不计算建筑面积？
6. 建筑物的哪些部位是按自然层计算建筑面积？
7. 选择题：

(1) 封闭挑阳台的建筑面积计算规则是（　　）。

A. 按净空面积的一半计算　　B. 按水平投影面积计算
C. 按水平投影面积的一半计算　　D. 不计算

(2) 平屋顶带女儿墙和电梯间的建筑物，计算檐高从室外设计地坪作为计算起点，算至（　　）。

A. 女儿墙顶部标高　　B. 电梯间结构顶板上皮标高
C. 墙体中心线与屋面板交点的高度　　D. 屋顶结构板上皮标高

(3) 在建筑面积计算规则中，以下（　　）部位要计算建筑面积。

A. 宽度 2.2 米的雨罩　　B. 平台、台阶
C. 层高 2.3 米的设备层　　D. 烟囱、水塔
E. 电梯井　　F. 室外爬梯

(4) 需要计算檐高的有（　　）。

A. 突出屋面的电梯间、楼梯间　　B. 突出屋面的亭、阁
C. 层高小于 2.2 米的设备层　　D. 女儿墙
E. 挑檐

(5) 平屋顶带挑檐建筑物的檐高应从（　　）算至（　　）。

A. 室内地坪　　B. 室外地坪
C. 挑檐上表面　　D. 屋面板结构层上表面

8. 计算题：计算教材第七章第 16 题所附图纸的建筑面积、层高、檐高。

第七章　建筑工程工程量计算

本章学习重点：建筑工程各分部工程的工程量计算。

本章学习要求：掌握土石方工程、砌筑工程、混凝土工程、屋面工程、防水工程的工程量计算规则；熟悉桩基及基坑支护工程、降水工程、模板工程、钢筋工程、脚手架工程、大型垂直运输机械使用费、高层建筑超高费、工程水电费的计算；熟悉各分部工程计算的注意事项；了解构件制作安装工程的工程量计算规则。

本章以2001年北京市建设工程预算定额（第一册　建筑工程）为例，介绍如何计算建筑工程工程量。

第一节　土 石 方 工 程

一、说明

（一）本节包括：人工土石方、机械土石方、爆破岩石3部分共62个子目。

（二）平整场地是指室外设计地坪与自然地坪平均厚度在0.3m以内的就地挖、填、找平；平均厚度在±0.3m以外执行挖土方相应项目。

（三）定额中不包括地上、地下障碍物处理及建筑物拆除后的工程垃圾清理，发生时另行计算。

（四）定额综合了干土、湿土，执行中不得调整。但不包括挖淤泥，发生时另行计算。

（五）土方工程不论是否带挡土板均执行本定额。

（六）挖土方、沟槽、基坑的划分标准：

图示沟槽底宽在3m以内，且沟槽长大于槽宽三倍以上的执行沟槽定额子目；图示坑底面积在$27m^2$以内的执行基坑定额子目。图示沟槽底宽在3m以外，坑底面积在$27m^2$以外，执行挖土方定额子目。

（七）混合结构的住宅工程和柱距6m以内的框架结构工程，设计为带形基础或独立柱基，且基础槽深大于3m时，按外墙基础垫层外边线内包水平投影面积乘以槽深计算工程量，不再计算工作面及放坡土方增量，执行挖土方定额子目。

（八）基础挖土方采取基坑支护不需要放坡时，不得计算放坡土方增量；采取喷锚基坑支护时，放坡土方增量计取按表7-2规定。

（九）土方运距按下列规定计算：

1. 自卸车运土运距定额中是按5km以内、20km以内、30km以内和30km以外综合编制的，执行中不允许调整。

2. 推土机推土运距：按挖方区重心至回填区重心之间的直线距离计算。

3. 铲运机运土运距：按挖方区重心至卸土区重心加转向距离45m计算。

二、工程量计算规则

（一）平整场地按建筑物首层建筑面积（地下室单层建筑面积大于首层建筑面积时，按地下室最大单层建筑面积）乘以系数 1.4，以平方米计算，构筑物按基础底面积乘以系数 2，以平方米计算。

（二）计算基础挖土的规定

基础挖土按挖土底面积乘以挖土深度以立方米计算，挖土深度超过放坡起点(1.5m)，另计算放坡土方增量，局部加深部分的挖土工程量并入到土方工程量中。

1. 挖土底面积

(1) 土方、基坑按图示垫层外皮尺寸加工作面宽度（见表 7-1）的水平投影面积计算。

(2) 沟槽按基础垫层宽度加工作面宽度乘以沟槽长度计算。

2. 挖土深度

(1) 室外设计地坪标高与自然地坪标高在±0.3m 以内，挖土深度从基础垫层下表面标高算至室外设计地坪标高。

(2) 室外设计地坪标高与自然地坪标高在±0.3m 以外，挖土深度从基础垫层下表面标高算至自然地坪标高。

3. 放坡土方增量

(1) 挖土方和基坑放坡土方增量按放坡部分的外边线长度（含工作面宽度）乘挖土深度再乘以相应的放坡土方增量折算厚度（见表 7-2）以立方米计算。

(2) 沟槽放坡土方增量按沟槽长度乘以挖土深度再乘以相应放坡土方增量折算厚度以立方米计算。

(3) 挖土方深度超过 13m 时，放坡土方增量折算厚度，按 13m 以外每增 1m 的折算厚度乘以超过的深度（不足 1m 按 1m 计算），并入到 13m 以内的折算厚度中计算。

（三）挖管沟按图示中心线长度计算。沟底宽度，设计有规定的，按设计规定尺寸计算，设计无规定的，按表 7-3 规定宽度计算。

（四）石方爆破按图示尺寸以立方米计算，其沟槽、基坑深度、宽度允许超挖量为 200mm，并入工程量中计算。

（五）回填土按挖土体积扣除室外设计地坪以下的建筑物、构筑物、墙基、柱基、垫层及管道直径大于 500mm 所占的体积。管径超过 500mm 时按表 7-4 规定扣除管道所占体积。室外设计地坪与自然地坪平均厚度在 0.3m 以外，回填土体积单独计算。

（六）房心回填土，按主墙之间的面积乘以回填土厚度以立方米计算。

（七）余（亏）土运输工程量按下式计算：

余（亏）土运输体积＝挖土总体积－回填土总体积－0.9×灰土体积

式中，计算结果是正值时为余土外运体积，负值时为亏土体积。

（八）地坪原土打夯，按打夯面积以平方米计算。

（九）分层填方碾压，分密实度（或容重）按图示尺寸以立方米计算。

（十）机械场地平整、碾压按图示尺寸以平方米计算。

（十一）打钎拍底的工程量按基础垫层水平投影面积以平方米计算。

基础施工所需工作面宽度计算表　　　　表 7-1

基础类型	每边各增加工作面宽度（mm）	基础类型	每边各增加工作面宽度（mm）
砖基础	200	基础垂直面做防水层	800
浆砌毛石、条石基础	150	坑底打钢筋混凝土预制桩	3000
混凝土基础及垫层支模板	300	坑底螺旋钻孔桩	1500

放坡土方增量折算厚度表　　　　表 7-2

基础类型	挖土深度（m）	放坡土方增量折算厚度（m）
沟　槽	2 以内	0.59
	2 以外	0.83
基　坑	2 以内	0.48
	2 以外	0.82
土　方	5 以内	0.70
	8 以内	1.37
	13 以内	2.38
	13 以外每增 1m	0.24
喷锚护壁	5 以内	0.25
	8 以内	0.40
	8 以外	0.65

管沟底部宽度表　　　　表 7-3

单位：m

管径（mm）	铸铁管、钢管	混凝土管	缸瓦管
50～70	0.60	0.80	0.70
100～200	0.70	0.90	0.80
250～350	0.80	1.00	0.90
400～450	1.00	1.30	1.10
500～600	1.30	1.50	1.40
700～800	1.60	1.80	

管道体积换算表　　　　表 7-4

单位：m^3

管道名称	管道直径（mm）	
	501～600	601～800
钢　管	0.21	0.44
铸铁管	0.24	0.49
混凝土管及缸瓦管	0.33	0.60

三、注意事项

（一）关于机械土石方所使用的机械

实际施工时机械挖土方可使用各种挖土机，如正铲挖土机、反铲挖土机、铲运机、推土机等，可根据工程具体情况，采用不同机械，而定额是不分机械型号综合取定的，不许因挖土机械的不同而调整。

（二）确定挖土底面积时，应特别注意工作面宽度的因素

基坑底面积按图示垫层外皮尺寸加工作面宽度的水平投影面积计算。

【例 7-1】 某满堂基础的垫层尺寸如图 7-1 所示，其设计室外标高为－0.45m，自然地坪为－0.65，垫层底标高为－5.8m，试计算其挖土方工程量。

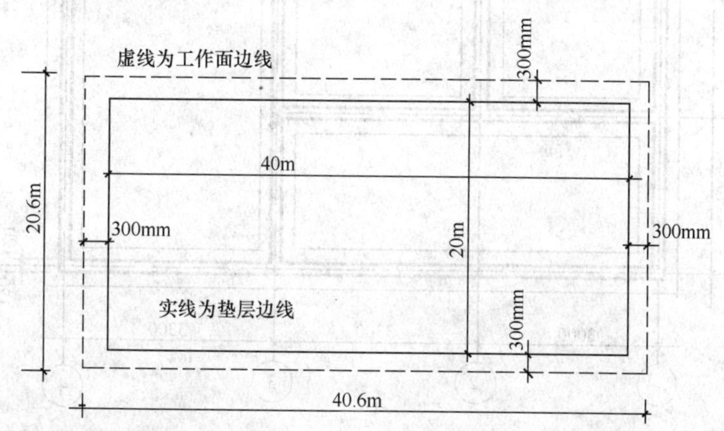

图 7-1　基础垫层平面图

【解】 由图中可看出原基础垫层面积为 40m×20m，加工作面（每边加 300mm）后，其挖土的底面积为 40.6 × 20.6＝838.36m²，周边长度为（40.6 ＋ 20.6）×2＝122.4m，挖土深度由于室外设计标高与自然标高相差在±0.3m 以内，所以挖土深度为（－0.45 ）－（－5.8）＝5.35m。

查表 7-2《放坡土方增量折算厚度表》，可知挖土深度 8m 以内的放坡土方增量折算厚度为 1.37m。故其挖土体积为：

$$838.36 \times 5.35 + 122.4 \times 5.35 \times 1.37 = 5382.36m^3$$

上例如果挖土方采取基坑支护不需要放坡时，则其土方量为：

$$838.36 \times 5.35 = 4485.23m^3$$

如果采用喷锚护壁支护时，查表 7-2《放坡土方增量折算厚度表》，可知挖土深度 8m 以内喷锚护壁的放坡土方增量折算厚度为 0.40，故其挖土体积为：

$$838.36 \times 5.35 + 122.4 \times 5.35 \times 0.40 = 4747.16m^3$$

沟槽底面积按基础垫层宽度加工作面宽度乘以沟槽长度计算，沟槽长度在计算带形基础挖土方时，要按外墙沟槽中心线、内墙沟槽净长线分别计算，特别是内墙沟槽净长度要考虑工作面宽度的因素，放坡土方增量折算厚度已包括了沟槽两侧的增量，这一点与基坑挖土有所不同。如例 7-2。

【例 7-2】 某砖混结构二层住宅，基础平面图见图 7-2，基础剖面图见图 7-3，室外地坪标高为－0.2m，自然地坪标高为－0.3m。

计算：(1) 平整场地；(2) 人工挖沟槽；(3) 混凝土垫层；(4) 打钎拍底的工程量。

【解】 (1) 平整场地

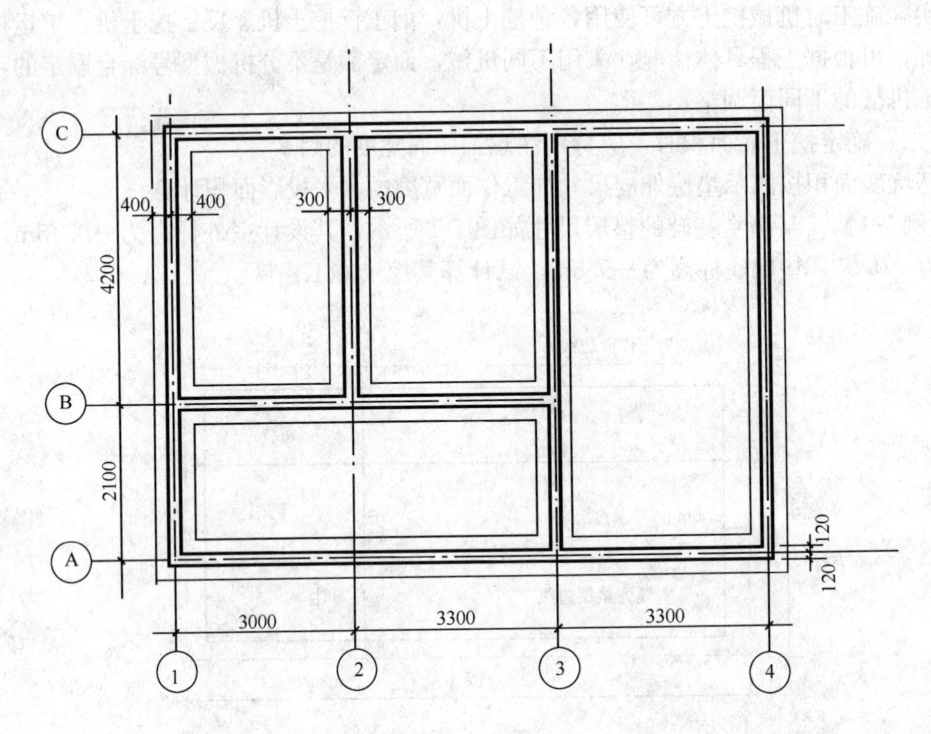

图 7-2　基础平面图

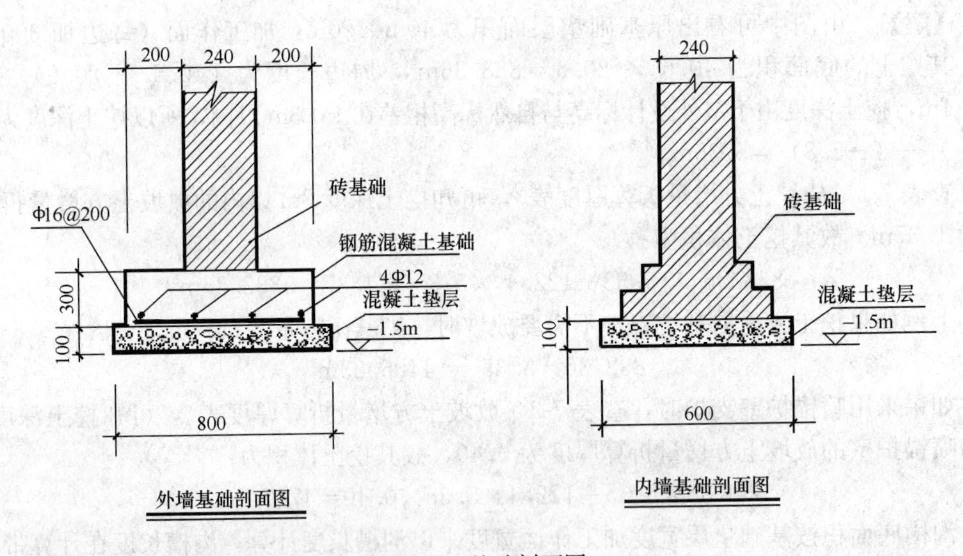

图 7-3　基础剖面图

＝ 首层建筑面积×1.4

＝（2.1＋4.2＋0.12×2）×（3＋3.3＋3.3＋0.12×2）×1.4 ＝ 6.54×9.84×1.4

＝90.10m^2

(2) 人工挖沟槽工程量计算

查表 7-1 可知，混凝土垫层支模板每边增加工作面宽度为 300mm。由于计算内墙沟槽净长时要减去与其两端相交墙体的垫层和工作面宽度，所以

内墙沟槽净长

=（4.2－0.4－0.3－0.3 ×2）＋（3.3＋3－0.4－0.3－0.3×2）＋（4.2＋2.1－0.4－0.4－0.3×2）

= 12.8m

已知室外地坪标高为－0.2m 则挖土深度为 1.5－0.2＝1.3m，未超过放坡起点（1.5m），不需计算放坡土方增量。

人工挖内墙沟槽工程量 ＝12.8×（0.6＋0.3×2）×1.3＝19.97m^3

外槽中心线长＝（3 ＋ 3.3 ＋ 3.3 ＋2.1 ＋ 4.2）×2 ＝31.8m

人工挖外墙沟槽工程量＝31.8 ×（0.8＋0.3×2）×1.3＝57.88m^3

人工挖沟槽工程总量＝人工挖内墙沟槽工程量＋人工挖外墙沟槽工程量

＝19.97＋57.88

＝77.85m^3

（3）混凝土垫层

内墙垫层净长＝（4.2－0.4－0.3）＋（3.3＋3－0.4－0.3）＋（4.2＋2.1－0.4－0.4）＝14.6m

外槽垫层中心线长＝（3＋3.3＋3.3＋2.1＋4.2）×2 ＝31.8m

混凝土垫层工程量＝内墙垫层工程量＋外槽垫层工程量

＝（0.6×0.1×14.6）＋（0.8×0.1×31.8）

＝3.42m^3

（4）打钎拍底

按基础垫层水平投影面积以平方米计算。

打钎拍底工程量＝（0.6×14.6）＋（0.8×31.8）＝ 34.2m^2

第二节　桩基及基坑支护工程

一、说明

（一）本节包括：现浇钢筋混凝土桩，CFG 桩（水粉煤灰碎石桩），预制钢筋混凝土桩，碎石桩、灰土桩、钢板护坡桩，地基强夯，喷射混凝土支护，锚杆，地下连续墙，其他等 9 部分共 77 个子目。

（二）本节适用于一般工业与民用建筑工程的桩基础及基坑支护工程，不适用水工建筑公路桥梁、室内打桩、观测桩。

（三）本定额已综合不同土质情况（山区及近山区除外），均执行本定额。对单位工程原桩位打试桩已综合考虑，不另行计算。

（四）施工中已按照设计要求的贯入度打完预制桩，设计要求复打桩，按实际台班计算。

（五）筋混凝土预制桩及钢板桩运输执行构件运输工程相应项目。

（六）现浇钢筋混凝土钻孔桩已综合充盈系数及混凝土超灌量，不包括钢筋用量，钢筋用量另行计算，执行钢筋工程有关规定及相应项目。

（七）人工挖孔桩定额适用于具备安全防护措施条件下施工。

（八）钢筋混凝土预应力离心管桩内未包括填充材料，发生时另行计算。

（九）地下连续墙导墙的挖土、回填土、运土、导墙执行建筑工程有关章节相应项目。

（十）地下连续墙定额中不包括泥浆外运，发生时另行计算。

（十一）地下连续墙钢筋制作、安装执行本节中相应项目。

（十二）定额子目中已包括工程水电费，列入其他材料中。

（十三）钢板护坡桩是按摊销量编制的，执行中不得调整。

二、工程量计算规则

打桩工程目前均以机械为动力，打桩前首先根据土壤性质、工程大小、施工期限、动力供应等情况，选择打桩机械。其次，按照设计要求、现场地形、桩的布置和桩架移动等条件提出打桩顺序。打桩方法有锤击法、振动法、静力压桩法。

桩按使用部位可分为基础桩和基坑支护桩。基础桩包括预制桩、现浇混凝土桩、水泥粉煤灰碎石桩、碎石桩、灰土桩等；基坑支护包括现浇混凝土桩、钢板桩、土钉墙及地下连续墙等。

基础桩与护坡桩的区别可列表 7-5 说明。

基础桩与护坡桩的对比 表 7-5

不同点	部　位	作　用
基础桩	在基础下边打桩	提高基础承载力、永久性
护坡桩	在建筑物周围打桩	减少土方等荷载的侧压力，保护周围建筑物

（一）预制钢筋混凝土桩

钢筋混凝土预制桩分实心桩和管桩。实心桩多为方桩，断面一般在 200×200～450×450（mm^2）。单根桩长度有 8、12、18m 等，目前最长的方桩不超过 30m。较短的桩一般在工厂预制，长的一般在现场预制。当桩设计长度大于预制桩长度时，就需要接桩。接桩的方法主要有焊接法和浆锚法（硫磺胶泥）。焊接法用钢材较多，操作也较繁琐。浆锚法接桩操作简便，省时省料，是目前大量采用的接桩法。

打桩时，为了使桩顶达到设计标高，还需要送桩或凿打、切割桩头。

管桩一般在工厂采用离心法制作。管桩外径一般为 400～500mm 多种，与实心桩相比，管桩有重量轻的特点。

1. 预制方桩

（1）预制钢筋混凝土桩运输。按构件设计图示尺寸以立方米计算。执行构件运输工程一类构件（6m 以内）或二类构件（6m 以外）相应子目。

（2）打桩。按设计桩长（包括桩尖）乘桩截面面积以立方米计算，不扣除桩虚体积。

（3）接桩。预算定额不分焊接法和浆锚法，接桩按接头个数计算。

（4）送桩。送桩按实际发生计取，送桩按送桩长度乘以桩截面面积计算体积。送桩长度，即上段桩顶面到打桩机操作平台的高度。一般可用桩顶面至自然地面标高再加 50cm 计算。

（5）截桩。截桩按根计算。

2. 预制管桩

(1) 预制混凝土桩运输。按构件设计图示尺寸以立方米计算。执行构件运输工程相应子目。

(2) 打桩。预应力管桩按设计桩长（含桩尖部分）乘以桩截面面积以立方米计算，扣除管桩空心部分的体积。

(3) 填料。按设计桩长乘以管内断面面积以立方米计算。分别执行砂、混凝土等相应项目。

(4) 截桩。截桩按根计算。

（二）钢板护坡桩

1. 钢板桩运输。金属构件运输以吨计算，执行构件运输工程中一类构件的相应子目（预算定额未规定钢板桩为几类构件）。

2. 钢板护坡桩。按设计钢板桩重量以吨计算。

3. 板桩回库运输。按钢板桩的重量乘以 0.67 系数计算，执行构件运输工程中一类构件的相应子目。

4. 木背板。按护坡的图示尺寸以平方米计算。

5. 钢腰梁。按设计图纸以米计算。

（三）现场灌注混凝土、钢筋混凝土桩

现场混凝土、钢筋混凝土桩，是在设计桩位上先成孔，然后直接往孔内灌注混凝土或钢筋混凝土（若灌注灰土或砂，即为灰土桩或砂桩）。现场灌注桩按成孔方式可分为钻孔灌注桩、打拔式灌注桩和爆扩灌注桩、人工挖孔灌注桩、中心压管式灌注桩、沉管式灌注桩等。

钻孔灌注桩是用钻孔机械（人工或机动）钻成桩孔，然后往孔内灌注混凝土或钢筋混凝土；打拔式灌注桩又分为振动灌注桩和锤击灌注桩，是分别用振动打桩机和锤击打桩机将套有预制桩靴的钢管打入土中，然后边往管内灌注混凝土（及放钢筋）边拔出钢管。

1. 螺旋钻孔灌注桩

(1) 螺旋钻孔灌注桩。按设计桩长（包括桩尖）乘以桩径截面面积以立方米计算，扩体的体积并入到桩体积计算。

(2) 钻孔土方运输。定额规定 300m 以内包括在灌注桩内，超过者另行计算。如何执行预算定额未作规定，这样就有两种可能，一是执行余土运输子目；另一种是执行机挖车运 1km 以内和每增 1km 子目。正确的方法应执行余土运输子目。

(3) 钢筋。分不同规格、形式，按设计长度乘以单位理论重量以吨计算，执行钢筋工程相应子目。

(4) 凿桩头。按个计算。

2. 泥浆护壁成孔灌注桩

(1) 泥浆护壁成孔灌注桩。按设计桩长（包括桩尖）乘以桩径截面面积以立方米计算。

(2) 泥浆运输。按实际体积以立方米计算。无法计算时可按钻孔体积以立方米计算。

(3) 钢筋。按设计长度乘以理论重量以吨计算，执行钢筋工程相应子目。

(4) 凿桩头。按个计算。

3. 人工挖孔灌注桩

(1) 人工挖孔灌注桩。按设计桩长乘以设计上口截面面积（包括护壁体积）以立方米计算。

(2) 挖孔土方运输。定额规定 100m 以内包括在灌注桩内，超过者另行计算。执行余土运输子目。

(3) 钢筋。按设计长度乘以理论重量以吨计算，执行钢筋工程相应子目。

4. 打拔式灌注桩（中心压管式 CFG 桩、沉管式 CFG 桩、碎石桩、灰土桩）

CFG 桩、碎石桩、灰土桩均按设计桩长（包括桩尖）乘以桩径截面面积以立方米计算。扩体的体积并入到桩体积计算。褥垫层按设计图示尺寸从立方米计算。

(四) 地基强夯

地基强夯是指用起重机械将大吨位夯锤起吊到高处，自由落下，对土体进行强力夯实，以提高地基强度，降低地基的压缩性。强夯法是用很大的冲出能，使土中出现冲出波和很大的应力，迫使土中孔隙压缩，土体局部液化，夯击点周围产生裂隙，形成良好的排水通道，土体迅速固结。此法适用于黏性土、湿陷性黄土及人工填土地基的深层加固。

地基强夯工程量按设计图示强夯面积，区分夯击能量，夯击遍数以平方米计算。

(五) 基坑支护

基坑支护的方式主要有现浇混凝土灌注桩、钢板桩、土钉墙、喷射混凝土及连续墙等。

1. 现浇混凝土灌注桩

(1) 钻孔灌注桩。按设计桩长（包括桩尖）乘以桩径截面面积以立方米计算。

(2) 钻孔土方。定额规定 300 米以内包括在灌注桩子目中，超过者另行计算，执行余土运输子目。

(3) 钢筋。按设计长乘以理论重量以吨计算，执行第八章钢筋工程相应子目。

(4) 钢腰梁。按设计图纸以米计算。

(5) 护壁。护壁分为钢丝网、钢板网和钢筋，按护坡的图示尺寸以平方米计算。

(6) 桩顶连梁。按设计图示尺寸以立方米计算。

(7) 锚杆。按设计图示孔道长度以米计算。

2. 土钉墙

(1) 喷射混凝土支护。按图示尺寸以平方米计算。压边已含在定额中，不另行计算。

(2) 土钉。按图示尺寸以米计算。

3. 地下连续墙

(1) 导墙挖土。按图示尺寸以立方米计算。执行土石方工程中的人工挖沟槽子目（1-4）。

(2) 回填土。按挖土体积减导墙及导墙内所占体积。执行土石方工程中的回填土子目（1-7）。

(3) 余土运输。挖土体积减回填土后的体积。执行土石方工程中的余土运输子目（1-15）。

(4) 连续墙挖土成槽。按连续墙设计长度乘以厚度乘以槽深（加 0.5m）以立方米计算。

(5) 锁口管吊拔。按连续墙分段，以段计算。

(6) 清底置换。按连续墙分段，以段计算。

(7) 浇注混凝土。按连续墙设计长度乘以厚度乘以槽深（加 0.5m）以立方米计算。

(8) 连续墙钢筋。按设计图示尺寸乘以单位理论重量以吨计算。执行钢筋制作、安装子目。

(9) 泥浆运输。按实际体积以立方米计算。

三、有关桩的基本知识

(一) 桩基础组成与分类

桩基础由若干根桩和承台（或承台梁）组成。其种类划分如下：

1. 按受力性质分为摩擦桩、端承桩和抗拔桩。

2. 按制作方法分为预制桩和灌注桩。

3. 按材料分为木桩、钢桩、混凝土桩、钢筋混凝土桩、钢管混凝土桩、砂桩、灰土桩。

4. 按形状分为方形、圆形、多边形、管桩。

5. 按施工方法分类：

(1) 预制桩按贯入的方法分为锤击桩、钻孔沉桩、振动沉桩、静力压桩和射水沉桩等。

(2) 灌注桩按成孔方法分为泥浆护壁成孔灌注桩、干作业成孔灌注桩、套管成孔灌注桩、爆扩桩、人工挖孔灌注桩。

(二) 钢筋混凝土预制桩

预制桩按沉桩方法分为打入法（图 7-4）、振动法（图 7-5）、水冲法（图 7-6）、静力压桩法（图 7-7）。

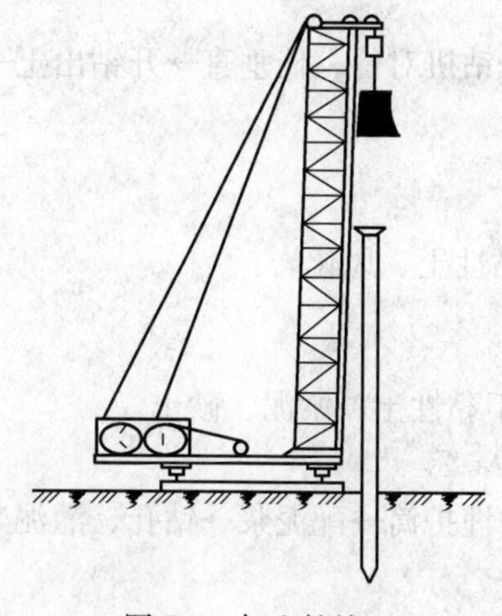

图 7-4 打入桩施工

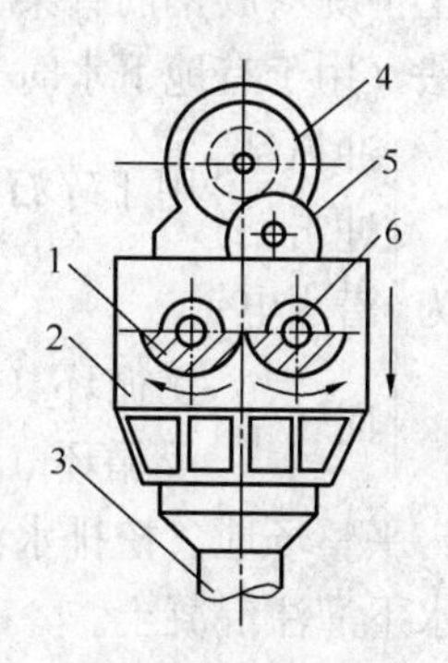

图 7-5 振动沉桩

1—偏心块；2—箱壳；3—桩；4—电机；
5—齿轮；6—轴

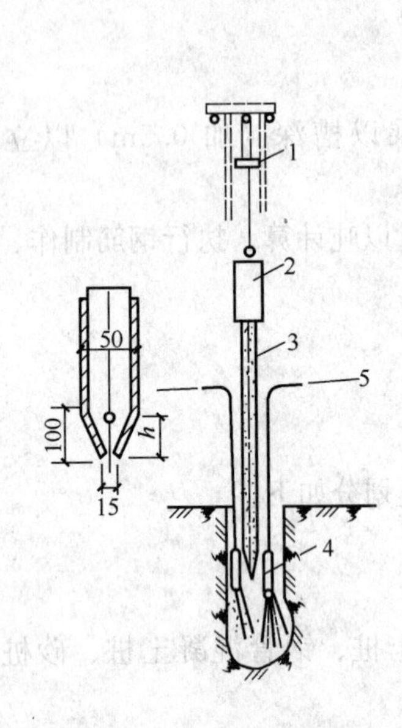

图 7-6　水冲沉桩

1—桩架；2—桩锤；3—桩；4—射水管；
5—高压水

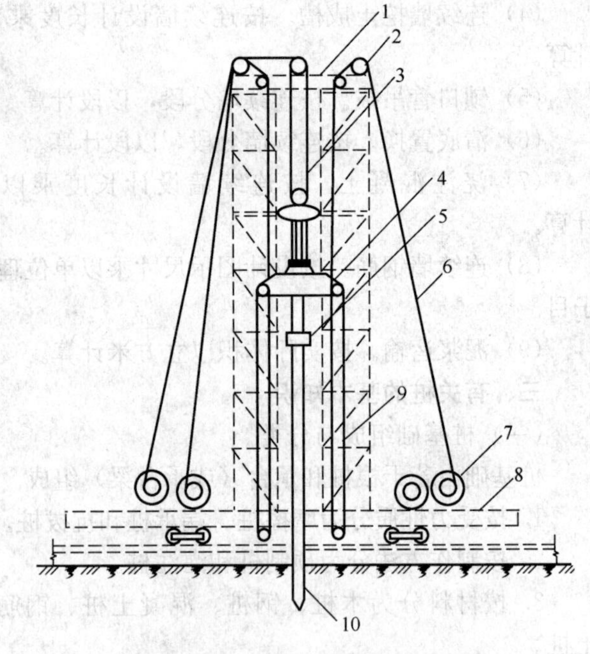

图 7-7　压桩机工作原理图

1—桩架顶梁；2—导向滑轮；3—提升滑轮组；4—压梁；
5—桩帽；6—钢丝绳；7—卷扬机；8—底盘；
9—压桩滑轮组；10—桩

（三）灌注桩施工

1. 钻孔灌注桩

钻孔灌注桩的特点是：施工无振动、无噪声，但承载力低、沉降量大。其施工方法有：

(1) 干作业法（用于无地下水或已降水时）

钻孔机械是螺旋钻（见图 7-8）。长螺旋钻的钻杆长 10m 以上，Φ 400～Φ 600；短螺旋钻的钻杆长 3～5m，Φ 300～Φ 400。

施工工艺是：平整场地、挖排水沟→定桩位→钻机对位、校垂直→开钻出土→清孔→检查垂直度及虚土情况→放钢筋骨架→浇混凝土。

(2) 浆护壁法（用于有地下水时）

成孔机械分为：
- 冲抓钻、冲击钻——用于碎石土、砂土、黏性土、风化岩。
- 潜水电钻、回转钻（正循环（图 7-9）、反循环（图 7-10））——用于黏性土、淤泥、砂土。

施工工艺是：平整场地、挖排水沟→定桩位→埋护筒→配泥浆→钻孔、灌泥浆→清孔→放钢筋骨架→水下灌注混凝土。

2. 套管成孔灌注桩（图 7-11）

套管成孔灌注桩的特点是：能在土质很差，地下水位很高时施工。施工方法有锤击钢管法和振动钢管法。施工工艺是：桩靴、钢管就位→沉管→检查管内有无砂、水→放入钢筋骨架→浇灌混凝土、提管。

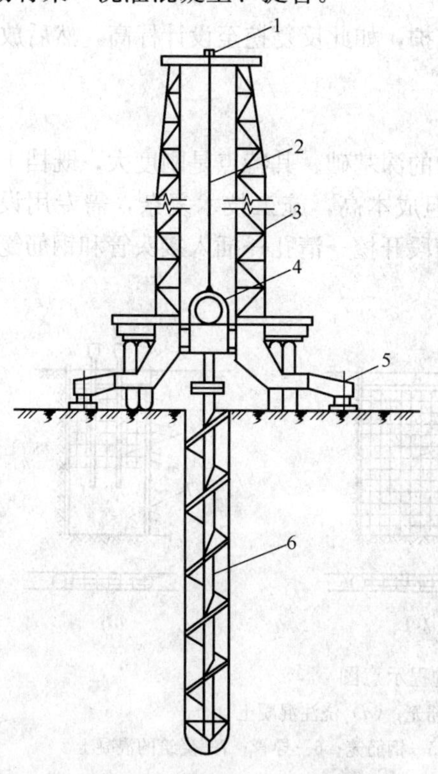

图 7-8　全叶螺旋钻机示意图

1—导向滑轮；2—钢丝绳；3—龙门导架；4—动力箱；5—千斤顶支腿；6—螺旋钻杆

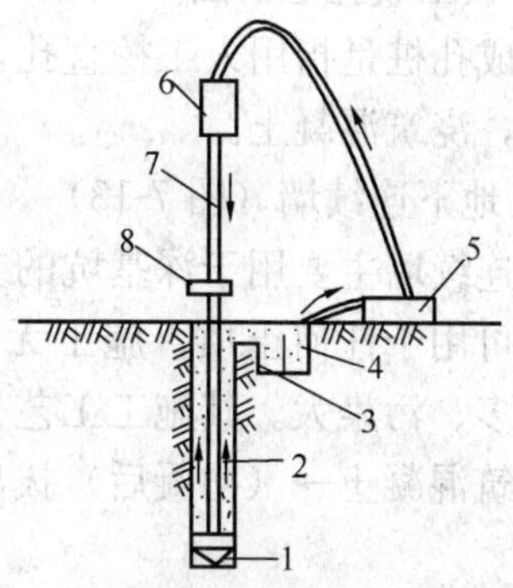

图 7-9　正循环回转钻机成孔工艺原理

1—钻头；2—泥浆循环方向；3—沉淀池；4—泥浆池；5—泥浆泵；6—水龙头；7—钻杆；8—钻机回转装置

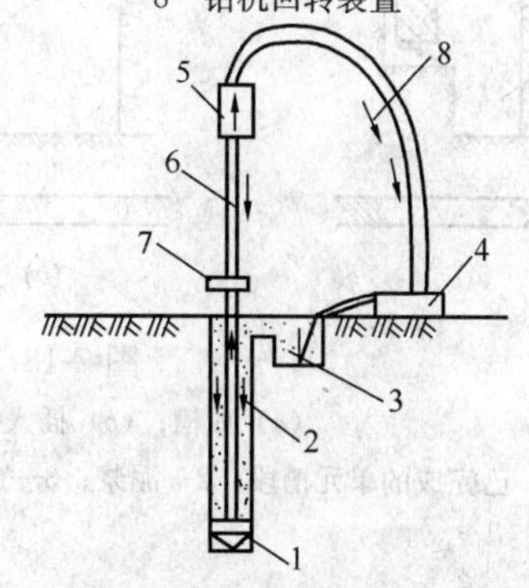

图 7-10　反循环回转钻机成孔工艺原理

1—钻头；2—新泥浆流向；3—沉淀池；4—砂石泵；5—水龙头；6—钻杆；7—钻杆回转装置；8—混合液流向

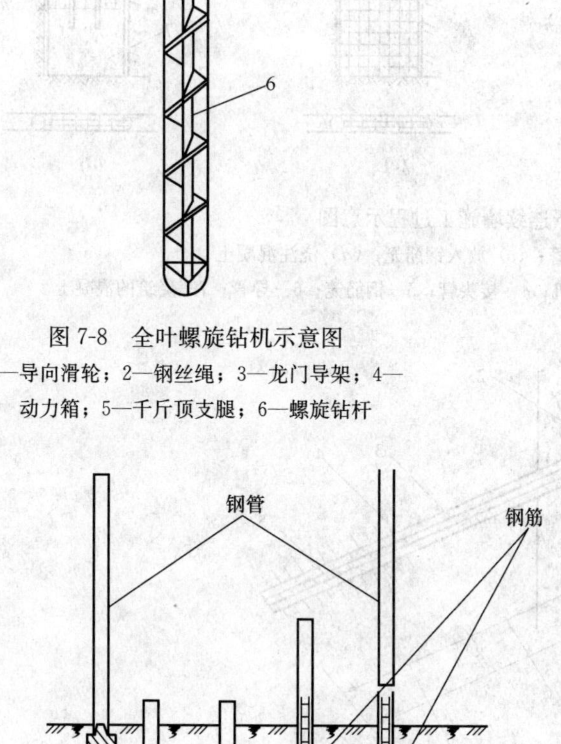

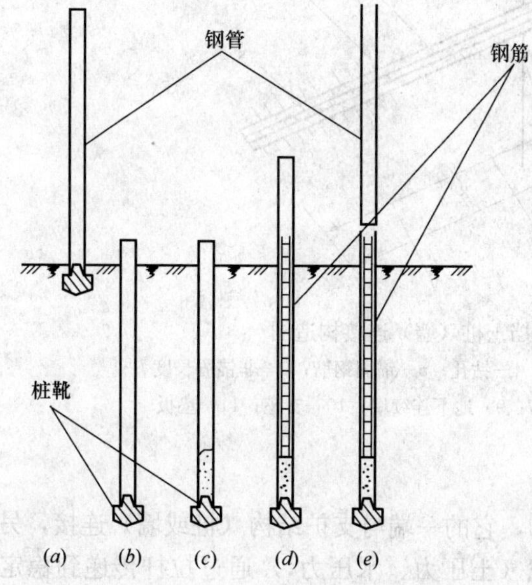

图 7-11　沉管灌注桩施工过程

(*a*) 就位；(*b*) 沉套管；(*c*) 开始灌注混凝土；(*d*) 下钢筋骨架继续浇灌混凝土；(*e*) 拔管成型

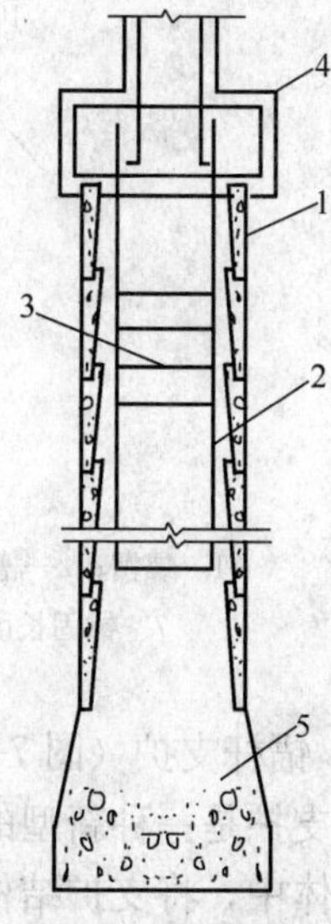

图 7-12　人工扩孔灌注桩构造示意图

1—现浇混凝土护壁；2—主筋；3—箍筋；4—桩帽；5—灌注桩混凝土

（四）人工成孔桩（图 7-12）

人工成孔桩是指用人工挖直孔，挖一段做一段支护，如此反复挖至设计标高，然后放下钢筋笼，浇筑混凝土。

（五）地下连续墙（图 7-13）

地下连续墙主要用于深基坑的支护结构和建筑物的深基础。其特点是刚度大，既挡土又挡水，可用于任何土质，施工无振动、噪声低；但成本高，施工技术复杂，需专用设备，泥浆多、污染大。其施工工艺是：导墙施工→槽段开挖→清孔→插入接头管和钢筋笼→水下浇筑混凝土→（初凝后）拔出接头管。

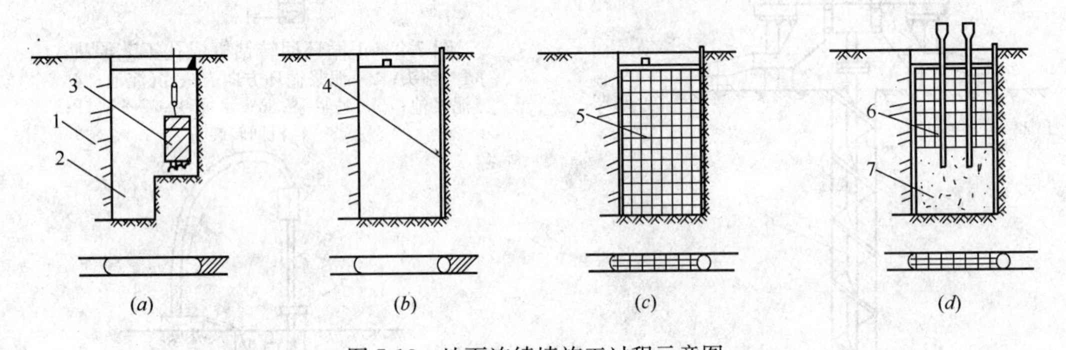

图 7-13　地下连续墙施工过程示意图

（*a*）成槽；（*b*）插入接头管；（*c*）放入钢筋笼；（*d*）浇注混凝土

1—已完成的单元槽段；2—泥浆；3—成槽机；4—接头管；5—钢筋笼；6—导管；7—浇筑的混凝土

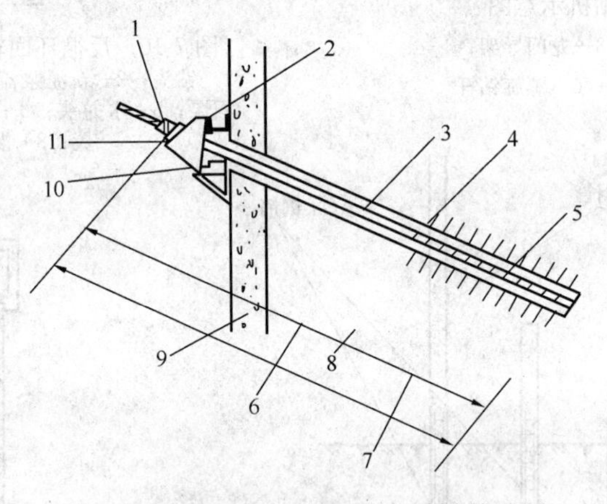

图 7-14　锚杆与挡土桩（墙）连接构造图

1—螺帽；2—槽钢；3—非锚固筋；4—钻孔；5—锚固钢筋；6—非锚固长度 l_1；
7—锚固长度 l_2；8—锚杆长度 l；9—地下连续墙；10—支座；11—垫板

（六）锚杆支护（图 7-14）

锚杆支护是一种新型的土壁支护结构，它的一端与支护结构（桩或墙）连接，另一端锚固在土体中，将支护结构所承受的荷载（土压力、水压力，）通过拉杆传递到稳定的土层中，以保证土壁的稳定。

第三节　降　水　工　程

一、说明

（一）本节包括：带（柱）形基础降水、满堂基础降水、明沟排水共12个子目。

（二）地下降水应根据地质水文勘察资料和设计要求确定，计算地下降水费用。

（三）明沟排水适用于地下潜水和非承压水工程；采用井点降水的工程，不区分降水方式，应根据其基础类型、槽深和首层建筑面积分别执行相应定额子目。

（四）降水周期是指在正常施工条件下自开始降水之日到基础回填完毕的全部日历天数。如设计要求延长降水周期，其费用另行计算。

（五）构筑物降水按设计要求，执行建筑物工程降水相应定额子目。

（六）定额子目中已包括工程水电费。

二、工程量计算规则

建筑物按首层建筑面积（如地下室单层建筑面积大于首层建筑面积时，按地下室最大单层建筑面积）以平方米计算；构筑物按基础墙体外围水平投影面积以平方米计算。

明沟排水按沟道图示长度（不扣减集水井所占长度）以米计算。

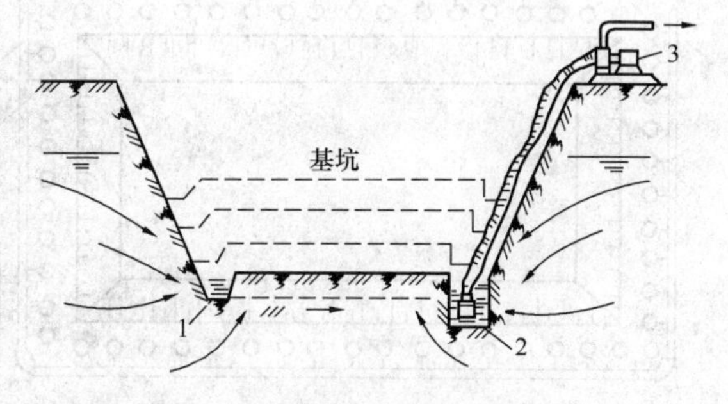

图7-15　明沟排水法

1—排水沟；2—集水井；3—水泵

三、有关降水的基本知识

1. 明沟排水法

用于土质较好、水量不大、基坑可扩大（图7-15）。

2. 井点降水法（表7-6）

井点类型及适用范围　　　　**表7-6**

井点类型	土层渗透系数（m/d）	降低水位深度（m）	最大井距（m）	主要原理
单级轻型井点	0.1～80	3～6	1.6～2	地上真空泵或喷射嘴真空吸水
多级轻型井点	0.1～80	6～12		
喷射井点	0.1～50	8～20	2～3	地下喷射嘴真空吸水
电渗井点	＜0.1	5～6	极距1	钢筋阳极加速渗流
管井井点	20～200	3～5	20～50	单井真空泵、离心泵
深井井点	10～250	25～30	30～50	单井潜水泵排水
水平辐射井点	大面积降水			水平管引水至大口井排出
引渗井点	不透水层下有渗存水层			打透不透水层，引水至基底以下存水层

3. 井点布置

单排：在沟槽上游一侧布置，每侧超出沟槽≮B（图7-16）。

环状：在坑槽四周布置。用于面积较大的基坑（图7-17）。

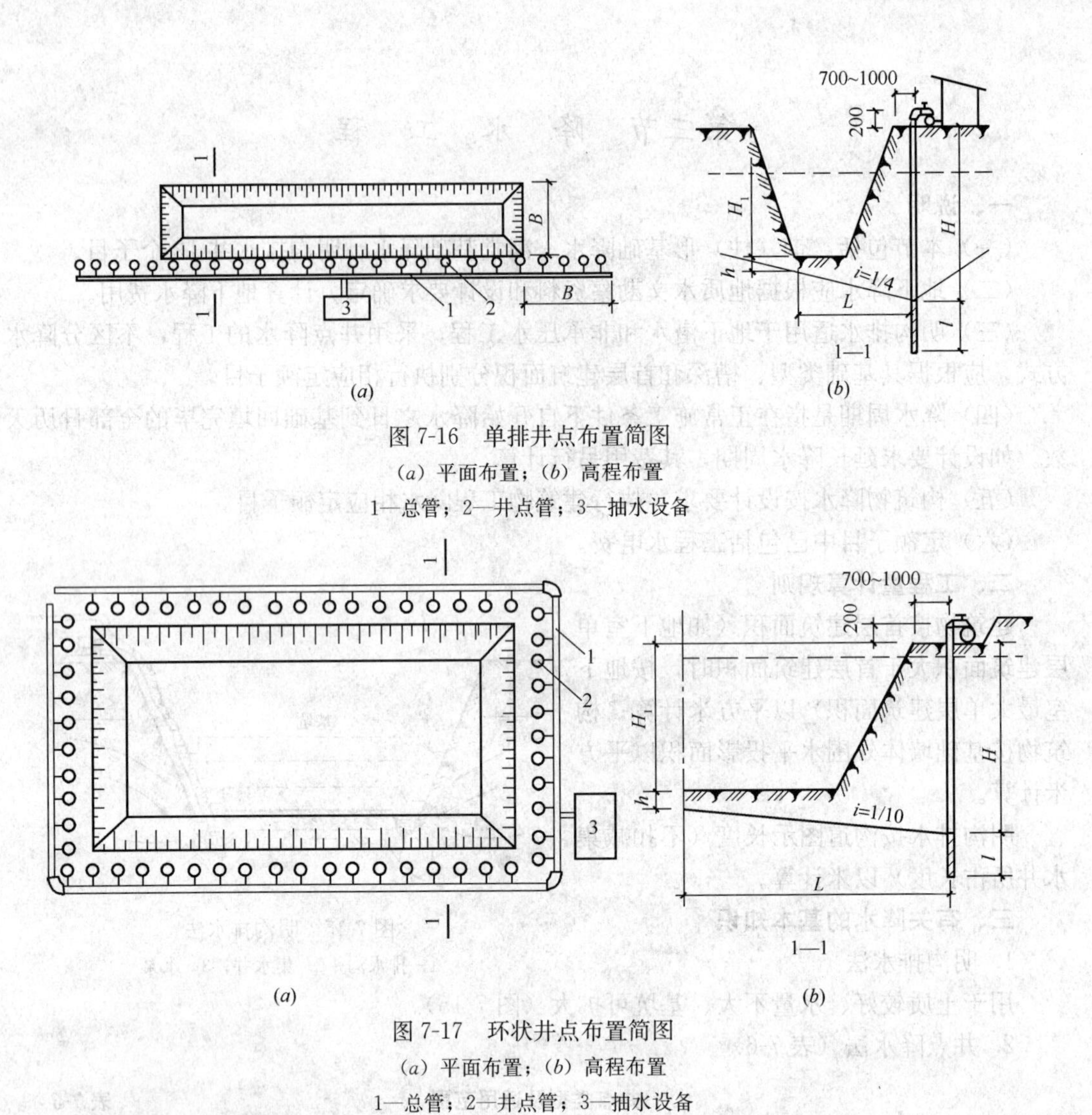

图 7-16　单排井点布置简图

（a）平面布置；（b）高程布置

1—总管；2—井点管；3—抽水设备

图 7-17　环状井点布置简图

（a）平面布置；（b）高程布置

1—总管；2—井点管；3—抽水设备

四、需要注意的问题

1. 降水周期的确定

降水周期是指在正常施工条件下自开始降水之日到基础回填完毕的全部日历天数。这条规定给予以下提示：

（1）降水周期应该是开始降水之日到基础回填土回填到最高地下水位为止的时间。

（2）降水周期大于基础工期或地下室结构工期。降水工期包括降水设施的安装、地下水降至基础垫层以下、基坑支护（如有时）、挖土、基础施工及回填土。

（3）降水周期是按正常施工条件下编制的。这就说明当在降水期间出现停止降水，如停电、基础处理等，可以提出索赔。

2. 类型、槽深不同时降水费用如何计算

基础类型是指降水部分的基础类型，在一个工程中，主楼与裙房基础往往是不一致的，主楼是满堂基础，裙房是条基、柱基。而且基础深度也不同。基础类型不同时，按各自的首层建筑面积计算；深度不同时应分别执行。

3. 明沟排水的计算规定

1）适用范围：地表浅水和非承压水工程。

2）明沟排水形成的沟道回填土，已包括在明沟排水的子目中，不能另行计算执行回填土。

第四节 砌 筑 工 程

一、说明

（一）本节包括：砌砖、砌块、砌石3部分共62个子目。

（二）本定额砖墙中综合了清水、混水和一般艺术形式的墙及砖垛、附墙烟囱、门窗套、窗台、虎头砖、砖旋、砖过梁、腰线、挑檐、压顶、封山泛水槽所增加的工料因素。

（三）砖砌池槽、蹲台、水池腿、花台、台阶、垃圾箱、楼梯栏板、阳台栏板、挡板墙、楼梯下砌砖、通风道、屋面伸缩缝砌砖等，执行小型砖砌体相应定额子目。

（四）定额中砂浆按常用强度等级编制，设计与定额不同时，可以换算。

二、工程量计算规则

（一）基础与墙体的划分

1. 墙体：以设计室内地面为界（有地下室者，以地下室室内设计地面为界），以下为基础，以上为墙体。

2. 围墙：以设计室外地坪为界，以下为基础，以上为墙体。

（二）标准砖的墙体厚度按表7-7规定计算：

标准砖的墙体厚度表 **表7-7**

单位：mm

砖规格 240×115×53	1/4砖	1/2砖	3/4砖	1砖	3/2砖	2砖	5/2砖	3砖	7/2砖
墙　厚	53	115	180	240	365	490	615	740	865

注：墙体材料规格如下所示：

页岩砖：240mm×115mm×53mm

多孔砖：240mm×115mm×90mm（KP_1-2）

240mm×190mm×90mm（DM_1-2）

空心砖：240mm×180mm×115mm

砌块：390mm×190mm×190mm（加气混凝土砌块、混凝土空心砌块、陶粒混凝土砌块）

条石：1000mm×300mm×300mm或1000mm×250mm×250mm（毛条石、青条石）

（三）基础按图示尺寸以立方米计算。其长度：外墙按中心线，内墙按净长线计算。应扣除构造柱、圈梁（地梁）所占体积。基础大放脚、丁字岔重叠部分以及管道穿墙洞（面积在0.3m^2以内）等已综合在定额内，计算时不扣除，暖气沟挑檐部分也不增加。

（四）墙体：外墙按中心线、内墙按净长线长度，乘以墙高乘以墙厚以立方米计算。扣除门窗框外围面积、过人洞、嵌入墙内的钢筋混凝土柱、梁（过梁、圈梁、挑梁）、竖风道、烟囱和0.3m^3以外孔洞所占体积，不扣除伸入墙内的板头、梁头、垫块、钢筋、砖过梁及凹进墙内的壁龛、管槽、暖气槽、消火栓箱、窗盘心和0.025m^3以下的过梁以及0.3m^2以内的孔洞等所占的体积，但凸出外墙面的腰线挑檐、压顶、窗台线、虎头砖、门窗套体积也不增加。凸出墙面的砖垛并入墙体内计算。

（五）墙体高度

1. 外墙：平屋顶带挑檐板者算至板面；坡顶带檐口者算至望板下皮；砖出檐者算至

檐子上皮。

2. 内墙：高度由室内设计地面（地下室内设计地面）或楼板面算至板底，梁下墙算至梁底；板不压墙的算至板上皮，如墙两侧的板厚不一样时算至薄板的上皮；有吊顶天棚而墙高不到板底，设计又未注明，算至天棚底另加 200mm。

3. 山墙：按其平均高度计算。

（六）女儿墙：自屋面板顶面至女儿墙压顶下表面高度乘以厚度，并入外墙工程量。

（七）砖柱不分柱基、柱身均按图示尺寸以立方米计算。

（八）小型砖砌体、砌沟道按图示尺寸以立方米计算。

（九）各种井壁按图示尺寸以立方米计算，不扣除管头所占体积。

（十）毛石砌体按图示尺寸以立方米计算，墙身砌体扣除门窗框外围面积所占体积。

（十一）其他砌体除另有注明外，均按图示尺寸以立方米计算。

（十二）砖烟囱：

1. 筒身，圆形、方形均按图示筒壁平均中心线周长乘以厚度以立方米计算，应扣除筒身各种孔洞、钢筋混凝土圈梁、过梁等体积，其筒壁周长不同时可按下式分段计算。

$$V = \Sigma H \times C \times \pi D$$

式中 V——筒身体积；

H——每段筒身垂直高度；

C——每段筒壁厚度；

D——每段筒壁中心线的平均直径。

2. 烟道、烟囱内衬按不同内衬材料扣除孔洞，按图示体积以立方米计算。

三、需要注意的问题

1. 砖基础断面计算

砖基础多为大放脚形式，大放脚有等高与不等高两种。等高大放脚是以墙厚为基础，每挑宽 1/4 砖，挑出砖厚为 2 皮砖。不等高大放脚，每挑宽 1/4 砖，挑出砖厚为 1 皮与 2 皮相间（见图 7-18）。

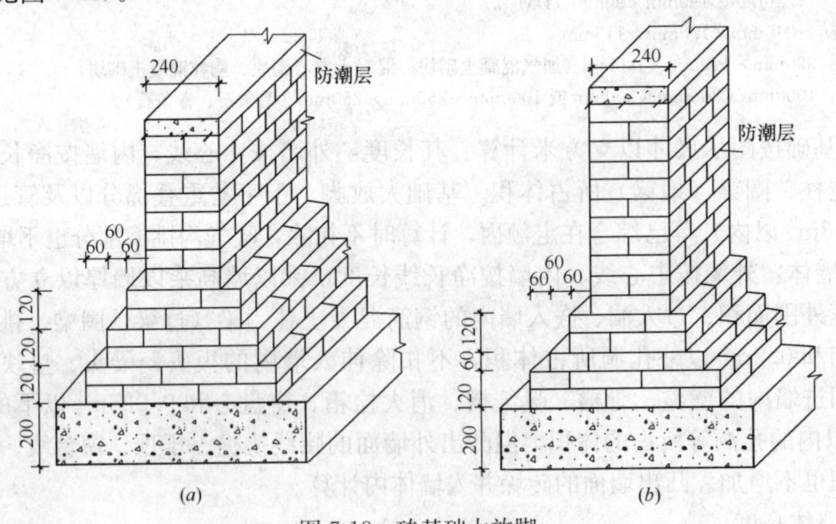

图 7-18 砖基础大放脚

(a) 等高式大放脚；(b) 不等高式大放脚

基础断面计算如下：（见图 7-19）

砖基础断面面积＝ 标准厚墙基面积＋大放脚增加面积

或　砖基础断面面积＝ 标准墙厚×（砖基础深度＋大放脚折加高度）

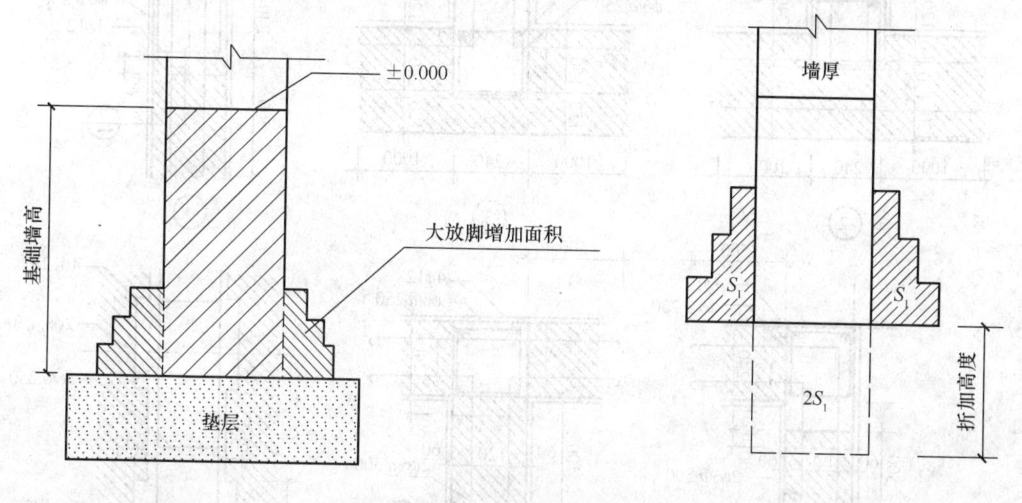

图 7-19　砖基础断面图

大放脚折加高度是大放脚增加的断面面积除以基础墙厚度而得的商。

即：把大放脚增加的面积折合成标准墙宽后应有的高度。为计算方便，事先制成了大放脚折加高度及增加面积表（表 7-8），可直接查用。

砖基础大放脚折加高度及增加面积表　　**表 7-8**

放脚层数	折加高度（m）								增加面积 m²	
	1/2 砖 (0.115)		1 砖 (0.24)		3/2 砖 (0.365)		2 砖 (0.49)			
	等高	不等高	等高	不等高	等高	不等高	等高	不等高	等高	不等高
一	0.137	0.137	0.066	0.066	0.043	0.043	0.032	0.032	0.01575	0.01575
二	0.411	0.342	0.197	0.164	0.129	0.108	0.096	0.08	0.04725	0.03938
三			0.394	0.328	0.259	0.216	0.193	0.161	0.0945	0.07875
四			0.656	0.525	0.432	0.345	0.321	0.253	0.1575	0.126
五			0.984	0.788	0.647	0.518	0.482	0.38	0.2363	0.189
六			1.378	1.083	0.906	0.712	0.672	0.53	0.3308	0.2599

2. 关于扣减构造柱体积的计算

图 7-20 为构造柱在墙体各部位的平面图，其体积的计算规则为：

（1）图示断面积乘以柱高，以立方米计算。构造柱的柱高从柱基或地梁上表面算至柱顶面。

（2）构造柱嵌入砖墙部分的体积应并入柱身体积内计算，因此在计算构造柱体积时，应按图示构造柱的平均断面积乘以柱高来计算，其平均断面积参见表 7-9，其详图参见图 7-20。

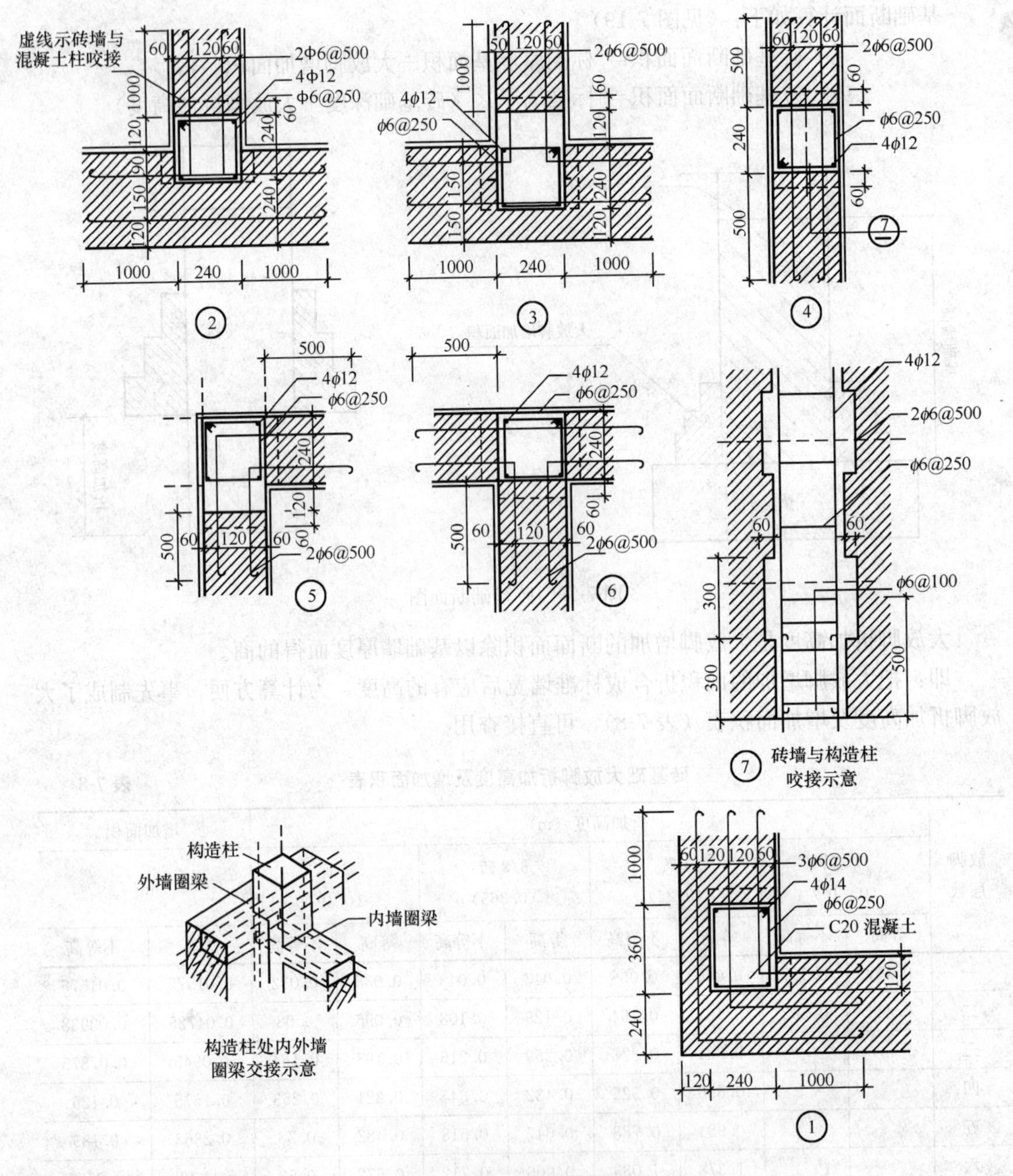

图 7-20　构造柱断面详图

构造柱平均断面积表　　**表 7-9**

详图号	计 算 式	平均断面积（m^2）
①	(0.36＋0.03) ×0.24＋0.12×0.03	0.0972
②	(0.24＋0.06) ×0.24	0.072
③	(0.36＋0.09) ×0.24	0.108
④	(0.24＋0.06) ×0.24	0.072
⑤	(0.36＋0.06) ×0.24	0.1008
⑥	(0.24＋0.09) ×0.24	0.079

【例 7-3】 某砖混结构二层住宅首层平面图见图 7-22，二层平面图见图 7-24，基础平面图见图 7-21，基础剖面图见图 7-23，内墙砖基础为二步等高大放脚。外墙构造柱从钢筋混凝土基础上生根，外墙砖基础中构造柱的体积为 1.2m^3；外墙高 6m，内墙高 2.9m，内外墙厚均为 240mm；外墙上均有女儿墙，高 600mm，厚 240mm；外墙上的过梁、圈梁和构造柱的总体积为 2.5m^3；内墙上的过梁体积为 1.2 m^3、圈梁体积为 1.5m^3；门窗框外围尺寸：C1 为 1500mm×1200mm，M1 为 900mm×2000 mm，M2 为 1000mm×2100mm。计算以下工程量：（1）建筑面积、（2）砖基础、（3）砖外墙、（4）砖内墙。

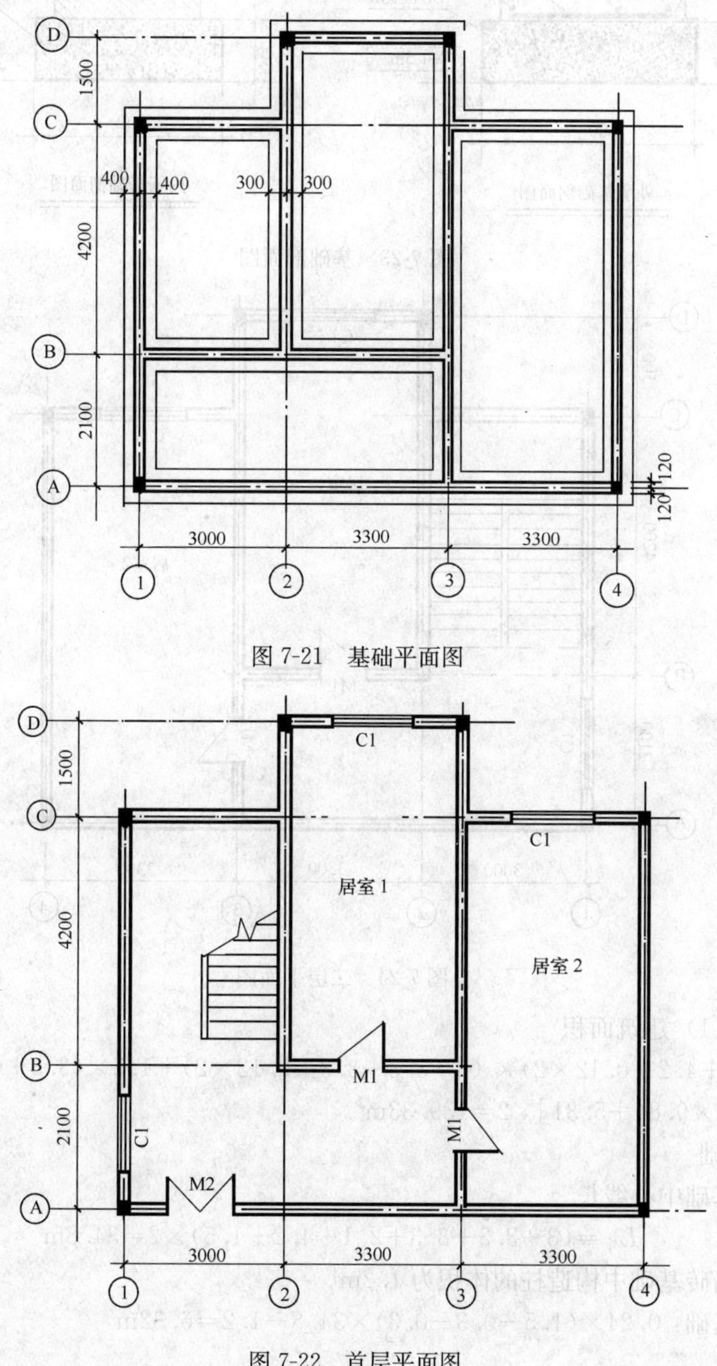

图 7-21　基础平面图

图 7-22　首层平面图

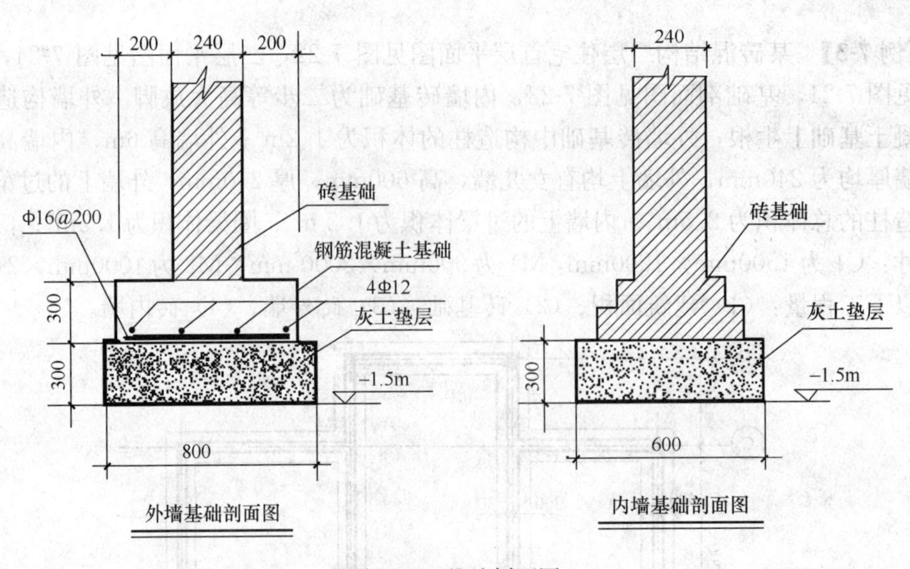

图 7-23　基础剖面图

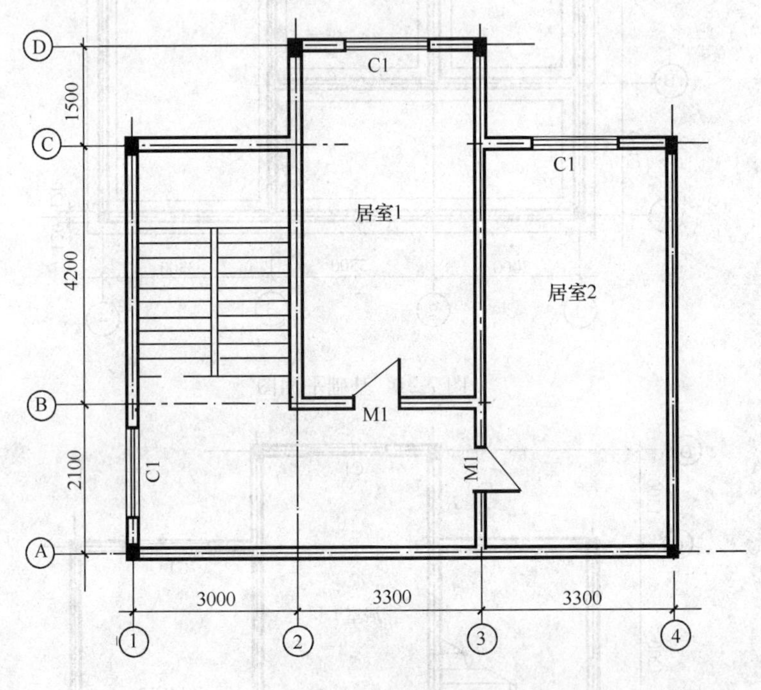

图 7-24　二层平面图

【解】　(1) 建筑面积

$[(2.1+4.2+0.12\times2)\times(3+3.3+3.3+0.12\times2)+1.5\times(3.3+0.12\times2)]\times2$

$=[6.54\times9.84+5.31]\times2=139.33\text{m}^2$

(2)砖基础

外墙砖基础中心线长

$$L_{外}=(3+3.3+3.3+2.1+4.2+1.5)\times2=34.8\text{m}$$

已知外墙砖基础中构造柱的体积为 1.2m^3

外墙砖基础：$0.24\times(1.5-0.3-0.3)\times34.8-1.2=6.32\text{m}^3$

内墙砖基础净长

$L_{内}=4.2-0.12\times2+(3.3+3)-0.12\times2+(4.2+2.1)-0.12\times2=16.08m$

查表7-8可知，二步等高大放脚一砖厚折加高度为0.197m

内墙砖基础：$0.24\times(1.5-0.3+0.197)\times16.08=5.39m^3$

砖基础总工程量：$6.32+5.39=11.71m^3$

(3)砖外墙

外墙中心线长：$(2.1+4.2+3+3.3+3.3)\times2+1.5\times2=34.8m$

外墙门窗框外围面积：$1.50\times1.20\times3\times2+1.00\times2.10=10.8+2.10=12.9m^2$

砖女儿墙：$34.8\times0.6\times0.24=5.01m^3$

由于砖女儿墙的工程量应并入外墙工程量，已知外墙高为6m，外墙上的过梁、圈梁、构造柱体积为$2.5m^3$，则

砖外墙工程量：$(34.8\times6-12.9)\times0.24-2.5+5.01=49.53m^3$

(4)砖内墙

内墙净长：$4.2+(4.2+2.1-0.12\times2)+(3.3-0.12\times2)=13.32m$

内墙门面积：$0.90\times2.00\times2\times2=7.2m^2$

已知内墙高为2.9m，内墙上的过梁体积为$1.2m^3$、圈梁体积为$1.5m^3$

砖内墙工程量：$(13.32\times2.9\times2-7.2)\times0.24-1.5-1.2=14.11m^3$

第五节 混凝土工程

预拌混凝土定额的项目及内容与现场搅拌混凝土相似，所不同的只是所用的混凝土是构件厂或搅拌站生产的，因此称为商品混凝土，其混凝土的价格中包括了搅拌站的生产费用和搅拌站运至施工现场的运输费用，其工程量计算规则与现场搅拌混凝土相同。北京市建委规定四环以内必须用商品混凝土，以保证工程质量。自2007年10月1日起，北京市要求全部使用商品混凝土。

预拌混凝土的场外运输费包括在材料价格中，场内运输费包括在大型垂直运输机械使用费中。现场设立集中搅拌站执行现场搅拌混凝土工程相应定额子目。

一、说明

（一）本节包括：现浇混凝土构件，现场预制混凝土构件制作安装，预制混凝土构件接头灌缝等。

（二）毛石混凝土项目中，毛石的含量与设计要求不同时不得换算。

（三）现浇混凝土柱、墙项目中，均综合了底部灌注水泥砂浆的用量。

（四）箱式基础按满堂基础、柱、梁、墙的有关规定计算，执行相应定额子目。

（五）有肋带形基础，肋的高度在1.5m以内时，其工程量并入带形基础工程量中，执行带形基础相应定额子目；肋高超过1.5m时，基础和肋分别执行带形基础和墙定额子目。

（六）有梁式满堂基础的反梁高度在1.5m以内时，执行梁的相应定额子目；梁高超过1.5m时，单独计算工程量，执行墙的相应定额子目。

（七）带形桩承台、独立桩承台分别执行带形基础、独立基础相应定额子目。

（八）设备基础（除块体基础以外），分别按基础、梁、柱有关规定进行计算，执行相应定额子目。

（九）钢筋混凝土结构中的梁、板、柱、墙分别计算，执行各自相应的定额子目。和墙连在一起的暗梁、暗柱并入墙的工程量中，执行墙的定额子目；突出墙或梁外的装饰线，并入墙或梁的工程量中。压型钢板或模壳上现浇混凝土，均执行板的相应定额子目。

（十）现浇混凝土阳台、雨罩、挑檐、天沟与板（包括屋面板、楼板）或圈梁连接时，以外墙或圈梁的外边线为分界线，分别执行相应的定额子目。阳台、雨罩的立板高度大于500mm时，其立板执行栏板相应定额子目。

（十一）预制板间缝宽小于40mm，执行接头灌缝相应定额子目；缝宽40～300mm之间执行补板缝相应定额子目；缝宽大于300mm，执行板相应定额子目。

（十二）阳台、雨罩立板高度小于500mm时，其立板的体积并入阳台、雨罩工程量内计算；立板的高度超过500mm时，执行栏板相应定额子目。

（十三）现场预制混凝土构件均综合了制作、安装及坐浆费用，执行中不得另行计算。

（十四）圆孔板接头灌缝综合了空心板堵孔的工料及灌入孔内混凝土，使用时不得另行计算。

（十五）除另有规定外，构筑物的垫层、基础均执行垫层、基础相应定额子目。

（十六）贮水池顶板不分有梁、无梁，均执行贮水池顶板相应定额子目；贮水池柱执行其他构筑物中柱的相应定额子目，柱帽并入板的工程量中计算。

（十七）贮仓的支撑结构，执行水塔塔身支架相应定额子目。

（十八）室内水池、游泳池应执行建筑物墙、底板相应定额子目。

（十九）烟囱、水塔按滑模施工进行编制，使用时按不同高度执行相应定额子目。

（二十）预制框架柱接头部分浇筑混凝土，执行其他混凝土构件相应定额子目。

（二十一）定额中未列出项目的构件，执行其他构件相应定额子目；构件单件体积小于0.1m^3时，执行小型构件相应定额子目。

二、工程量计算规则

（一）混凝土工程量除另有规定者外，均按图示尺寸以立方米计算，不扣除构件内钢筋、预埋铁件、螺栓及墙、板中0.3m^2以内的孔洞所占的体积，但用型钢代替钢筋骨架时，按定额计算用量每吨型钢扣减0.1m^3混凝土体积。

（二）基础垫层

1. 满堂基础垫层按垫层图示尺寸以立方米计算，基础局部加深，其加深部分按图示尺寸计算体积，并入垫层工程量中。

2. 带形基础垫层：外墙按垫层中心线，内墙按垫层净长线乘以垫层宽度及厚度以立方米计算。

3. 独立基础、设备基础垫层：均按垫层图示面积乘以垫层厚度以立方米计算。

（三）基础

1. 满堂基础：按图示尺寸以立方米计算，局部加深部分的体积并入基础工程量中计算。

2. 带形混凝土基础：外墙按基础中心线，内墙按基础净长线乘以基础断面面积以立方米计算。

3. 独立混凝土基础：按图示尺寸以立方米计算，杯形基础应扣除杯口所占的体积。杯形基础的灌缝按个计算，定额中已综合了杯口底部找平的工料，不得重复计算。

（四）柱

1. 柱按图示断面面积乘以柱高以立方米计算。

柱高按下列规定确定：

（1）有梁板的柱高，应自柱基上表面（或楼板上表面）算至上一层楼板上表面。

（2）无梁板的柱高，应自柱基上表面（或楼板上表面）算至柱帽下表面。

（3）构造柱的柱高从柱基或地梁上表面算至柱顶面。

（4）混凝土芯柱的高度按孔的图示高度计算。

2. 构造柱与砖墙嵌入部分的体积并入柱身体积内计算。

3. 依附于柱上的牛腿，按图示尺寸以立方米计算并入柱工程量中。

4. 柱帽按图示尺寸以立方米计算，并入板的工程量中。

5. 预制框架柱接头按图示尺寸以立方米计算。

（五）梁

1. 按图示断面面积乘以梁长以立方米计算。

梁长按下列规定确定：

（1）梁与柱连接时，梁长算至柱侧面。

（2）主梁与次梁连接时，次梁长算至主梁侧面。

（3）梁与墙连接时，梁长算至墙侧面。如墙为砌块（砖）墙时，伸入墙内的梁头和梁垫的体积并入梁的工程量中。

（4）圈梁的长度，外墙按中心线，内墙按净长线计算。

（5）过梁按图示尺寸计算。

2. 圈梁代过梁，其过梁的体积并入圈梁工程量中。

3. 叠合梁按设计图示二次浇筑部分的体积计算。

（六）板

1. 按图示面积乘以板厚以立方米计算，不扣除轻质隔墙、垛、柱及 $0.3m^2$ 以内的孔洞所占的体积。

板的图示面积按下列规定确定：

（1）有梁板按梁与梁之间的净尺寸计算。

（2）无梁板按板外边线的水平投影面积计算。

（3）平板按主墙间的净面积计算。

（4）板与圈梁连接时，算至圈梁侧面；板与砖墙连接时，伸入墙内板头体积并入板工程量中。

2. 斜板按图示尺寸以立方米计算。

3. 叠合板按图示尺寸将板和肋（板缝）合并计算。

4. 补板缝按预制板长度乘以板缝宽度再乘以板厚以立方米计算，预制板边八字角部分的体积不另行计算。

5. 双曲薄壳：包括双曲拱顶和依附于边缘的梁、横隔板、横隔拱梁按图示尺寸以立方米计算。

6. 压型钢板上现浇混凝土，应从压型钢板的板面算至现浇板的上皮，压型钢板凹进部分的混凝土体积并入板工程量中。

（七）墙

外墙按中心线、内墙按净长线乘以墙高及厚度以立方米计算，并扣除门窗框外围及 $0.3m^2$ 以外孔洞所占的体积，墙垛及突出墙面的装饰线，并入墙体工程量中。

墙的高度按下列规定确定：

1. 墙与板连接时，墙的高度从基础（基础梁）或楼板上表面算至上一层楼板上表面。

2. 墙与梁连接时，墙的高度算至梁底。

3. 女儿墙的高度从屋面板上表面算至女儿墙上表面，女儿墙的压顶、腰线、装饰线的体积并入墙的工程量中。

（八）其他

1. 整体楼梯包括休息平台、平台梁、斜梁及楼梯的连梁，按水平投影面积以平方米计算，不扣除宽度小于500mm的楼梯井，伸入墙内部分不另增加。

2. 阳台、雨罩均按图示尺寸以立方米计算。

3. 看台板按图示尺寸以立方米计算，看台板的梁并入到看台板工程量中计算。

4. 栏板按图示长度乘以高度及厚度以立方米计算。

5. 预应力混凝土构件按图示尺寸以立方米计算，不扣除孔道灌浆的孔洞所占的体积。

6. 预制构件接头灌缝除另有规定外，均按预制构件的体积计算。

（九）构筑物

构筑物混凝土除另有规定外，均按图示尺寸以立方米计算，扣除 $0.3m^2$ 以上孔洞所占的体积。

1. 烟囱

烟囱囱身从烟囱基础筒座上表面算起，按图示不同厚度分段以立方米计算，牛腿体积并入囱身工程量内。

圆烟囱分段体积计算公式：

$$V=\pi\times(\text{下口内径}+\text{壁厚}+\text{上口内径}+\text{壁厚})/2\times\text{高度(斜高)}\times\text{分段厚度}$$

2. 水塔

（1）水塔分水塔和水塔塔身，分别按图示尺寸以立方米计算，执行相应定额子目。

（2）筒式水塔筒身高度自基础上表面算至水塔底下表面，依附于筒身的梁、垛、挑檐等体积并入筒身工程量内。

（3）柱式（框架式）水塔塔身不分柱、梁和直柱、斜柱均以图示尺寸以立方米合并计算。

（4）水塔的水槽内外壁、水塔顶及槽底不分形式均按图示尺寸以立方米合并计算，执行水塔定额子目。

3. 贮水（油）池

（1）池底不分平底、坡底、锥底均按池底计算，与底相连的槽并入池底工程量内，池底包括池壁下部的扩大部分。

（2）壁基梁的高度为梁底至池壁下部的底面，如与锥形底连接时，应算至梁的底面。

（3）池壁高度不包括池壁上下处的扩大部分，无扩大部分时，则自池底上表面算至池盖上表面。

（4）池盖不分有梁、无梁均按图示尺寸以立方米计算，执行贮水池中板定额子目。

（5）池盖柱的柱高，应自池底上表面算至池盖下表面，包括柱座、柱帽的体积。

4. 贮仓及漏斗

顶板、底板、立壁均按图示尺寸以立方米计算。

三、需要注意的问题

（一）各类混凝土基础的区分

1. 满堂基础：分为板式满堂基础和带式满堂基础（图 7-25*a*、图 7-25*c*、图 7-25*d*）。

满堂基础的另一种形式为箱形基础，箱形基础是由钢筋混凝土底板、顶板、侧墙及一定数量的内隔墙构成封闭的箱体（图 7-25*b*），基础中部可在内隔墙开门洞作地下室。这种基础整体性和刚度都好，调整不均匀沉降的能力及抗震能力较强，可消除因地基变形使建筑物开裂的可能性，减少基底处原有地基自重应力，降低总沉降量。这种基础其底板按满堂基础计算，顶板按楼板计算，内外墙按混凝土墙计算。

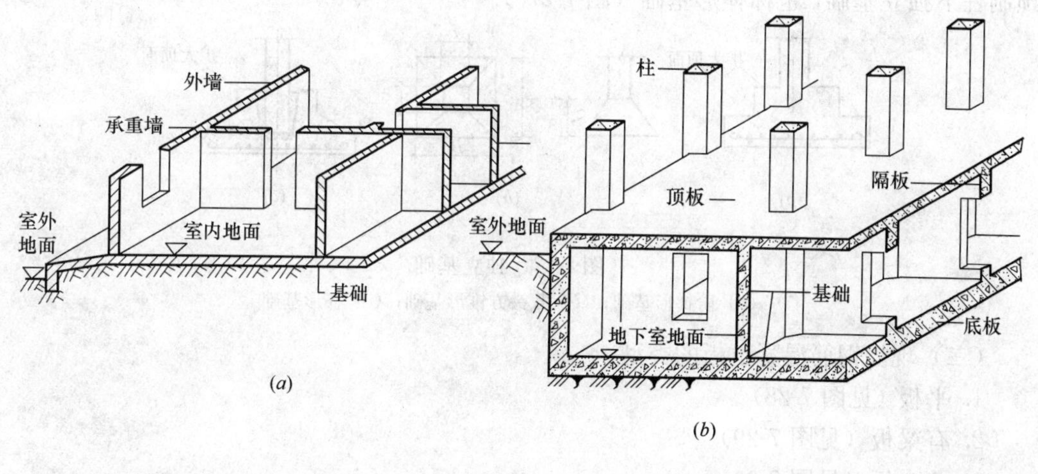

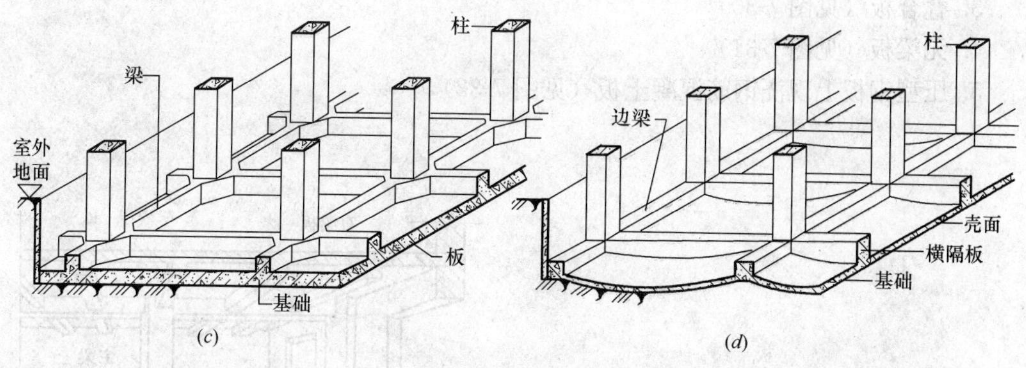

图 7-25　满堂基础

(*a*) 不埋连片基础；(*b*) 箱形基础；(*c*) 筏形基础；(*d*) 多跨连续筒壳

2. 带形基础：区分为墙下带形混凝土基础（图 7-26*a*）和柱下井格式带形基础（图 7-26*b*、*c* 所示）。

3. 独立基础：独立基础支撑柱子，分为现浇柱下独立基础（图 7-27*a*、图 7-27*b*）和

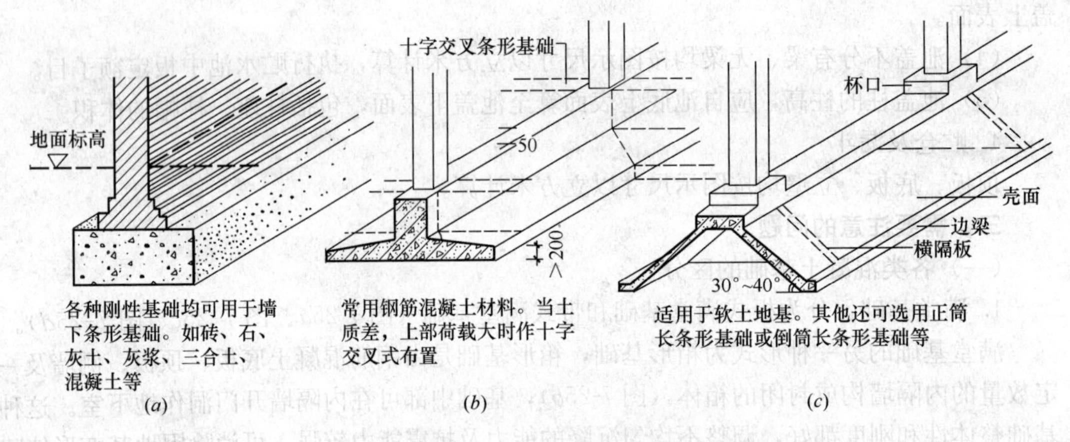

图 7-26　带形基础

（*a*）墙下条形基础；（*b*）柱下条形基础；（*c*）条形折壳基础

预制柱下独立基础，也称杯形基础（图 7-27*c*）。

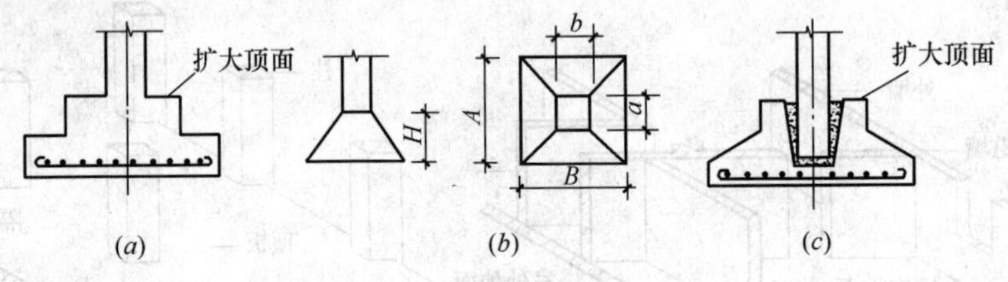

图 7-27　独立基础

（*a*）阶梯形基础；（*b*）截头方锥形基础；（*c*）杯形基础

（二）现浇钢筋混凝土板的类型

1. 平板（见图 7-28）
2. 有梁板（见图 7-29）
3. 叠合板（见图 7-30）
4. 无梁板（见图 7-31）
5. 压型钢板上现浇钢筋混凝土板（见图 7-32）

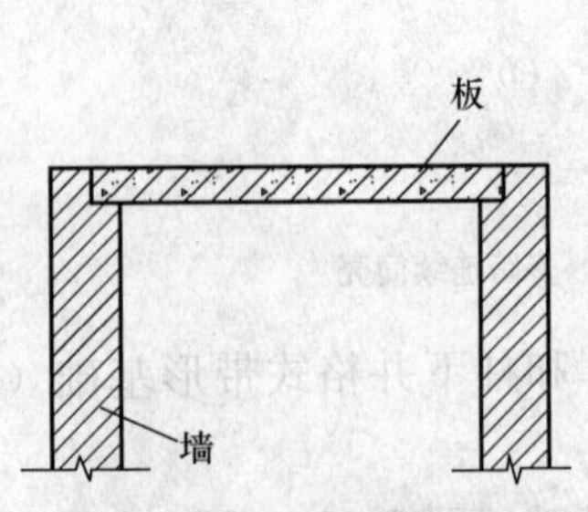

图 7-28　平板示意图

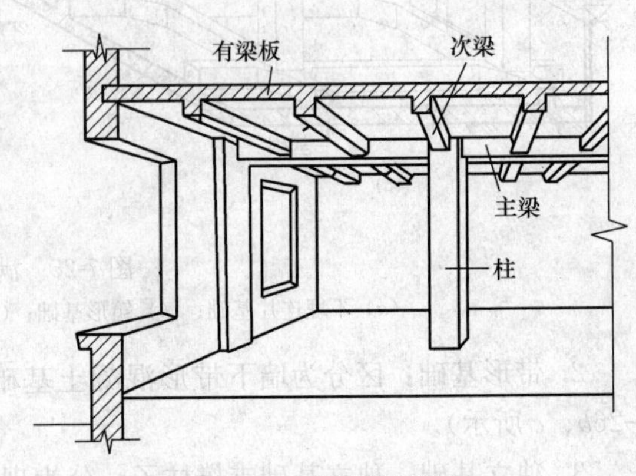

图 7-29　有梁板透视图

【例 7-4】 某四层钢筋混凝土现浇框架办公楼，图 7-33 为其平面结构示意图和独立柱基础断面图，轴线即为梁、柱的中心线。已知楼层高均为 3.60m；柱顶标高为 14.40m；柱断面为 400mm×400mm；L_1 宽 300mm，高 600mm；L_2 宽 300mm，高 400mm。试求主体结构柱、梁的混凝土工程量。

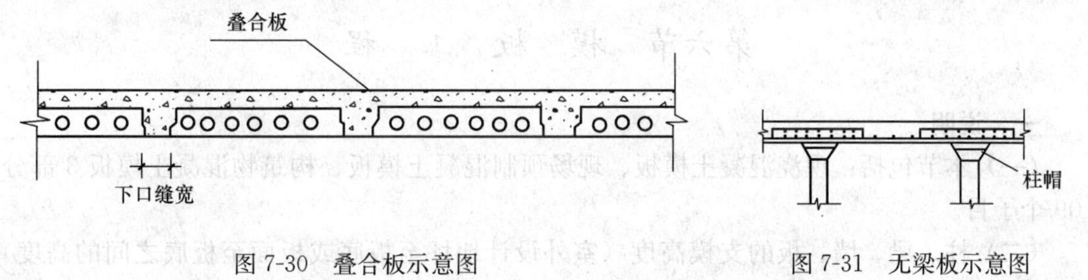

图 7-30 叠合板示意图　　　图 7-31 无梁板示意图

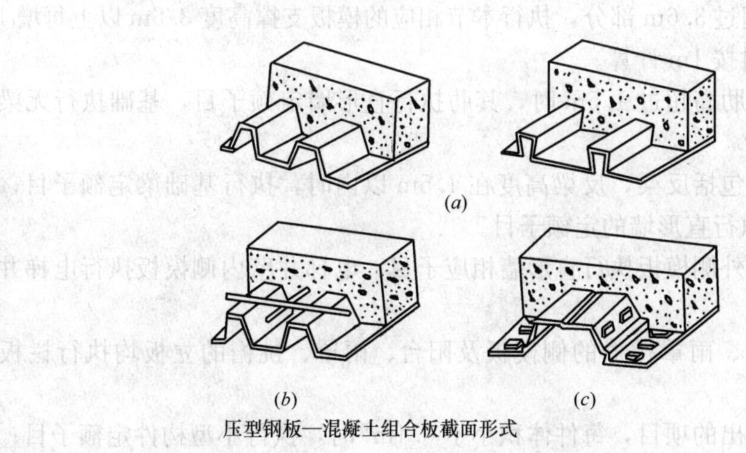

图 7-32 压型钢板上现浇钢筋混凝土板

(*a*) 无附加抗剪措施的压型板；(*b*) 带锚固件的压型钢板；(*c*) 有抗剪键的压型钢板

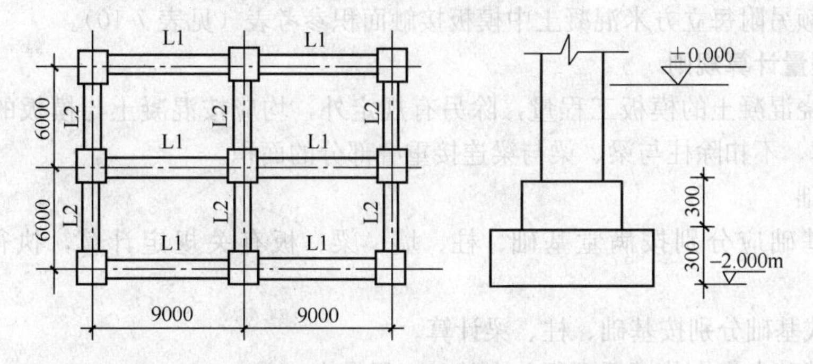

图 7-33 某办公楼结构平面图和独立柱基础断面图

【解】

(1) 钢筋混凝土柱的混凝土工程量＝柱断面面积×每根柱长×根数

$$=(0.4\times0.4)\times(14.4+2.0-0.3-0.3)\times9$$

$$=0.16\times15.8\times9=22.75\text{m}^3$$

(2) 梁的混凝土工程量＝［L_1 梁长×L_1 断面×L_1 根数＋L_2 梁长×L_2 断面×L_2 根数］×层数

$=[(9.0-0.2\times2)\times(0.3\times0.6)\times(2\times3)+(6.0-0.2\times2)$
$\times(0.3\times0.4)\times(2\times3)]\times4=(9.288+4.032)\times4$
$=53.28m^3$

第六节 模 板 工 程

一、说明

（一）本节包括：现浇混凝土模板、现场预制混凝土模板、构筑物混凝土模板 3 部分 109 个子目。

（二）柱、梁、墙、板的支模高度（室外设计地坪至板底或板面至板底之间的高度）是按 3.6m 编制的，超过 3.6m 部分，执行本节相应的模板支撑高度 3.6m 以上每增 1m 的定额子目，不足 1m 时按 1m 计算。

（三）条形基础的肋高超过 1.5m 时，其肋执行直形墙定额子目，基础执行无梁式带形基础定额子目。

（四）满堂基础不包括反梁，反梁高度在 1.5m 以内时，执行基础梁定额子目；反梁高度超过 1.5m 时，执行直形墙的定额子目。

（五）墙及电梯井外侧模板执行直形墙相应子目，电梯井壁内侧模板执行电梯井壁相应子目。

（六）阳台、平台、雨罩挑檐的侧模板及阳台、雨罩、挑檐的立板均执行栏板相应子目。

（七）定额中未列出的项目，每件体积小于 $0.1m^3$ 时，执行小型构件定额子目；大于 $0.1m^3$ 时，执行其他构件定额子目。

（八）现场预制混凝土模板综合了地模。

（九）定额另附每立方米混凝土中模板接触面积参考表（见表 7-10）。

二、工程量计算规则

（一）现浇混凝土的模板工程量，除另有规定外，均应按混凝土与模板的接触面积，以平方米计算，不扣除柱与梁、梁与梁连接重叠部分的面积。

（二）基础

1. 箱形基础应分别按满堂基础、柱、墙、梁、板有关规定计算，执行相应定额子目。

2. 框架式基础分别按基础、柱、梁计算。

3. 满堂基础中集水井模板面积并入基础工程量中。

（三）柱

1. 柱模板按柱周长乘以柱高计算，牛腿的模板面积并入柱模板工程量中。柱高从柱基或板上表面算至上一层楼板上表面，无梁板算至柱帽底部标高。

2. 柱帽按展开面积计算，并入楼板工程量中。

3. 构造柱按图示外露部分的最大宽度乘以柱高计算模板面积。

（四）墙

1. 墙体模板分内外墙计算模板面积，凸出墙面的柱，沿线的侧面积并入墙体模板工程量中。

2. 墙模板的工程量按图示长度乘以墙高以平方米计算，外墙高度由楼层表面算至上一层楼板上表面，内墙由楼板上表面算至上一层楼板（或梁）下表面。

3. 现浇钢筋混凝土墙上单孔面积在 $0.3m^2$ 以内的孔洞不扣除，洞侧壁面积也不增加；单孔面积在 $0.3m^2$ 以外的孔洞应扣除，洞口侧壁面积并入模板工程量中。采用大模板时，洞口面积不扣除，洞口侧模的面积已综合在定额中。

（五）梁

梁模板工程量按展开面积计算，梁侧的出沿按展开面积并入梁模板工程量中，梁长的计算按有关规定：

1. 梁与柱连接时，梁长算至柱侧面。

2. 主梁与次梁连接时，次梁长算至主梁侧面。

3. 梁与墙连接时，梁长算至墙侧面。如墙为砌块（砖）墙时，伸入墙内的梁头和梁垫的体积并入梁的工程量中。

4. 圈梁的长度，外墙按中心线，内墙按净长线计算。

5. 过梁按图示尺寸计算。

（六）楼板

楼板的模板工程量按图示尺寸以平方米计算，不扣除单孔面积在 $0.3m^2$ 以内的孔洞所占的面积，洞侧壁模板面积也不增加；应扣除梁、柱帽以及单孔面积在 $0.3m^2$ 以外孔洞所占的面积，洞口侧壁模板面积并入楼板的模板工程量中。

（七）模板支撑高度 3.6m 以上每增 1m 按超过部分面积计算工程量。

（八）其他

1. 楼梯按水平投影面积计算，扣除宽度大于 500mm 的楼梯井。

旋转式楼梯按下式计算：

$$S=(R^2-r^2)\times n$$

式中 R——楼梯外径；

r——楼梯内径；

n——层数（或 n=旋转角度/360）。

2. 挑出的阳台、雨罩、露台、挑檐均按水平投影面积以平方米计算；执行阳台、雨罩相应子目；阳台、平台、雨罩、挑檐的侧模按图示尺寸以平方米计算。

3. 混凝土台阶不包括梯带，按图示尺寸的水平投影面积以平方米计算，台阶两端的挡墙或花池另行计算。

4. 现浇混凝土的小型池槽按其外形体积以立方米计算。

5. 烟囱、水塔和筒仓液压滑升钢模板按平均筒身中心线周长乘以高度以平方米计算。

三、模板的分类及图示

模板依其形式不同，可分为整体式模板、定型模板、工具式模板、翻转模板、滑动模板、胎模等。依其所用的材料不同，可分为木模板、钢木模板、钢模板、铝合金模板、塑料模板、玻璃钢模板等。目前以应用组合式钢模板及钢木模板为多。

每立方米混凝土中模板接触面积参考表 **表 7-10**

一、现浇混凝土

序号	项目		单位	模板接触面积 m^2	序号	项目		单位	模板接触面积 m^2
1	带型基础	毛石混凝土	m^3	3.072	12	人工挖孔桩护壁		m^3	7.651
2		无筋混凝土	m^3	3.666	13	设备基础	$5m^3$ 以内	m^3	3.209
3		有梁有筋	m^3	2.197	14		$20m^3$ 以内	m^3	1.643
4		无梁有筋	m^3	0.594	15		$100m^3$ 以内	m^3	1.313
5	独立基础	毛石混凝土	m^3	2.035	16		$100m^3$ 以外	m^3	0.446
6		无筋、钢筋混凝土	m^3	2.107	17	矩形柱		m^3	10.526
7	杯型基础		m^3	1.836	18	异形柱		m^3	9.320
8	满堂基础	无梁式	m^3	0.460	19	圆形柱		m^3	7.837
9		有梁式	m^3	1.295	20	构造柱		m^3	6.000
10	独立桩承台		m^3	1.994	21	基础梁		m^3	7.899
11	混凝土基础垫层		m^3	1.383	22	单梁、连续梁		m^3	9.606

二、现场预制混凝土

序号	项目	单位	模板接触面积 m^2	序号	项目	单位	模板接触面积 m^2
1	矩形柱	m^3	5.046	11	拱形梁	m^3	6.16
2	工形柱	m^3	7.123	12	折线形屋架	m^3	13.46
3	双肢形柱	m^3	4.125	13	三角形屋架	m^3	16.235
4	空格柱	m^3	6.668	14	组合屋架	m^3	13.65
5	围墙柱	m^3	11.76	15	薄腹屋架	m^3	15.74
6	矩形梁	m^3	12.26	16	门式刚架	m^3	8.398
7	异形梁	m^3	9.962	17	天窗架	m^3	8.305
8	过 梁	m^3	12.45	18	天窗端壁板	m^3	27.663
9	托架梁	m^3	11.597	19	平 板	m^3	4.83
10	鱼腹式吊车梁	m^3	13.628	20	大型屋面板	m^3	32.141

（一）木模板（图 7-34～图 7-38）

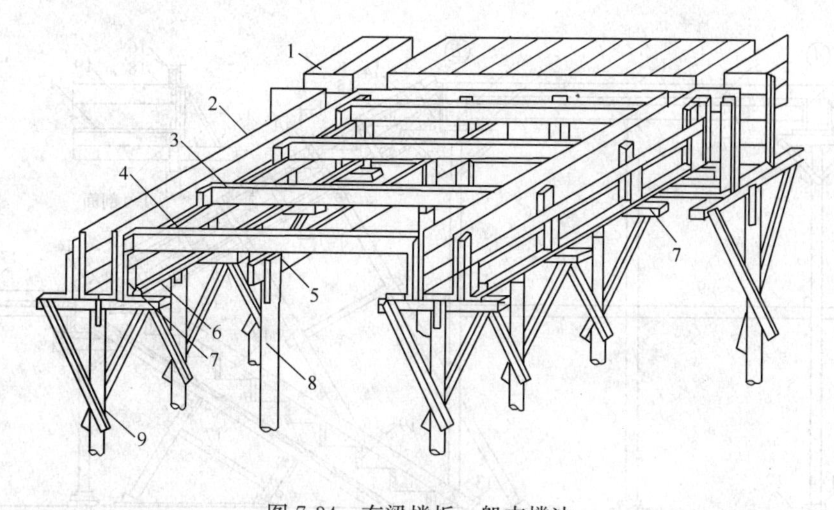

图 7-34　有梁楼板一般支撑法

1—楼板模板；2—梁侧模板；3—搁栅；4—横档；5—牵杠；6—夹条；7—短撑木；8—牵杠撑；9—支柱（琵琶撑）

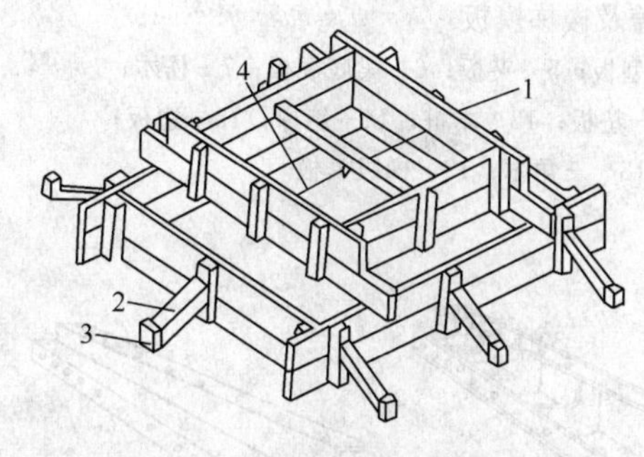

图 7-35　阶梯形基础模板

1—拼板；2—斜撑；3—木桩；4—钢丝

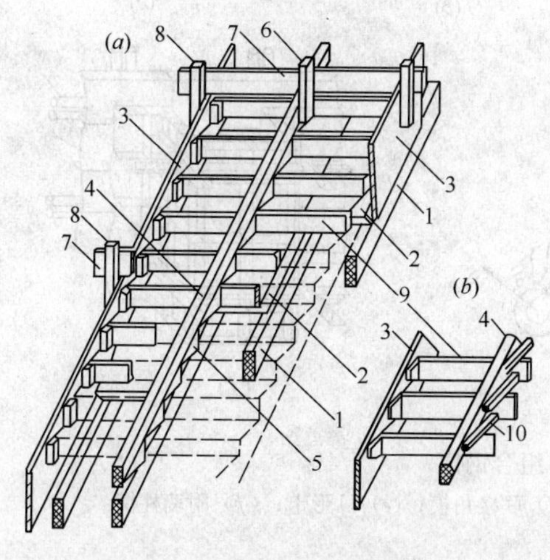

图 7-37　反扶梯基的构造

1—楞木；2—定型模板；3—边模板；4—反扶梯基；5—三角木；6—吊木；7—横楞；8—立木；9—梯级模板；10—顶木

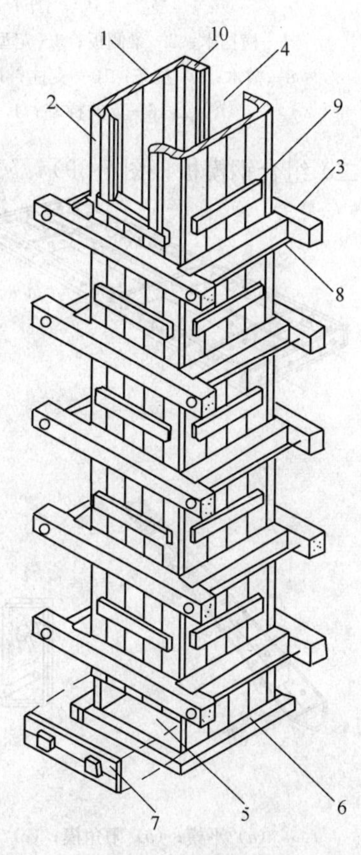

图 7-36　柱子的模板

1—内拼板；2—外拼板；3—柱箍；4—梁缺口；5—清理孔；6—木框；7—盖板；8—拉紧螺栓；9—拼条；10—三角木条

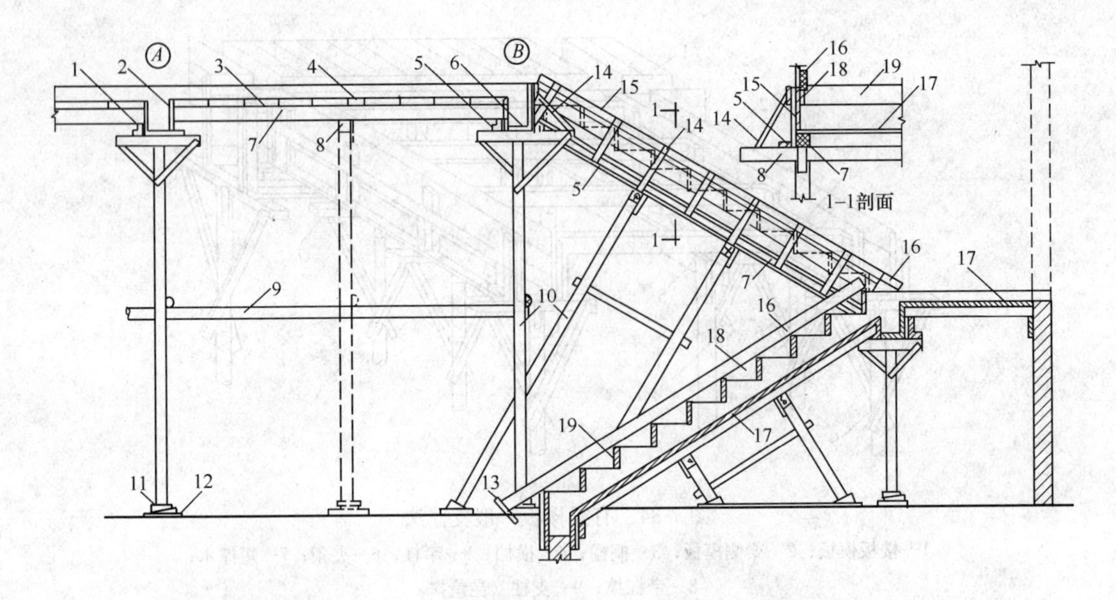

图 7-38　肋形楼盖及楼梯模板

1—横挡木；2—梁侧板；3—定型模板；4—异型板；5—夹板；6—梁底模板；7—楞木；8—横木；9—拉条；10—支柱；11—木楔；12—垫板；13—木桩；14—斜撑；15—边板；16—反扶梯基；17—板底模板；18—三角木；19—梯级模板

（二）组合钢模板（图 7-39）

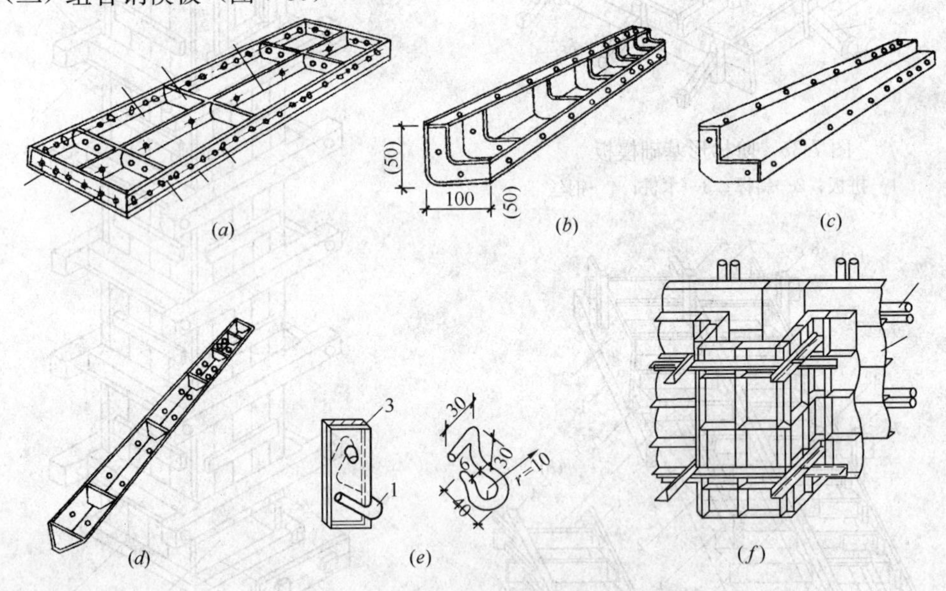

图 7-39　组合钢模

(*a*) 平模；(*b*) 阳角模；(*c*) 阴角模；(*d*) 联接角模；(*e*) U 形卡；(*f*) 附墙柱模

（三）大模板（图 7-40）

【例 7-5】 某三层砖混结构基础平面及断面图如图 7-41 所示，砖基础为一步大放脚，砖基础下部为钢筋混凝土基础。求钢筋混凝土基础模板工程量。

【解】 模板工程量

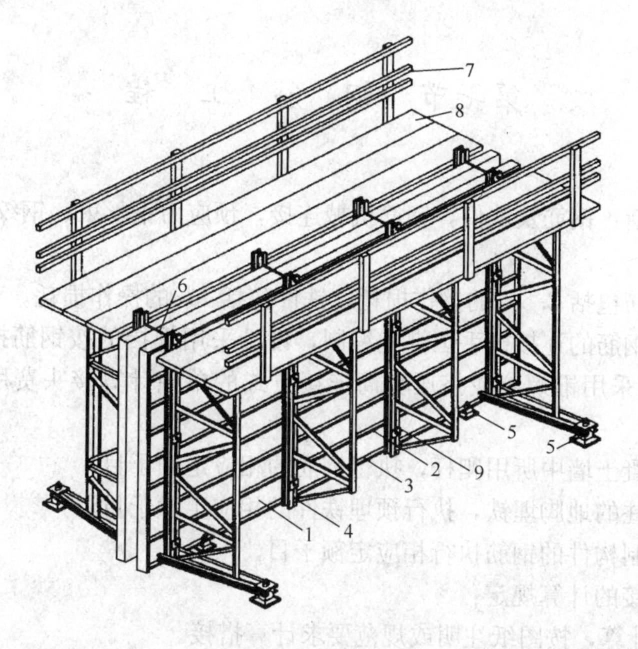

图 7-40 大模板构造

1—面板；2—次肋；3—支撑桁架；4—主肋；5—调整螺旋；6—卡具；
7—栏杆；8—脚手板；9—对销螺栓

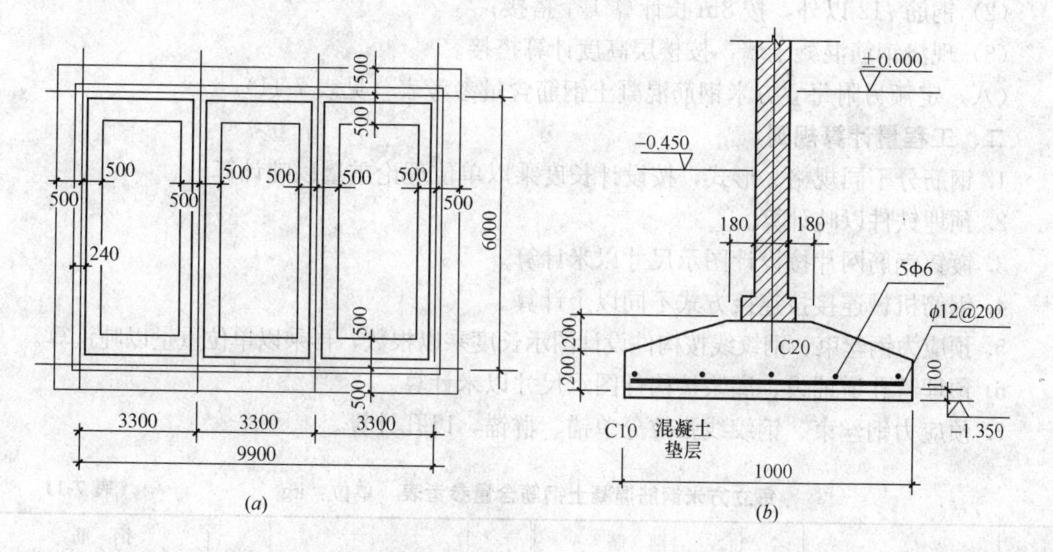

图 7-41 某三层砖混结构基础平面及断面图

（a）基础平面；（b）基础配筋断面

外墙钢筋混凝土基础长＝(9.9＋6.0)×2＝31.8m

内墙钢筋混凝土基础长＝(6.0－1÷2×2)×2＝10m

外墙钢筋混凝土基础模板工程量＝0.2×2×31.8＝12.72m^2

内墙钢筋混凝土基础模板工程量＝0.2×2×10 ＝4m^2

模板工程量＝12.72＋4＝16.72m^2

第七节 钢 筋 工 程

一、说明

（一）本节包括：钢筋及铁件，钢筋机械连接，预应力钢丝束、钢绞线3部分共17个子目。

（二）现场钢筋包括2.5%的操作损耗，铁件包括1%的操作损耗。

（三）定额中钢筋的连接按手工绑扎编制，设计采用焊接的按钢筋搭接计算，不再计算钢筋焊接费用；采用锥螺纹或挤压套筒连接方式的单独计算接头费用，不再计算搭接用量。

（四）滑模混凝土墙中所用爬杆，执行钢筋的相应定额子目。

（五）劲型钢柱的地脚埋铁，执行预埋铁件的相应定额子目。

（六）现场预制构件的钢筋执行相应定额子目。

（七）钢筋搭接的计算规定：

1. 钢筋搭接计算，按图纸注明或规范要求计算搭接。

2. 现浇钢筋混凝土满堂基础底板、柱、梁、墙、板、桩，未注明搭接的按以下规定计算搭接数量：

（1）钢筋ϕ12以内，按12m长计算1个搭接；

（2）钢筋ϕ12以外，按8m长计算1个搭接；

（3）现浇钢筋混凝土墙，按楼层高度计算搭接。

（八）定额另附每立方米钢筋混凝土钢筋含量参考表（见表7-11）。

二、工程量计算规则

1. 钢筋分不同规格、形式，按设计长度乘以单位理论重量以吨计算。

2. 预埋铁件以吨计算。

3. 镀锌钢筋网片按设计图示尺寸以米计算。

4. 钢筋机械连接按连接方式不同以个计算。

5. 预应力钢丝束、钢绞线按构件设计图示长度乘以根数，再乘以单位重量以吨计算。

6. 预埋管孔道铺设、灌浆按构件图示尺寸以米计算。

7. 预应力钢丝束、钢绞线张拉分单锚、群锚，以孔计算。

每立方米钢筋混凝土钢筋含量参考表 单位：kg **表7-11**

序号	项目		单位	钢筋		序号	项目		单位	钢筋	
				ϕ10以内	ϕ10以外					ϕ10以内	ϕ10以外
1	带形基础	有梁式	m^3	12.00	71.00	7	独立桩承台		m^3	19.00	52.00
2		板 式	m^3	9.00	62.30	8	设备基础	$5m^3$以内	m^3	14.00	20.00
3	独立基础		m^3	6.00	45.00	9		$20m^3$以内	m^3	12.00	18.00
4	杯形基础		m^3	2.00	24.30	10		$100m^3$以内	m^3	10.00	16.00
5	满堂基础	有梁式	m^3	4.30	98.20	11		$100m^3$以外	m^3	10.00	16.00
6		无梁式	m^3	44.60	60.40	12	梁	基础梁	m^3	53.50	65.40

续表

序号	项目		单位	钢筋		序号	项目		单位	钢筋	
				ϕ10 以内	ϕ10 以外					ϕ10 以内	ϕ10 以外
13	梁	单梁、连续梁	m³	24.40	87.60	24	板	有梁板	m³	57.50	62.80
14		异形梁	m³	26.80	110.50	25		无梁板	m³	50.90	15.40
15		过梁	m³	34.70	67.20	26		拱板	m³	42.00	54.30
16		拱弧形梁	m³	26.80	109.20	27	楼梯		m²	6.50	12.70
17		圈梁	m³	26.30	99.00	28	悬挑板		m³	119.00	—
18	柱	矩形	m³	18.70	103.30	29	栏板		m³	71.00	—
19		圆形、异形	m³	22.00	116.50	30	门框		m³	20.50	69.90
20	直形墙		m³	50.60	36.00	31	框架柱接头		m³	34.00	—
21	电梯井壁		m³	23.20	78.40	32	天沟挑檐		m³	57.40	—
22	弧形墙		m³	46.00	49.00	33	池槽		m³	52.00	25.00
23	大钢模板墙		m³	51.00	43.00	34	小型构件		m³	92.00	

三、有关构造要求

（一）混凝土保护层

钢筋的混凝土保护层厚度是保证结构构件寿命的关键。当设计无具体要求时，纵向受力钢筋的混凝土保护层最小厚度不应小于钢筋的公称直径，且应符合表 7-12 的规定。板、墙、壳中分布钢筋的保护层不应小于表 7-12 中相应数值减 10mm，且不应小于 10mm。梁、柱中箍筋和构造钢筋的保护层不应小于 15mm。

纵向受力钢筋的混凝土保护层最小厚度（mm）　　**表 7-12**

环境类别		板、墙、壳			梁			柱		
		≤C20	C25～C45	≥C50	≤C20	C25～C45	≥C50	≤C20	C25～C45	≥C50
一		20	15	15	30	25	25	30	30	30
二	*a*	—	20	20	—	30	30	—	30	30
	b	—	25	20	—	35	30	—	35	30
三		—	30	25	—	40	35	—	40	35

注：基础中纵向受力钢筋的混凝土保护层厚度不应小于 40mm；当无垫层时不应小于 70mm。

（二）钢筋绑扎安装要求

1. 钢筋的钢号、直径、根数、间距及位置符合图纸要求。

2. 搭接长度及接头位置应符合设计及施工规范要求。

（1）纵向受拉钢筋搭接长度见表 7-13

纵向受拉钢筋的最小搭接长度　　**表 7-13**

钢筋类型		混凝土强度等级			
		C15	C20～C25	C30～C35	≥C40
光圆钢筋	HRC235 级	45*d*	35*d*	30*d*	25*d*

续表

钢筋类型		混凝土强度等级			
		C15	C20～C25	C30～C35	≥C40
带肋钢筋	HRB335 级	55d	45d	35d	30d
	HRB300 级，RRB400 级	—	55d	40d	35d

注：两根直径不同钢筋的搭接长度，以较细钢筋的直径计算。

对直径大于 25mm 的带肋钢筋、或在混凝土凝固过程中易受扰动（如滑模施工）的钢筋，其最小搭接长度应按相应数值乘以 1.1 的系数；

对一、二级抗震的结构构件，应乘以 1.15、对三级抗震者应乘以 1.05 的系数采用。

搭接区内箍筋间距：受拉区≯5d 且≯100mm，受压区≯10d 且≯200mm；箍筋开口应错开。

受压钢筋搭接长度为表中数据×0.7，且≮200mm。

（2）搭接位置

钢筋的绑扎接头位置应相互错开。在 1.3 倍搭接长度范围内，纵向钢筋搭接接头面积百分率为：梁类、板类及墙类构件不宜大于 25%；柱类不宜大于 50%。

（3）钢筋净距

绑扎搭接接头处及梁的下部，钢筋的净距不应小于钢筋直径，且不应小于 25mm。梁的上部钢筋的净距不应小于 1.5 倍钢筋直径，且不应小于 30mm。

3. 绑扎、安装牢固。

四、钢筋下料长度计算

1. 钢筋外包尺寸——外皮至外皮尺寸，由构件尺寸减保护层厚度得到。

2. 钢筋下料长度＝直线长＝轴线长度

＝外包尺寸－中间弯折处量度差值＋端部弯钩增长值。

3. 中间弯折处的量度差值＝弯折处的外包尺寸－弯折处的轴线长

（1）弯折处的外包尺寸

$$A'B'+B'C'=2A'B'=2(D/2+d)\tan(\alpha/2)$$

$$=2\left(\frac{5d}{2}+d\right)\tan\frac{\alpha}{2}=7d\tan\frac{\alpha}{2}$$

（2）弯折处的轴线弧长

$$\widehat{ABC}=\left(\frac{D}{2}+\frac{d}{2}\right)\cdot\frac{\alpha\cdot\pi}{180}=(D+d)\cdot\frac{\alpha\cdot\pi}{360}=6d\cdot\frac{\alpha\cdot\pi}{360}$$

（3）据规范规定，D 应≥5d，若取 D＝5d，则量度差值为：

$$7d\tan\frac{\alpha}{2}-6d\frac{\alpha\pi}{360}=\left(7\tan\frac{\alpha}{2}-\frac{\alpha\pi}{60}\right)d$$

得表 7-14：

弯起钢筋中间部位弯折处的量度差值表 **表 7-14**

弯折角度	量度差值	取近似值	施工手册取值
α＝30°	0.306d	0.3d	0.35d
α＝45°	0.543d	0.5d	0.5d

续表

弯折角度	量度差值	取近似值	施工手册取值
$\alpha=60^\circ$	$0.9d$	$1d$	$0.85d$
$\alpha=90^\circ$	$2.29d$	$2d$	$2d$
$\alpha=135^\circ$	$3d$		$2.5d$

4. 端部弯钩增长值：

规范规定：HPB235 级钢筋端部应做 180°弯钩，弯心直径≥2.5d，弯钩末端平直部分长度≥3d。

端部弯钩增长值表 **表 7-15**

钢筋级别	弯钩角度	弯心最小直径	平直段长度	增加尺寸
HPB235	180°	$2.5d$	$3d$	$6.25d$
HRB335 HRB400	90° 135°	$4d$	按设计	$1d$+平直段长 $3d$+平直段长

5. 弯钩增长值箍筋：

1）绑扎箍筋的形式：90°/90°，90°/180°，135°/135°（抗震和受扭结构）。

2）箍筋弯心直径：≮2.5d，且＞纵向受力筋的直径。

3）箍筋弯钩平直段长：一般结构≮5d，抗震结构≮10d。

4）矩形箍筋外包尺寸＝2×(外包宽＋外包高)

外包宽(高)＝构件宽(高)－2×保护层厚＋2×箍筋直径

5）一个弯钩增长值：弯 90°时——$\pi(D/2+d/2)/2-(D/2+d)$＋平直部分长度

弯 135°时——$3\pi(D/2+d/2)/4-(D/2+d)$＋平直部分长度

弯 180°时——$\pi(D/2+d/2)-(D/2+d)$＋平直部分长度

6）箍筋下料长度 L＝外包尺寸－中间弯折量度差值＋端弯钩增长值

矩形箍筋 135°/135°弯钩时，近似为：L＝外包尺寸＋2×平直段长

6. 钢筋理论重量的计算

不同直径的钢筋重量＝ 钢筋长度×相应直径钢筋每米长的理论重量

钢筋每米长的理论重量见表 7-16。

钢筋每米长的理论重量表 **表 7-16**

规 格	重 量（kg）	规 格	重 量（kg）
$\phi4$	0.099	$\phi16$	1.587
$\phi5$	0.154	$\phi18$	1.998
$\phi6$	0.222	$\phi20$	2.47
$\phi8$	0.395	$\phi22$	2.984
$\phi10$	0.617	$\phi25$	3.853
$\phi12$	0.888	$\phi32$	6.313
$\phi14$	1.21		

【例 7-6】 某建筑物有 5 根钢筋混凝土梁 L_1，配筋如下图所示，③、④号钢筋为 45°

弯起，⑤号箍筋按抗震结构要求，钢筋保护层厚度取 25mm。试计算各号钢筋下料长度及 5 根梁钢筋总重量。

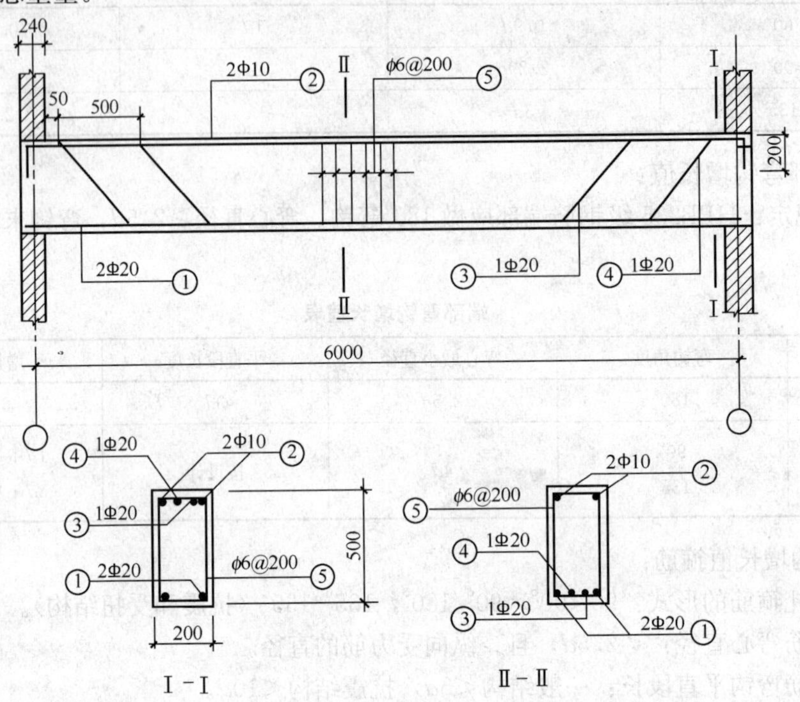

图 7-42　梁 L_1 平面图和剖面图

【解】

① 号钢筋下料长度：6240－2×25＝6190mm

每根钢筋重量＝2.47×6.19＝15.29kg

② 号钢筋

外包尺寸：6240－2×25＝6190mm

下料长度：6190＋2×6.25×10＝6315mm

每根重量＝0.617×6.315＝3.90kg

③号钢筋

外包尺寸分段计算

端部平直部分长度：240＋50＋500－25＝765mm

斜段长：(500－2×25) ×1.414＝636mm

中间直部分长度：6240－2 (240＋50＋500＋450) ＝3760mm

端部竖直外包长：200×2＝400mm

下料长度＝外包尺寸－量度差值

$$2\times(765+636)+3760+400-2\times 2d-4\times 0.5d$$

$$=6562+400-2\times 2\times 20-4\times 0.5\times 20$$

$$=6842\text{mm}$$

每根重量＝2.47×6.842＝16.90kg

同理④号钢筋下料长度亦为6842mm，每根重量电为16.90kg

⑤号箍筋

$$箍筋根数 N=(6000+240-2\times50)\div200+1=32 根$$

外包尺寸：宽度 $200-2\times25+2\times6=162$mm

高度 $500-2\times25+2\times6=462$mm

箍筋形式取135°/135°形式，D 取25mm，平直部分长度取 $10d$，则两个135°弯钩增长值为：

$$\left[\frac{3}{8}\pi(D+d)-\left(\frac{D}{2}+d\right)+10d\right]\times2=\left[\frac{3}{8}\pi(25+6)-\left(\frac{25}{2}+6\right)+10\times6\right]\times2$$

$$=156\text{mm}$$

箍筋有三处90°弯折量度差值为：$3\times2d=3\times2\times6=36$mm

⑤ 号箍筋下料长度：

$$2\times(162+462)+156-36=1368\text{mm}$$

每根重量＝0.222×1.368＝0.30kg

以上箍筋长度的计算比较繁琐。实践中为了简化计算，箍筋长度也可近似地按梁断面外围周长计算。

5根梁钢筋总重量＝[15.29×2＋3.90×2＋16.90＋16.90＋0.30×32]×5＝408.9kg

第八节　构件运输工程

一、说明

定额中包括预制混凝土构件运输和金属构件运输2部分共10个子目。适用于由构件堆放场地或构件厂至施工现场的运输。定额按构件的类型和外形尺寸划分。预制混凝土构件分为三类（见表7-17）；金属构件分为二类（见表7-18）。

预制混凝土构件分类表　　表7-17

类别	项　目
一类构件	天窗架、挡风架、侧板、端壁板、天窗上下档、门框及单件体积在0.1m³以内小型构件，6m以内的桩、空心板、实心板、屋面板、工业楼板、吊车梁、进深梁、基础梁、楼梯休息板、楼梯段、阳台板
二类构件	6m以外的梁、板、柱、桩，各类屋架、桁架、托架
三类构件	装配式内、外墙板、大楼板、厕所板、隔墙板（高层用）

金属构件分类表　　表7-18

类别	项　目
一类构件	钢柱、屋架、托架梁、防风桁架
二类构件	吊车梁、制动梁、型钢檩条、钢支撑、上下档、钢拉杆栏杆、盖板、垃圾出灰门、倒灰门、篦子、爬梯、零星构件平台、操作台、走道休息台、扶梯、钢吊车梯台、烟囱紧固箍、墙架、挡风架、天窗架、组合檩条、轻型屋架、滚动支架、悬挂支架、管道支架

注：构件运输工作内容包括设置一般支架（垫木）装车、绑扎、运输及按安装要求支垫、卸车、堆放等；不包括改装车辆、搭设特殊专用支架以及运输线上道路、桥梁、涵洞及管线、路灯拆迁等费用，发生时另行计算。

二、工程量计算规则

预制混凝土构件运输按构件设计图示尺寸以立方米计算。金属构件运输以吨计算。

第九节 构件制作安装工程

一、说明

1. 定额中包括金属构件安装和预制混凝土构件安装 2 部分共 54 个子目。

2. 定额中的构件以工厂制品为准编制，未包括加工厂至安装地点的运输，发生时应执行构件运输相应子目。

3. 金属构件安装包括起重机械，混凝土构件安装的起重机械综合在大型垂直运输机械使用费中。

4. 钢结构屋架需在现场拼装时，另执行钢屋架拼装相应定额子目。

5. 金属构件安装，未包括螺栓本身价格，其材料费另行计算。

6. 单榀重量在 0.5 吨以下的钢屋架，执行轻钢屋架相应定额子目。

7. 金属构件项目中，未包括焊缝无损探伤、探伤固定架制作和被检工件的退磁，所发生的费用应另行计算。

8. 金属构件安装未包括搭设的临时脚手架，发生时单独计算。

9. 预制混凝土构件体积小于 $0.1m^3$ 时，执行小型构件相应定额子目。

10. 预制混凝土构件的接头灌缝执行钢筋混凝土工程的相应定额子目。

二、工程量计算规则

金属构件按图示主材重量以吨计算。预制混凝土构件按设计图示尺寸以立方米计算。

三、注意事项

（一）钢筋混凝土构件的制作

1. 制作价的确定。钢筋混凝土构件制作划分工厂制作和现场制作两种。因制作方式的不同，带来了产品价格的确定的原则的差异和运输费用的不同。工厂制作的价格包括成本、利润、税金，按照工程计价规定，工厂制作的价格可以作为承包商的成本，在此基础上再计取利润、税金。现场制作的价格定额中只包括直接费。

2. 制作的范围。现场制作主要适用于单层工业厂房中的构件。如柱（矩形柱、工字型柱、空腹双肢柱、空心柱等）、梁（吊车梁、托架梁、基础梁等）、屋架等。除上述构件外一般由工厂制作，如圆孔板、桩、框架柱梁等。从目前情况看，受施工场地的局限、环境的要求、工厂化的发展，现场制作越来越少。

3. 工程量按实际体积计算。

（二）金属构件的制作

1. 制作价的确定。金属构件制作划分工厂制作和现场制作（含企业附属加工厂）两种。

2. 工程量按设计图纸的全部钢材几何尺寸以吨计算，不包括电焊条重量。计算钢板重量时，多边形按最长边外接矩形面积计算，均不扣除孔眼、切肢、切边的重量。

其中：型钢及钢管杆(部)件净重＝杆(部)件设计长×每米长理论重量

钢板部件净重＝钢板面积×每平方米理论重量

第十节　屋　面　工　程

一、说明

（一）定额中包括：屋面保温，屋面找坡、找平及面层，坡屋面，屋面排水 4 部分共 73 个子目。

（二）保温按不同材质均单独列项，使用时按设计要求分别列项计算。

（三）种植屋面只包括 40mm 厚 C_{20} 细石混凝土及细石混凝土以上部分，以下部分执行屋面及防水工程相应的定额子目。种植屋面矮墙和走道板分别按砌体和混凝土相应的定额子目执行。

（四）平屋面抹水泥砂浆找平层执行防水工程相应子目。

二、工程量计算规则

1. 屋面保温按设计图示面积乘以厚度以立方米计算。

2. 屋面找坡按图示水平投影面积乘以平均厚度以立方米计算。

3. 屋面面层按图示尺寸以平方米计算，不扣除 0.3m^2 以内孔洞及烟囱、风帽底座、风道、小气窗所占的面积，小气窗出檐部分也不增加。

4. 塑料、玻璃钢水落管按图示尺寸以米计算，水落管长度由檐沟底面（无檐沟的由水斗下口）算至室外设计地坪高度。

5. 镀锌铁皮零件按展开面积以平方米计算，设计无规定时按表 7-19 计算。

6. 檐沟、天沟按图示展开面积以平方米计算。

7. 各种水斗、弯头、雨水口按不同材质分别以套计算。

镀锌铁皮零件单位面积计算表　　表 7-19

名　称	单位	水落管沿沟	天沟	斜沟	烟囱泛水	白铁滴水	天窗窗台泛水	天窗侧面泛水	白铁滴水沿头	下水口	水斗	透气管泛水	漏斗
		米								个			
白铁排水	m^2	0.30	1.30	0.90	0.80	0.11	0.50	0.70	0.24	0.45	0.40	0.22	0.16

【例 7-7】 某平屋顶屋面做法如图 7-43 所示，试计算屋面工程量。

【解】　（1）水泥焦渣找坡层

其最低处 30mm，最高处为：$\frac{15000}{2}\times2\%+30=180$mm

则其平均厚度为 $\frac{30+180}{2}=105$mm

水泥焦渣的铺设面积为：15×45＝675m^2

则其工程量为 0.105×675＝70.88m^3

（2）加气混凝土保温层其厚为 250mm，则其工程量为＝0.25×675＝168.75m^3

（3）砂浆找平层：分平面和立面面积，套定额单价不同。

平面面积＝15×45＝675m^2

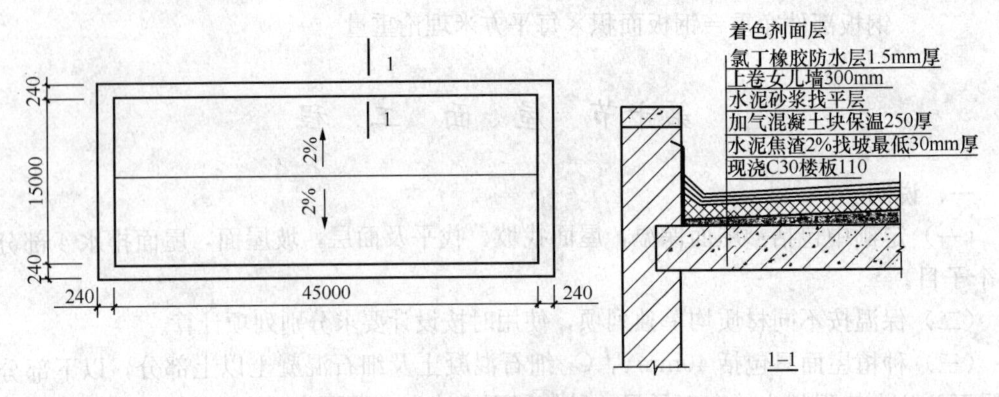

图 7-43 屋顶平面图和剖面图

立面面积＝(15＋45)×2×0.3＝36m²

(4) 氯丁橡胶防水层＝675＋(15＋45)×2×0.3＝711m²

(5) 着色剂面层：同氯丁橡胶防水层的工程量＝711m²

第十一节 防 水 工 程

一、说明

1. 定额中包括：找平层及保护层，地下室基础防水，厨房、卫生间楼地面防水，屋面防水，止水带 5 节共 151 个子目。

2. 定额中卷材防水是按单层编制的，设计双层卷材时分别执行相应定额子目。

3. 墙体防水不分内外，均执行立面防水的相应定额子目。

4. 涂料防水不分涂刷遍数，均以厚度为准。

5. 防水子目中的找平层与保护层分别执行相应定额子目。

6. 聚酯布、玻璃布、化纤布定额是按单层编制，设计为双层时，工程量乘以 2。

7. 屋面隔气层执行防水层相应定额子目。

二、工程量计算规则

1. 水泥砂浆找平层按图示尺寸以平方米计算。

2. 楼地面及地下室平面防水防潮按图示尺寸的水平投影面积以平方米计算，扣除 0.3m² 以上孔洞及凸出地面的构筑物、设备基础等所占面积，不扣除柱、垛、间壁墙所占面积；地面与墙面连接部分，墙面有防水时，卷起部分不再计算，墙面无防水时卷起部分按图示面积并入平面工程量内，图纸未标注时，卷起高度按 250mm 计算；地下室底板下凸出部分，按展开面积并入平面工程量内。

3. 墙体防水按其图示长度乘以高度以平方米计算，柱及墙垛的侧面面积并入墙体工程量内；扣除 0.3m² 以上孔洞所占的面积。

4. 屋面防水按图示尺寸以平方米计算，扣除 0.3m² 以上孔洞所占面积；女儿墙、伸缩缝、天窗等处的卷起部分，按图示面积并入屋面工程量内，图纸未标注时，卷起高度按 250mm 计算。

5. 防水布按设计图示尺寸以平方米计算。

6. 豆石混凝土保护层按图示水平投影面积以平方米计算；水泥聚苯板、水泥砂浆、聚苯乙烯泡沫塑料均按图示尺寸以平方米计算。

7. 止水带分材质按图示长度以米计算。

8. 挑檐、雨罩按图示尺寸以平方米计算。

9. 蓄水池、游泳池等构筑物按图示尺寸以平方米计算。

【例 7-8】 如图 7-44 所示，求地面二毡三油的工程量。

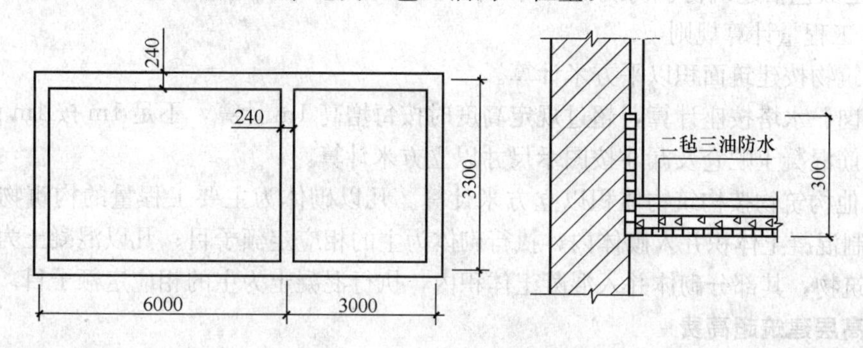

图 7-44　某建筑工程防水示意图

【解】 防水工程量＝(6.0－0.24)×(3.3－0.24)＋(3.0－0.24)×(3.3－0.24)＋0.3×[(6.0＋3.0－0.48)×2＋(3.3－0.24)×4]

＝17.63＋8.45＋0.3×(17.04＋2.24)

＝34.86m^2

第十二节　其　他　工　程

一、脚手架工程

（一）说明

1. 定额中包括脚手架和井架共 22 个子目。

2. 定额分结构类型和檐高编制的脚手架子目，综合了工程结构施工期及外墙装修脚手架的搭拆及租赁费用，不包括设备安装的脚手架。

3. 单层建筑脚手架，檐高在 6m 以下，执行檐高 6m 以下脚手架；檐高超过 6m 时，超过的部分执行檐高 6m 以上每增 1m 子目，不足 1m 按 1m 计算。单层建筑内带有部分楼层时，其面积并入主体建筑面积内。多层或高层建筑的局部层高超过 6m 时，按其局部结构水平投影面积执行每增 1m 子目。

4. 构筑物的脚手架，执行相应单项脚手架定额子目。

（二）工程量计算规则

1. 单层建筑、混合结构、全现浇结构、框架结构工程，均按建筑面积以平方米计算，不计算建筑面积的架空层，设备管道层、人防通道，其脚手架费用按围护结构水平投影面积，并入主体结构工程量中。

2. 双排脚手架按构筑物的垂直投影面积计算。

3. 满堂脚手架按构筑物的水平投影面积计算。

4. 烟囱、水塔、筒仓脚手架及外井架分高度以座计算。

5. 围墙脚手架按设计图示长度以米计算。

二、大型垂直运输机械使用费

（一）说明

定额包括建筑物、构筑物 2 部分共 24 个子目。单独地下工程按檐高 25m 以下相应项目执行。定额包括建筑物、构筑物结构工程的大型垂直运输机械使用费。

（二）工程量计算规则

1. 建筑物按建筑面积以平方米计算。

2. 烟囱、水塔按座计算，超过规定高度时按每增高 1m 计算，不足 1m 按 1m 计算。

3. 钢筋混凝土贮仓及漏斗按图示尺寸以立方米计算。

4. 其他构筑物按构筑物体积以立方米计算。凡以砌体为主要工程量的构筑物，其部分现、预制混凝土体积并入砌体内，执行砌体为主的相应定额子目；凡以混凝土为主要工程量的构筑物，其部分砌体并入混凝土体积内，执行混凝土为主的相应定额子目。

三、高层建筑超高费

（一）说明

定额中包括高层建筑超高费共 4 个子目。建筑工程高层建筑超高费是按整体工程综合编制的。高层建筑超高费综合了施工降效、通信联络等费用。

（二）工程量计算规则

高层建筑超高费按建筑面积以平方米计算。

（三）计取条件

定额的工效是按檐高 25m 以下为准编制的。当檐高超过 25m 时才计算高层建筑超高费。

四、工程水电费

（一）说明

定额中包括：住宅建筑工程、公共建筑工程、其他工程 3 部分共 18 个子目。单独地下工程执行檐高 25m 以内相应项目。单项工程中使用功能、结构类型不同时，应按各自建筑面积分别计算。住宅、宿舍、公寓、别墅执行住宅工程相应项目。烟囱、水塔、贮水（油）池、窨井，室外道路、沟道、围墙等，均执行构筑物相应项目。

（二）工程量计算规则

1. 建筑工程按建筑面积以平方米计算。

2. 构筑物工程按构筑物体积以立方米计算。凡以砌体为主要工程量的构筑物，其部分现、预制混凝土体积并入砌体内，执行砌体为主的相应定额子目；凡以混凝土为主要工程量的构筑物，其部分砌体并入混凝土体积内，执行混凝土为主的相应定额子目。

（三）工程水电费的结算办法

1. 预算定额中，水费单价 3.20 元/t，电费单价 0.54 元/度。

2. 在工程施工过程中，施工单位应安装水表、电表，作为水、电费结算依据。

3. 实际水电费单价超过定额规定的价格由甲方负担。

复习题（见光盘）

第八章　装饰工程工程量计算

本章学习重点：装饰工程各分部工程的工程量计算。

本章学习要求：掌握楼地面工程、天棚工程、墙面工程、门窗工程、脚手架工程的工程量计算规则；熟悉隔墙隔断和保温、独立柱、栏杆栏板和扶手、装饰线条、变形缝、建筑配件、油漆工程、垂直运输及高层建筑超高费的计算；熟悉各分部工程计算的注意事项；了解各分部工程的工程内容。

现以2001年北京市建设工程预算定额（第二册 装饰工程）为例，介绍如何计算装饰工程工程量。

第一节　楼地面工程

一、说明

1. 本节包括：垫层，找平层，面层，楼梯，踢脚，台阶、坡道、散水6部分共215个子目。

2. 整体面层的水泥砂浆、混凝土、细石混凝土楼地面，定额中均包括一次抹光的工料费用。

3. 楼梯装饰定额中，包括了踏步、休息平台和楼梯踢脚线，但不包括楼梯底面抹灰。水泥面楼梯包括金刚砂防滑条。

4. 耐酸瓷板地面定额中，包括找平层和结合层。

5. 台阶、坡道、散水定额中，仅包括面层的工料费用，不包括垫层，其垫层按图示作法执行相应子目。

6. 台阶的平台宽度（外墙面至最高一级台阶外边线）在2.5m以内时，平台执行台阶子目；超过2.5m时，平台执行楼地面相应子目。

二、工程量计算规则

1. 垫层按室内房间净面积乘以厚度以立方米计算。应扣除沟道、设备基础等所占的体积；不扣除柱垛、间壁墙和附墙烟囱、风道及面积在0.3m^2以内孔洞所占体积，但门洞口、暖气槽和壁龛的开口部分所占的垫层体积也不增加。

2. 找平层、整体面层按房间净面积以平方米计算，不扣除墙垛、柱、间壁墙及面积在0.3m^2以内孔洞所占面积，但门洞口、暖气槽的面积也不增加。地垄墙上的找平层按地垄墙长度乘以地垄墙宽度以平方米计算。

3. 块料面层、木地板、活动地板，按图示尺寸以平方米计算。扣除柱子所占的面积，门洞口、暖气槽和壁龛的开口部分工程量并入相应面层内。

4. 塑胶地面、塑胶球场按图示尺寸以平方米计算。

5. 铝合金道牙按图示尺寸以米计算。

6. 楼梯各种面层（包括踏步、平台）按楼梯间净水平投影面积以平方米计算。楼梯井宽在 500mm 以内者不予扣除，超过 500mm 者应扣除其面积。

7. 楼梯满铺地毯按楼梯间净水平投影面积计算；不满铺地毯按实铺地毯的展开面积计算。

8. 波打线按图示尺寸以平方米计算。

9. 踢脚

(1) 水泥、现制磨石踢脚线，按房间周长以米计算，不扣除门洞口所占长度，但门侧边、墙垛及附墙烟囱侧边的工程量也不增加。

(2) 块料踢脚、木踢脚按图示长度以米计算。

10. 台阶、坡道按图示水平投影面积以平方米计算。

11. 散水按图示尺寸以平方米计算。

12. 防滑条、地毯压棍和地毯压板按图示尺寸以米计算。

【例 8-1】 某二层砖混结构宿舍楼，首层平面图见图 8-1，已知内外墙厚度均为 240mm，二层以上平面图除 M2 的位置为 C2 外，其他均与首层平面图相同，层高均为 3.00m，楼板厚度为 130mm，女儿墙顶标高 6.60m，室外地坪为−0.50m，混凝土地面垫层厚度为 60mm，楼梯井宽度为 400mm。试计算以下装饰工程的工程量：(1) 混凝土地面垫层；(2) 地面 20mm 厚 1∶3 水泥砂浆找平层；(3) 地面 20mm 厚 1∶2.5 水泥砂浆面层；(4) 水泥面楼梯；(5) 水泥踢脚；(6) 混凝土台阶；(7) 混凝土散水。

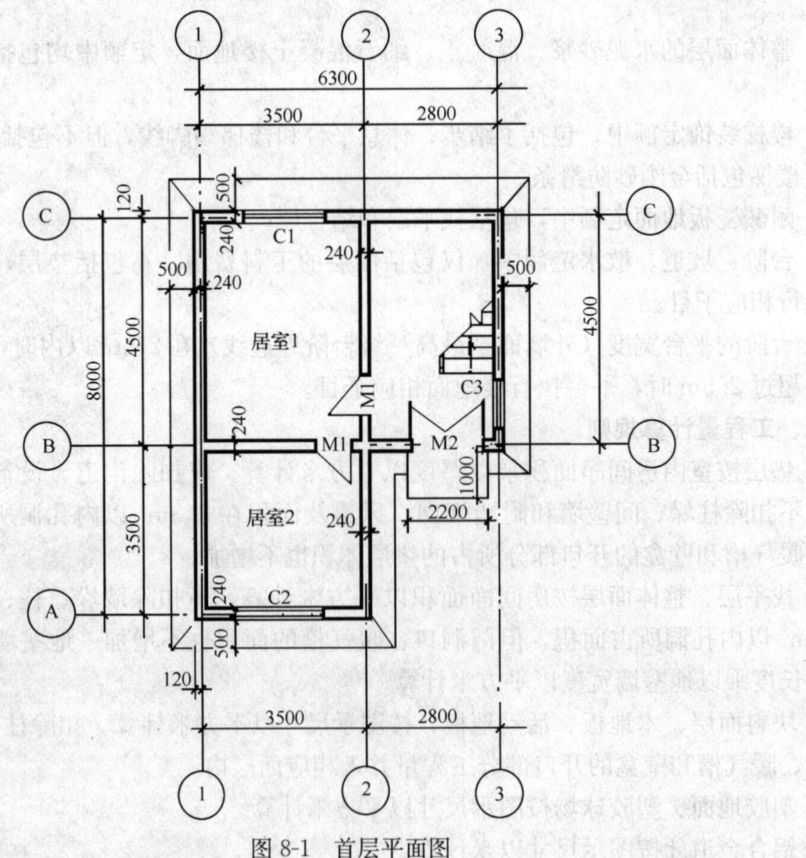

图 8-1 首层平面图

【解】

(1) 混凝土地面垫层

一层建筑面积 S_i = [(8.0 + 0.24) × (3.5 + 0.24) + 2.8 × (4.5 + 0.24)] = 44.09m²

一层外墙中心线 $L_中$ = (6.3 + 8.0) × 2 = 28.6m

一层内墙净长线 $L_内$ = (4.5 − 0.12 × 2) + (3.5 − 2 × 0.12) = 7.52m

一层主墙间净面积 S_{ij} = S_i − ($L_中$ × 外墙厚 + $L_内$ × 内墙厚)

= 44.09 − (28.6 × 0.24 + 7.52 × 0.24)

= 35.42m²

混凝土地面垫层工程量 = 一层室内主墙间净面积 × 垫层厚度

= 35.42 × 0.06

= 2.13m³

(2)地面20mm厚1∶3水泥砂浆找平层 = 一层室内主墙间净面积 = 35.42m²

(3)地面20mm厚1∶2.5水泥砂浆面层 = 一层室内主墙间净面积 = 35.42m²

(4)水泥面楼梯 = 楼梯间净水平投影面积 = 楼梯间净长 × 楼梯间净宽

= (4.5 − 0.12 × 2) × (2.8 − 0.12 × 2)

= 10.91m²

(5) 水泥踢脚

因楼梯装饰定额中，已包括了踏步、休息平台和楼梯踢脚线，所以只需计算居室和首层楼梯间的踢脚即可

居室1墙内边线长 = (4.5 − 0.12 × 2) × 2 + (3.5 − 0.12 × 2) × 2 = 15.04m

居室2墙内边线长 = (3.5 − 0.12 × 2) × 2 + (3.5 − 0.12 × 2) × 2 = 13.04m

居室1踢脚线长 = 居室1墙内边线长 × 层数 = 15.04 × 2 = 30.08m

居室2踢脚线长 = 居室2墙内边线长 × 层数 = 13.04 × 2 = 26.08m

首层楼梯间的踢脚 = (4.5 − 0.12 × 2) × 2 + (2.8 − 0.12 × 2) × 2 = 13.64m

居室水泥砂浆踢脚线总长 = 30.08 + 26.08 + 13.64 = 69.8m

(6) 混凝土台阶 = 按图示水平投影面积计算 = 2.2 × 1 = 2.2m²

(7) 混凝土散水

= [(外墙外边线长 + 外墙外边线宽) × 2 − 台阶长] × 散水宽 + (阳角数 − 阴角数) × 0.5²

= [(8 + 0.12 × 2 + 6.3 + 0.12 × 2) × 2 − 2.2] × 0.5 + (5 − 1) × 0.5²

= 28.36m²

第二节 天 棚 工 程

一、说明

1. 本节包括：天棚龙骨、面层、面层装饰、其他项目4部分共148个子目。

2. 定额项目中龙骨与面层分别列项，使用时应根据不同的龙骨与面层分别执行相应的定额子目。其他项目中吊顶的定额子目中综合了龙骨与面层，不得另行计算。

3. 天棚高低错台立面需要封板龙骨的，执行立面封板龙骨相应子目。

4. 天棚面层装饰

(1) 天棚面板定额是按单层编制的，若设计要求双层面板时，其工程量乘以2。

(2) 预制板的抹灰、满刮腻子、粘贴面层均包括预制板勾缝，不得另行计算。

(3) 檐口天棚的抹灰，并入相应的天棚抹灰工程量内计算。

(4) 天棚涂料和粘贴面层不包括满刮腻子，如需满刮腻子，执行满刮腻子相应子目。

5. 其他项目

(1) 金属格栅式吸声板吊顶按组装形式分三角形和六角形分别列项，其中吸声体支架中距定额是按700mm编制的，若与设计不同时，可根据设计要求进行调整。

(2) 天棚保温吸音层定额是按50mm厚编制的，若与设计不同时可进行材料换算，人工不作调整。

(3) 藻井灯带定额中，不包括灯带挑出部分端头的木装饰线，设计要求木装饰线时，执行装饰线条相应子目。

二、工程量计算规则

1. 天棚龙骨

(1) 天棚各种吊顶龙骨按房间净面积以平方米计算，不扣除检查口、附墙烟囱、柱、垛、嵌顶灯槽和与天棚相连的窗帘盒所占的面积。

(2) 拱型吊顶和穹顶吊顶龙骨按拱顶和穹顶部分的水平投影面积以平方米计算。

(3) 高低错台龙骨高处与低处的龙骨合并计算，低处挑出部分的龙骨按挑出部分的水平投影面积以平方米计算，并入天棚龙骨的工程量中。立面封板龙骨按立面封板的垂直投影面积以平方米计算。

(4) 嵌顶灯槽附加龙骨按个计算；嵌顶灯带附加龙骨按米计算。

2. 天棚面层

(1) 天棚面层按房间净面积以平方米计算，不扣除检查口、附墙烟囱、附墙垛和管道所占的面积，但应扣除独立柱、与天棚相连的窗帘盒、0.3m^{2}以上洞口及嵌顶灯槽所占的面积。

(2) 天棚中的折线、错台、拱型、穹顶、高低灯槽等其他艺术形式的天棚面积均按图示展开面积以平方米计算。

3. 天棚面层装饰

(1) 天棚抹灰面积按房间净面积以平方米计算，不扣除柱、垛、附墙烟囱、检查口和管道所占的面积；带梁的天棚，梁两侧抹灰面积并入天棚抹灰工程量内。

(2) 密肋梁和井字梁天棚抹灰按图示展开面积以平方米计算。

(3) 天棚中的折线、灯槽线、圆弧型线、拱型线等艺术形式的抹灰按图示展开面积以平方米计算。

(4) 天棚涂料、油漆、裱糊按饰面基层相应的工程量以平方米计算。

4. 其他项目

(1) 金属格栅吊顶、硬木格栅吊顶等均根据天棚图示尺寸按水平投影面积以平方米计算。

(2) 玻璃采光天棚根据玻璃天棚面层的图示尺寸按展开面积以平方米计算。

(3) 天棚吸声保温层按吸声保温天棚的图示尺寸以平方米计算。

(4) 藻井灯带按灯带外边线的设计尺寸以米计算。

【例 8-2】 求例 8-1 中混凝土天棚抹灰的工程量。

【解】

一层天棚抹灰的工程量=居室主墙间净面积

=(3.5−0.12×2)×(4.5−0.12×2)+(3.5−0.12×2)×(3.5−0.12×2)

=13.89+10.63

=24.52m^2

二层天棚抹灰的工程量=居室主墙间净面积+楼梯间净面积=24.52+10.91=35.42m^2

混凝土天棚抹灰的工程量=一层天棚抹灰的工程量+二层天棚抹灰的工程量

=24.52+35.42=59.94m^2

第三节　墙　面　工　程

墙面装修包括：外墙装修、内墙装修、零星项目三部分共 229 子目。

一、说明

1. 外墙装修中的装饰线只编制了一般抹灰和装饰抹灰的项目，设计要求其他做法装饰线时，执行装饰线条的相应定额子目。

2. 外墙涂料按底层抹灰和涂料面层分别列项编制，执行相应定额子目。

3. 干挂块料按干挂龙骨和块料面层分别列项编制，执行相应定额子目。

4. 外墙石材装修和幕墙定额子目中均不包括保温材料，设计要求时，执行隔墙、隔断和保温的相应定额子目。

5. 外墙裙和女儿墙内、外侧装修均执行外墙装修相应定额子目。

6. 隐框玻璃幕墙按成品安装编制；明框玻璃幕墙按成品玻璃现场安装编制。

7. 内墙装修中的涂料、裱糊和块料是按底层抹灰和面层装修分别列项编制的，执行相应定额子目。

8. 内墙裱糊面层项目中的分格带衬裱糊子目，适用于方格和条格裱糊，包括装饰分格条和胶合板底衬。

9. 整体裱锦缎定额子目中包括防潮底漆。

10. 内护墙定额中，龙骨、衬板、面层分别列项编制，执行相应定额子目。

11. 雨罩、挑檐顶面做法，执行屋面工程的相应项目；底面装修执行天棚相应项目，阳台底面装修执行天棚相应项目。

12. 阳台栏板、斜挑檐执行外墙装修相应定额子目。

13. 雨罩、挑檐立板高度在 500mm 以内时，檐口执行零星项目的相应定额子目；高度超过 500mm 时，执行外墙装修的相应定额子目。

14. 天沟的檐口遮阳板、池槽、花池、花台等均执行零星项目的相应定额子目。

二、工程量计算规则

1. 外墙装修

(1) 外墙抹灰面积按外墙面的垂直投影面积以平方米计算。应扣除门窗框外围、装饰线和大于0.3m² 孔洞所占面积，洞口侧壁面积不另增加。附墙垛、梁、柱侧面抹灰面积并入外墙面抹灰工程量内计算。

(2) 装饰线和门窗套按展开面积以平方米计算。

(3) 涂料、面层、块料面层、干挂龙骨、玻璃幕墙均按图示尺寸以平方米计算。

(4) 特殊图案按实际设计部位的图示尺寸以平方米计算。

(5) 窗眉、腰线、窗台、门窗套、门窗口侧壁、压顶及零星项目的涂料及块料工程量均按图示展开面积以平方米计算。

2. 内墙装修

(1) 内墙抹灰

1) 内墙抹灰按内墙间图示净长线乘以高度以平方米计算。扣除门窗框外围和大于0.3m² 的孔洞所占的面积，但门窗洞口、孔洞的侧壁和顶面面积不增加；不扣除踢脚线、装饰线、挂镜线及0.3m² 以内的孔洞和墙与构件交接处的面积；附墙柱的侧面抹灰并入内墙抹灰工程量计算。内墙高度按室内楼（地）面算至天棚底面；有吊顶的，其高度按室内楼（地）面算至吊顶底面，另加200mm计算。

2) 内窗台抹灰按窗台水平投影面积以平方米计算。

(2) 内墙饰面

1) 涂料、裱糊工程量均按图示尺寸以平方米计算。

2) 墙面镶贴面砖、石材及各种装饰板面层，均按图示尺寸以平方米计算。

3) 墙面的木装修及各种带龙骨的装饰板、软包装修均分龙骨、衬板、面层按图示尺寸以平方米计算。

3. 零星装修：按展开面积以平方米计算。

【例 8-3】 在例8-1中门窗框外围尺寸及材料见下表，楼板和屋面板均为混凝土现浇板，厚度为130mm。试求：(1) 水泥砂浆外墙抹灰工程量；(2) 水泥砂浆内墙抹灰工程量。

门窗框尺寸表 **表 8-1**

门窗代号	尺 寸 (mm)	备 注
C1	1800×1800	松木
C2	1750×1800	铝合金
C3	1200×1200	松木
M1	1000×1960	纤维板
M2	2000×2400	铝合金

【解】 门窗框外围面积：

木窗 C1：1.8×1.8×2=6.48m²

木窗 C3：1.2×1.2×2=2.88m²

木窗工程量 C1+C3=6.48+2.88=9.36m²

铝合金窗 C2：1.75×1.8×（2+1）＝ 9.45m²

纤维板门 M1：(1.0×1.96) ×2×2=7.84m²

铝合金门 M2：2.0×2.4=4.8m²

(1) 水泥砂浆外墙抹灰

外墙外边线长＝(6.3＋0.12×2＋8.0＋0.12×2)×2＝29.56m

外墙抹灰高度＝6.6＋0.5＝7.1m(包括±0.000至室外地坪间的抹灰)

外墙门窗面积＝C1＋C2＋C3＋M2＝6.48＋9.45＋2.88＋4.8 ＝23.61m^2

水泥砂浆外墙抹灰工程量＝外墙外边线长×外墙抹灰高度－外墙门窗面积

＝29.56×7.1－23.61

＝186.27m^2

(2) 水泥砂浆内墙抹灰

室内四周墙体内边线长＝居室1墙内边线长＋居室2墙内边线长＋楼梯间墙内边线长

＝[(4.5－0.12×2)×2＋(3.5－0.12×2)×2]＋

[(3.5－0.12×2)×2＋(3.5－0.12×2)×2]＋

[(4.5－0.12×2)×2＋(2.8－0.12×2)×2]

＝15.04＋13.04＋13.64＝41.72m

每层内墙抹灰高度＝3－0.13＝2.87m

水泥砂浆内墙抹灰＝室内四周墙体内边线长×每层内墙抹灰高度×层数

－内墙门窗面积

＝41.72×2.87×2－M1－M2－C1－C2－C3

＝239.47－7.84×2－4.8－6.48－9.45－2.88

＝200.18m^2

第四节　隔墙、隔断和保温

本节包括：龙骨式隔墙、板式隔墙、隔断、墙体保温4部分共67子目。

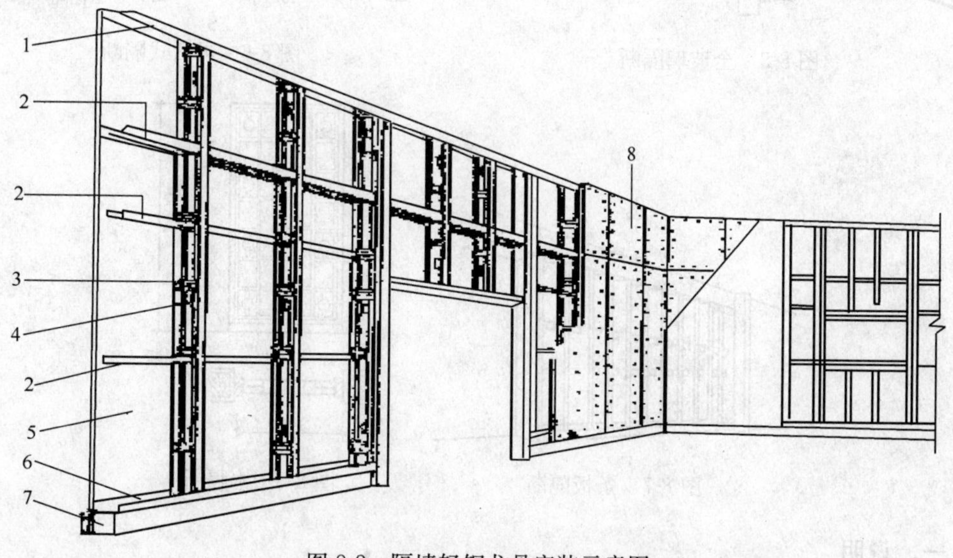

图8-2　隔墙轻钢龙骨安装示意图

1—沿顶龙骨；2—横撑龙骨；3—支撑长；4—贯通孔；5—石膏板；

6—沿地龙骨；7—混凝土踢脚座；8—石膏板

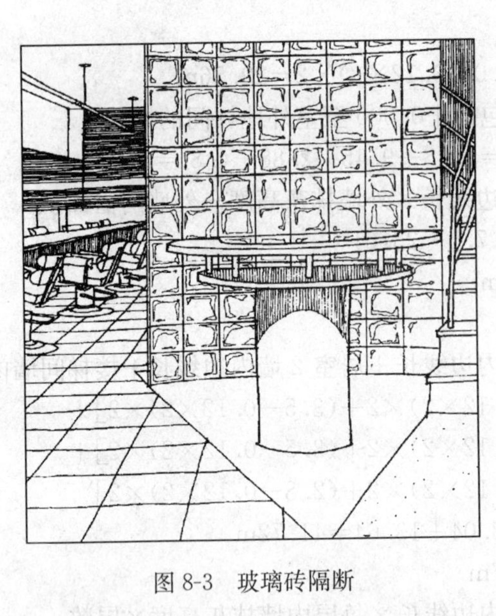

图 8-3　玻璃砖隔断

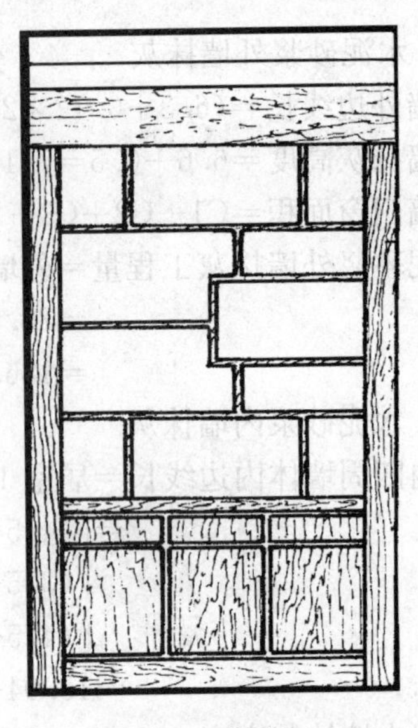

图 8-4　博古架

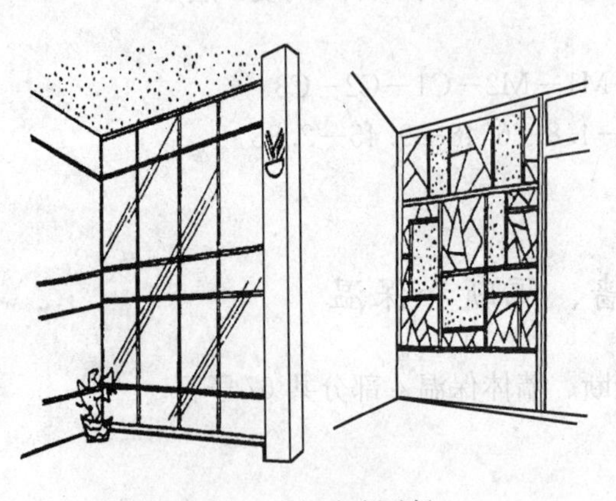

图 8-5　全玻璃隔断

图 8-6　灵活式隔断

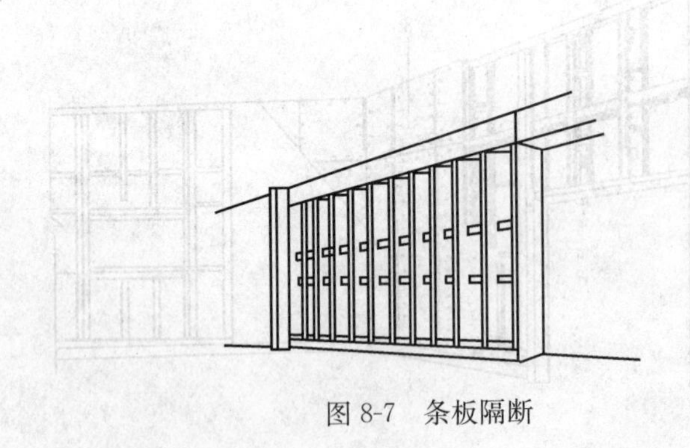

图 8-7　条板隔断

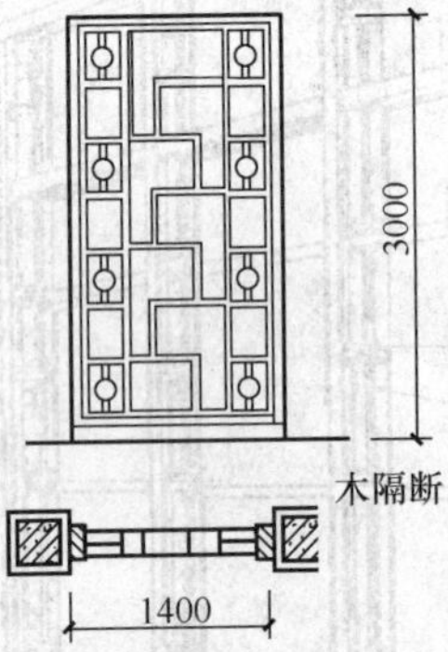

3000

木隔断

1400

图 8-8　木隔断

一、说明

1. 墙体保温定额项目适用于隔墙、外墙内保温、外墙外保温及各种有保温要求的项目。

2. 隔墙墙基（砖地垄带或混凝土地垄带）已包括在定额子目内。

3. 隔墙板子目中不包括保温层，如设计要求，执行墙体保温相应定额子目。

4. 隔断的门扇面积并入隔断面积内计算，执行隔断的相应定额子目。

5. 隔墙板是按单面编制的，双面板工程量乘 2 计算。

6. 钢板网不包括抹灰，另执行墙面抹灰相应定额子目。

二、工程量计算规则

1. 隔墙的龙骨、隔墙板、板式隔墙及墙体保温均按墙体图示的净长乘以净高以平方米计算，扣除门、窗框外围面积及 0.3m² 以上的孔洞面积。

2. 隔断按图示框外围尺寸以平方米计算。

3. 半玻璃隔断的工程量按四周边框的外边线图示尺寸以平方米计算。

4. 博古架墙按图示外围垂直投影面积以平方米计算。

第五节　独　立　柱

本节包括：抹灰、块料、裱糊、装饰板、柱基座和柱帽、成品装饰柱等 6 部分 122 个子目。

一、工程量计算规则

1. 独立柱的抹灰不分柱身、柱帽、柱基座，均按结构周长乘以相应高度以平方米计算。

2. 砖柱勾缝按图示展开面积以平方米计算。

3. 独立柱的龙骨、衬板、块料及饰面板分别按照饰面外围尺寸乘以高度以平方米计算。

4. 柱基座按座计算，柱帽按个计算。

5. 成品装饰柱按根计算。

二、注意事项

1. 独立柱装修中，单独列出柱基和柱帽的项目，应按柱身、柱帽、柱基分别列项，执行相应定额子目。

2. 装饰板项目是按龙骨、衬板、饰面板分别列项，执行相应定额子目。

3. 饰面板子目适用于安装在龙骨上及粘贴在衬板、抹灰面上。

4. 独立柱面层涂料执行墙面工程相应子目。

第六节　门　窗　工　程

本节包括：木门窗、铝合金门窗、塑钢门窗、彩板组角门窗、不锈钢门、厂库房大门、特种门、特殊五金和其他项目共 8 部分 149 个子目。

一、说明

1. 门窗定额子目均按工厂制作，现场安装编制，执行中不得调整。

2. 定额中的木门窗及厂库房大门不包括安装玻璃，设计要求安装玻璃，执行门窗玻璃的相应定额子目。

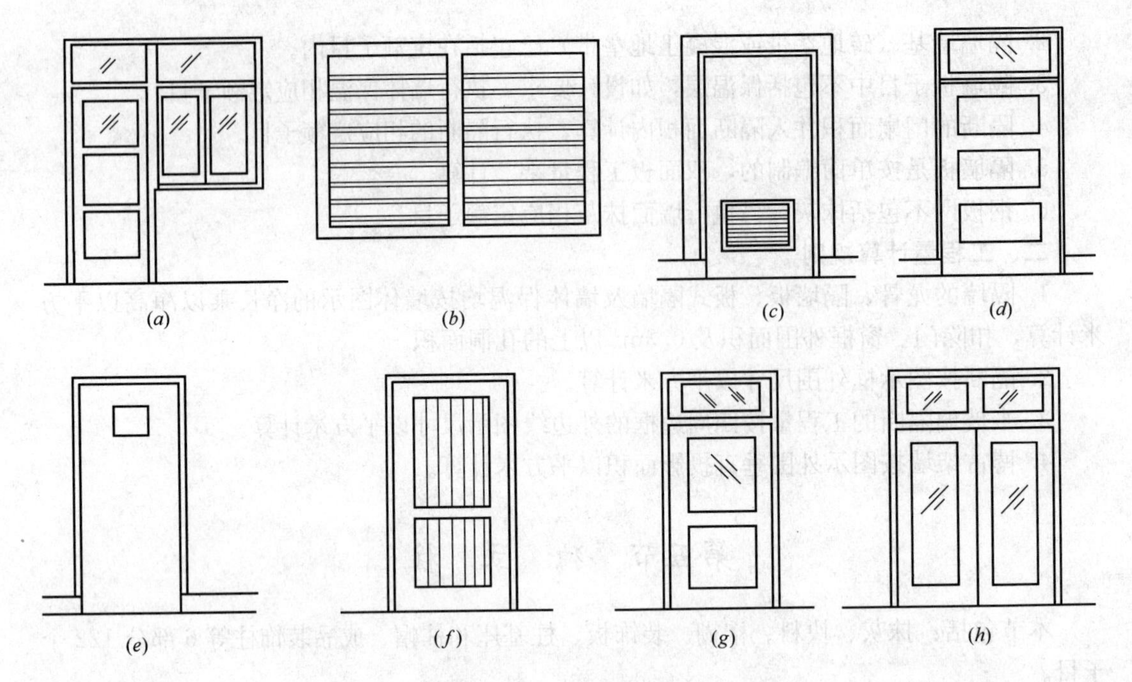

图 8-9　各种门窗示意图

(*a*) 门带窗；(*b*) 固定百叶窗；(*c*) 半截百叶门；(*d*) 带亮子镶板门；
(*e*) 带观察窗胶合板门；(*f*) 拼板门；(*g*) 半玻门；(*h*) 全玻门

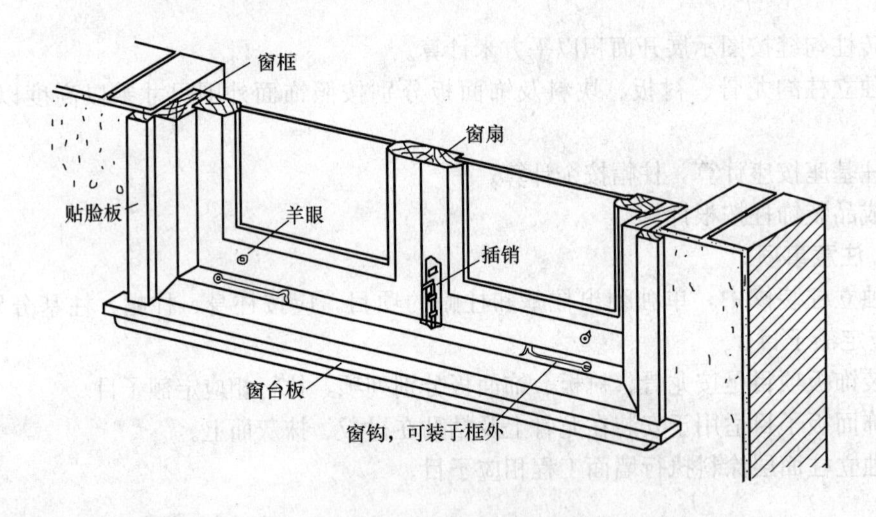

图 8-10　窗的组成

3. 铝合金门窗、塑钢门窗及彩板门窗定额子目中包括纱门、纱扇。

4. 门窗组合、门门组合和窗窗组合所需的拼条、拼角，可执行拼管的定额子目。

5. 门窗设计要求采用附框，另执行附框的相应定额子目。

6. 阳台门联窗，门和窗分别计算，执行相应的门、窗定额子目。

7. 电子感应横移门、旋转门、电子感应圆弧门不包括电子感应装置，另执行相应定额子目。

8. 防火门的定额子目不包括门锁、闭门器、合页、顺序器等特殊五金，另执行特殊

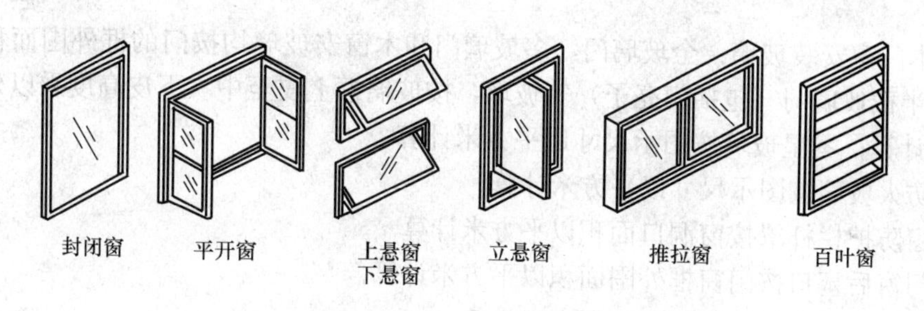

图 8-11　窗的开启方式

五金相应定额子目；不包括防火玻璃，另执行防火玻璃相应定额子目。

9. 铝合金门窗、塑钢门窗、彩板门窗的五金及安装均包括在门窗的价格中。

10. 木门窗包括了普通五金，不包括特殊五金和门锁，设计要求时执行特殊五金的相应定额子目。

11. 人防混凝土门和挡窗板均包括钢门窗框。

12. 冷藏库门包括门樘筒子板制作安装，门上五金由厂家配套供应。

13. 围墙的钢栅栏大门、钢板大门不包括地轨安装，不锈钢伸缩门包括了地轨的制作及安装。

14. 厂库房大门、围墙大门门上的五金铁件、滑轮、轴承的价格均包括在门的价格中，厂库房推拉大门的轨道的制作及安装包括在相应的定额子目中。

15. 门窗筒子板的制作安装包括了门窗洞口侧壁及正面的装饰，不包括装饰线，门窗筒子板上的装饰线执行装饰线条的相应定额子目。门窗洞口正面的装饰设计采用成品贴脸，执行装饰线条的相应定额子目，工程量不得重复计算。

16. 不抹灰墙面，由于安装附框增加的门窗侧面抹灰，执行墙面工程中零星抹灰的相应定额子目。

二、工程量计算规则

1. 门窗均按门窗框的外围尺寸以平方米计算，不带框的门按门扇外围尺寸以平方米计算。

2. 卷帘门按洞口高度增加 600mm 乘以门的图示宽度以平方米计算，电动装置按套计算。

3. 推拉栅栏门按图示尺寸以平方米计算。

4. 人防混凝土门和挡窗板按门和挡窗板的外围图示尺寸以平方米计算。

5. 不锈钢包门框按门框的展开面积以平方米计算；固定亮玻璃按玻璃图示尺寸以平方米计算；无框玻璃门、有框玻璃门、电子感应横移自动门按玻璃门的图示尺寸以平方米计算；圆弧感应自动门和旋转门按套计算；电子感应自动装置按套计算。

6. 围墙平开大门按图示尺寸以平方米计算；不锈钢电动伸缩门按门洞宽度以米计算；电动装置按套计算。

7. 窗帘盒、窗帘轨按图示尺寸以米计算；窗帘杆按套计算；通长窗帘杆按米计算。

8. 木制窗台板和门窗筒子板按展开面积以平方米计算。

9. 磨石窗台板、大理石窗台板按图示水平投影面积以平方米计算。

10. 木门包金属面或软包面按实包部分的展开面积以平方米计算。

11. 木门窗安装玻璃：全玻璃门、多玻璃门和木窗安玻璃均按门的框外围面积以平方米计算；半截玻璃门（包括门亮子）安玻璃，按玻璃框上皮至中坎下皮高度乘以外围宽度以平方米计算；零星玻璃按图示尺寸以平方米计算。

12. 防火玻璃按图示尺寸以平方米计算。

13. 窗防护栏杆罩按窗洞口面积以平方米计算。

14. 门窗后塞口按门窗框外围面积以平方米计算。

15. 附框按门窗框外围面积以平方米计算。

16. 拼管按图示尺寸以米计算。

17. 纱帘按套计算。

第七节　栏杆、栏板、扶手

本节包括：楼梯栏杆（板）、通廊栏杆（板）、楼梯扶手、通廊扶手、楼梯靠墙扶手、通廊靠墙扶手等六部分共77个子目。

一、工程量计算规则

1. 栏杆（板）按扶手中心线水平投影长度乘以高度以平方米计算。栏杆高度从扶手底面算至楼梯结构上表面。

2. 扶手（包括弯头）按扶手中心线水平投影长度以米计算。

3. 旋转楼梯栏杆按图示扶手中心线长度乘以高度以平方米计算。

4. 旋转楼梯扶手按图示扶手中心线长度以米计算。

5. 无障碍设施栏杆按图示尺寸以米计算。

6. 楼梯铁栏杆以吨计算。室外消防爬梯、钢楼梯以吨计算。

二、注意事项

1. 空调和挑板周围栏杆（板），执行通廊栏杆（板）的相应定额子目。

2. 室外消防爬梯、楼梯铁栏杆，执行铁栏杆制安相应子目。

第八节　装　饰　线　条

本节包括：木装饰线、石膏装饰线、PVC贴面装饰线、金属装饰线、塑料装饰线、石材装饰线、其他装饰线、欧式装饰线8部分共89个子目。

一、工程量计算规则

1. 板条、平线、槽线、角线均按图示尺寸以米计算。

2. 角花、圆圈线条、拼花图案、灯盘、灯圈等分规格按个计算；镜框线、柜橱线按图示尺寸以米计算。

3. 欧式装饰线中的外挂檐口板、腰线板分规格按图示尺寸以米计算；山花浮雕、门斗、拱型雕刻分规格按件计算。

4. 其他装饰线按图示尺寸以米计算。

二、说明

1. 装饰线条项目适用于内外墙面、柱面、柜橱、天棚及其他部位饰面设计有装饰线条者。

2. 装饰线条按不同形式分为板条、平线、角线、角花、槽线、欧式装饰线等多种装饰线（板）。其中：

板条：指板的正面与背面均为平面而无造型者。

平线：指其背面为平面，正面为各种造型的线条。

角线：指线条背面为三角形，正面有造型的阴、阳角装饰线条。

角花：指呈直角三角形的工艺造型装饰件。

槽线：指用于嵌缝的 U 型线条。

欧式装饰线：指具有欧式风格的各种装饰线。

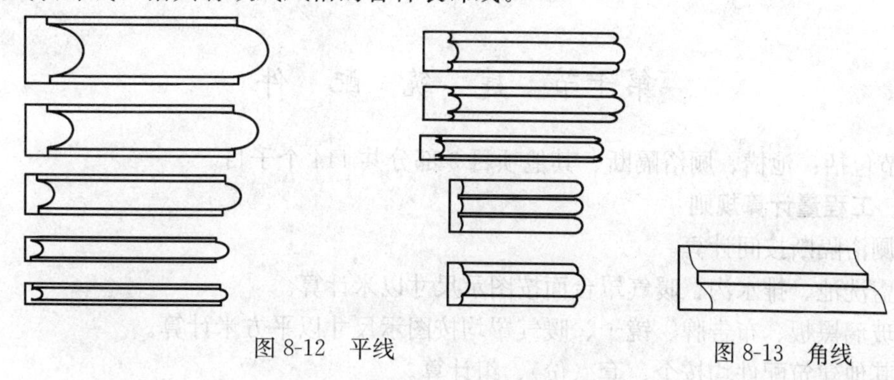

图 8-12　平线　　　　图 8-13　角线

第九节　变　形　缝

变形缝包括：伸缩缝、沉降缝、防震缝是三缝合一的统称。

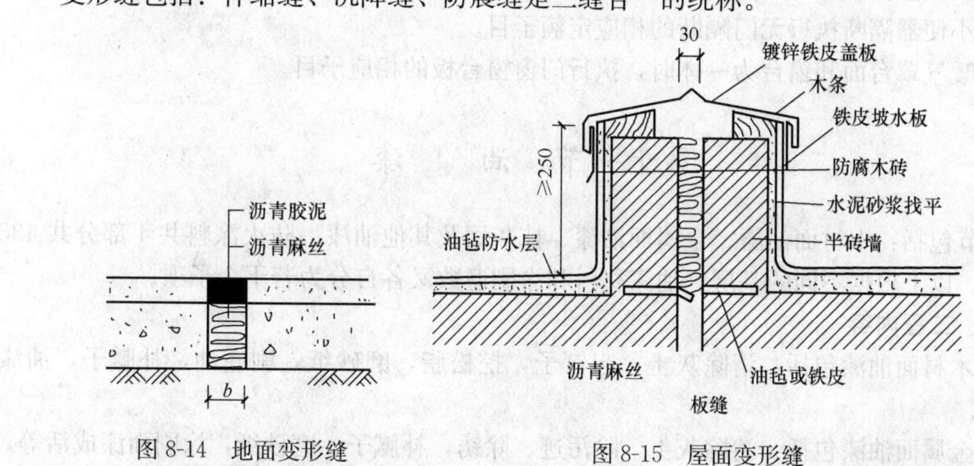

图 8-14　地面变形缝　　　　图 8-15　屋面变形缝

一、项目划分及工程内容

根据变形缝的材料不同划分为：油浸麻丝、沥青胶、建筑油膏、乳化沥青木丝板、油浸刨花板、灌沥青砂浆、聚氯乙烯胶泥、钢板盖面、橡胶板、木板盖面、胶合板盖面、铝合金盖面、镀锌铁皮盖面、钢筋混凝土盖面。

工程内容包括填缝、灌缝、剔洞、埋铁件、镀锌铁皮制作安装、填泡沫塑料、盖缝木板等。

二、工程量计算规则

1. 地面、底（顶）板、屋面变形缝按图示尺寸以米计算。

2. 内墙（立）面变形缝按结构层高以米计算。

3. 外墙面变形缝按图示高度以米计算。

4. 门洞口的变形缝按图示尺寸以米计算。

三、注意事项

变形缝胶合板盖面不包括胶合板的封边木线，封边木线执行装饰线条中的相应定额子目。

第十节　建　筑　配　件

本节包括：池槽、厕浴隔断、其他项目 3 部分共 114 个子目。

一、工程量计算规则

1. 厕浴隔断按间计算。

2. 盥洗池、排水沟、暖气罩台面按图示尺寸以米计算。

3. 玻璃黑板、布告牌、镜子、暖气罩均按图示尺寸以平方米计算。

4. 其他建筑配件均按个、套（份）、组计算。

5. 钢结构箱式招牌基层，按图示外围体积以立方米计算。

6. 平面招牌基层，按图示垂直投影面积以平方米计算。

7. 自粘字按图示尺寸以平方米计算。

二、注意事项

1. 小便器隔断执行无门隔断的相应定额子目。

2. 暖气罩台面和窗台为一体时，执行门窗窗台板的相应子目。

第十一节　油　　漆

本节包括：木材面油漆、金属面油漆、抹灰面及其他油漆、防火涂料共 4 部分共 433 个子目。以上根据不同的基层、油漆材料和涂刷遍数又各自分为若干个子项。

一、工程内容

1. 木材面油漆包括：清除灰土，起钉子，挖松脂，磨砂纸，刷底油，补腻子，油漆成活等。

2. 金属面油漆包括：清除灰土，除污迹、除锈，补腻子，磨砂纸，涂刷面漆成活等。

3. 抹灰面及其他油漆包括：基层清理，批刮腻子，砂纸打磨，刷底油，涂刷面漆成活等。

4. 防火油漆包括：底层清扫，除污，涂刷防火涂料等。

二、工程量计算规则

1. 单层门窗按框外围面积以平方米计算。

2. 其他木材面按图示尺寸以平方米计算。

3. 木屋架按下列公式以平方米计算：

跨度×中高×1/2

4. 零星木材面油漆按图示展开面积以平方米计算。

5. 木扶手、窗帘盒、封檐板、顺水板、黑板框、挂镜线等均按图示尺寸以米计算。

6. 木地板、木踢脚线按图示尺寸以平方米计算，木楼梯按水平投影面积以平方米计算。

7. 钢木混合、防射线门、钢折叠门、铁丝网大门按图示尺寸以平方米计算。

8. 天沟、檐沟、泛水、金属缝盖板按图示展开面积以平方米计算，暖气罩按垂直投影面积以平方米计算。

9. 金属屋架（包括支撑、檩条）、天窗架、梁、柱、空花构件、平台、操作台、车档、钢梯、制动架、设备支架、其他铁件等以吨计算。

10. 各种抹灰面油漆均按图示尺寸以平方米计算。

11. 金属结构防火涂料按构件的展开面积以平方米计算；木材面、混凝土面防火涂料按图示尺寸以平方米计算。

12. 木基层防火漆按面层图示尺寸以平方米计算；木基层其他油漆按实刷面积以平方米计算。

13. 木栅栏、木栏杆按图示垂直投影面积以平方米计算。

三、注意事项

1. 衣柜、壁柜的油漆指露明部分，内侧油漆按设计要求执行相应定额子目。

2. 踢脚板油漆根据作法执行墙面相应定额子目。

3. 金属结构喷刷防火涂料，不包括刷防锈漆。

4. 抹灰面油漆不分部位均按其油漆品种执行相应定额子目。

5. 拉毛面油漆，设计油漆品种和定额不同时，单价可以换算。

镀锌铁皮零件单位面积计算表 **表 8-2**

名　称	单位	沿沟	天沟	斜沟	烟囱泛水	白铁滴水	天窗窗台泛水	天窗侧面泛水	白铁滴水沿头	下水口	水斗	透气管泛水	漏斗
		米								个			
镀锌铁皮排水	m²	0.3	1.3	0.9	0.8	0.11	0.5	0.7	0.24	0.45	0.4	0.22	0.16

金属构件单位面积计算表 **表 8-3**

名称	单位	钢屋架支撑檩条	钢梁柱	钢墙架	平台操作台	钢栅栏门栏杆	钢梯	零星铁件	球形网架
		t							
面积	m²	38	38	19	27	65	45	50	28

第十二节　脚 手 架 工 程

一、说明

1. 本节包括脚手架共 13 个子目。工作内容包括：场内外材料运输、搭拆脚手架、斜道、安全网、上下翻板子、拆除后材料堆放及外吊脚手架升降用工。

2. 外墙脚手架子目为整体更新改造项目使用，新建工程的外墙脚手架已包括在建筑工程综合脚手架内，不得重复计取。

3. 内墙脚手架，层高在 3.6m 以上时，执行层高 4.5m 以内脚手架，层高超过 4.5m 时，超过的部分执行层高 4.5m 以上每增 1m 子目。

4. 吊顶脚手架，层高在 3.6m 以上时，执行层高 4.5m 以内吊顶脚手架子目，层高超过 4.5m 时，超过的部分执行层高 4.5m 以上每增 1m 子目。

5. 定额子目中的搭拆费，包括整个使用周期内脚手架的搭设、拆除、上下翻板子、挂密目网等全部工作内容的费用。

6. 定额子目中的租赁费为每百平方米或每拾米每日的租赁费，使用时根据不同使用部位脚手架的工程量乘以实际工期计算脚手架租赁费用。

二、工程量计算规则

1. 外墙脚手架按外墙垂直投影面积以平方米计算。

2. 内墙脚手架按内墙净长以米计算，如内墙装修墙面局部超高，按超高部分的内墙净长度计算。

3. 吊顶脚手架按吊顶部分水平投影面积以平方米计算。

4. 外墙电动吊篮，按外墙垂直投影面积以平方米计算。

第十三节　垂直运输及高层建筑超高费

一、说明

1. 本节包括垂直运输及高层建筑超高费共 6 个子目。

2. 檐高 25m 以下定额子目中只综合了垂直运输费，檐高 25m 以上定额子目中综合了垂直运输和高层建筑超高费。

3. 本节包括装饰工程的垂直运输及高层建筑超高费，是按整体工程综合编制的。

4. 垂直运输费综合了材料、成品、半成品的垂直运输费，高层建筑超高费综合了外用电梯、施工降效，通信联络等费用。

5. 檐高 3.6m 以内的单层建筑，不计算垂直运输费。

6. 单独地下工程，按檐高 25m 以下相应项目执行。

二、工程量计算规则

垂直运输及高层建筑超高费，按装饰工程定额直接费中的人工工日之和计算。

复习题

1. 地面楼面的工程量如何计算？
2. 台阶、坡道、散水、踢脚的工程量如何计算？
3. 天棚的工程量如何计算？
4. 内外墙面抹灰的工程量如何计算？
5. 隔墙、隔断及墙体保温的工程量如何计算？
6. 定额中的木门窗是否包括安装玻璃？如设计要求安装玻璃如何计算？

7. 玻璃幕墙的工程量如何计算？
8. 阳台、雨罩、挑檐抹灰执行定额中的哪一项？
9. 内外墙裙的工程量如何计算？
10. 拱型雕刻工程量的计量单位是什么？
11. 某新建工程的外墙抹灰是否还需计算外墙脚手架费用？
12. 选择题：
(1) 以下（　　）门窗，应单独计算安玻璃的工程量。
A. 木　　B. 铝合金　　C. 塑钢　　D. 彩板组合
(2) 以下（　　）工程量，是按门窗框外围面积计算的。
A. 门、窗　　B. 窗帘盒　　C. 窗帘杆　　D. 窗防护栏杆罩
E. 附框　　F. 门窗刷油漆
(3) 柱帽装修的工程量应套用（　　）的定额子目。
A. 平板　　B. 柱　　C. 柱帽　　D. 无梁板
(4) 雨罩立板饰面装修高度超过 500mm 时，执行的定额子目是（　　）。
A. 雨罩装修　　B. 外墙装修　　C. 零星装修　　D. 栏板装修
(5) 独立柱的块料面层工程量计算按（　　）。
A. 结构周长乘以相应高度以平方米计算
B. 结构体积以立方米计算
C. 饰面外围尺寸乘以相应高度以平方米计算
D. 按块料用量以块计算
(6) 楼梯装修定额中包括了（　　）。
A. 踏步　　B. 休息平台　　C. 楼梯踢脚线　　D. 楼梯底面抹灰
(7) 装饰装修工程的高层建筑超高费包括（　　）。
A. 外用电梯　　B. 施工降效　　C. 通信联络　　D. 加压用水泵
(8) 装饰装修工程脚手架定额中的搭拆费包括了（　　）。
A. 整个使用周期内脚手架的搭设费用
B. 拆除费用
C. 上、下翻板子费用
D. 密目网费用

13. 根据 2001 年北京市建设工程预算定额（第二册装饰工程），计算教材第七章复习题的第 16 题附图的装饰工程量并套用相应的定额子目。

(1) 一玻一纱普通窗；(2) 单层玻璃普通木窗；(3) 不带纱、半截玻璃门；(4) 门窗后赛口（水泥砂浆）；(5) 木门窗安玻璃；(6) 一玻一纱普通木门窗刷油漆（底油一遍、调和漆两遍）；(7) 单层木门窗刷油漆（底油一遍、调和漆两遍）；(8) 3∶7 灰土地面垫层；(9) 现场搅拌混凝土垫层；(10) 1∶2.5 水泥砂浆面层（无素浆、20 厚）；(11) 35 厚细石混凝土楼面（现场搅拌）；(12) 楼梯抹水泥面；(13) 水泥砂浆踢脚线；(14) 天棚抹灰（耐水腻子）；(15) 天棚面层装修（多彩花纹涂料）；(16) 室外墙面抹底灰；(17) 室内墙面抹底灰；(18) 室外墙面涂料面层；(19) 室内墙面涂料面层。

第九章　建筑工程施工图预算编制

本章学习重点： 单位工程施工图预算的编制。

本章学习要求： 熟悉施工图预算的编制程序、单位工程施工图预算的编制。

第一节　施工图预算的编制程序

一、施工图预算的编制依据

建筑工程一般都是由土建、采暖、给水排水、电气照明、煤气、通风等多专业单位工程所组成。因此，各单位工程预算编制要根据不同的预算定额及相应的费用定额等文件来进行。一般情况下，在进行施工图预算的编制之前应掌握以下主要文件资料：

（一）经审批的设计文件

设计文件是编制预算的主要工作对象。它包括经审批、会审后的设计施工图，设计说明书及设计选用的国标、市标和各种设备安装、构件、门窗图集、配件图集等。

（二）建筑工程预算定额及其有关文件

预算定额及其有关文件是编制工程预算的基本资料和计算标准。它包括已批准执行的预算定额、费用定额、单位估价表、该地区的材料预算价格及其他有关文件。

（三）施工组织设计（或施工方案）

经批准的施工组织设计是确定单位工程具体施工方法（如打护坡桩、进行地下降水等）、施工进度计划、施工现场总平面布置等的主要施工技术文件，这类资料在计算工程量、选套定额项目及费用计算中都有重要作用。

（四）工具书等辅助资料

在编制预算工作中，有一些工程量直接计算比较繁琐也较易出错，为提高工作效率简化计算过程，预算人员往往需要借助于五金手册、材料手册，或把常用各种标准配件预先编制成工具性图表，在编制预算时直接查用。特别对一些较复杂的工程，收集所涉及的辅助资料不应忽视。

（五）招标文件

招标文件中招标工程的范围决定了预算书的费用内容组成。

二、施工图预算的编制程序

编制施工图预算应在设计交底及会审图纸的基础上按以下步骤进行，如图 9-1 所示。

（一）熟悉施工图纸和施工说明书

熟悉施工图纸和施工说明书是编制工程预算的关键。因为设计图纸和设计施工说明书上所表达的工程构造、材料品种、工程做法及规格质量，为编制工程预算提供并确定了所应该套用的工程项目。施工图纸中的各种设计尺寸、标高等，为计算每个工程项目的数量提供了基础数据。所以，只有在编制预算之前，对工程全貌和设计意图有了较全面、详尽地了解后，才能结合定额项目的划分原则，正确地划分各分部分项的工程项目，才能按照工程量计算规则正确地计算工程量及工程费用。如在熟悉设计图纸过程中发现不合理或错误的地方，应及时向有关部门反映，以便及时修改纠正。

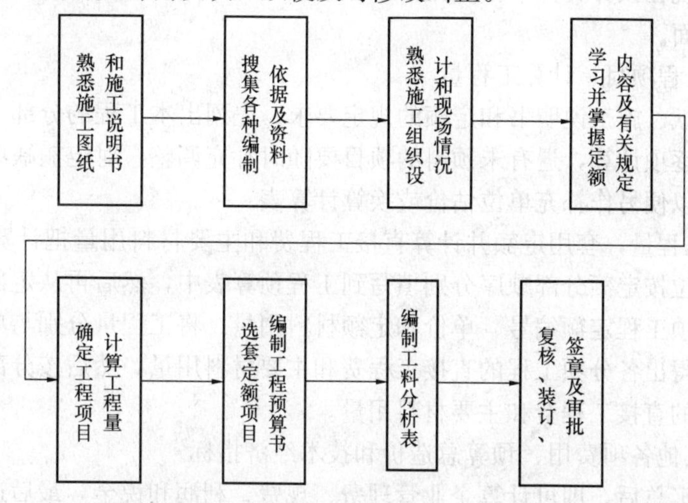

图 9-1　施工图预算编制程序

在熟悉施工图纸和施工说明时，除应注意以上所讲的内容外，还应注意以下几点：

1. 按图纸目录检查各类图纸是否齐全，图纸编号与图名是否一致，设计选用的有关标准图集名称及代号是否明确。

2. 在对图纸的标高及尺寸审查时，建筑图与结构图之间、主体图与大样图之间、土建图与设备图之间及分尺寸与总尺寸之间，这些较易发生矛盾和错误的地方要特别注意。

3. 对图纸中采用有防水、吸声、散声、防火、耐酸等特殊要求的项目要单独进行记录，以便计算项目时引起注意。如采用了防射线混凝土，中空玻璃等特殊材料的项目及采用了进口材料、新产品材料、新技术工艺、非标准构配件等项目。

4. 如在施工图纸和施工说明中遇有与定额中的材料品种和规格质量不符或定额缺项时，应及时记录，以便在编制预算时进行调整、换算，或根据规定编制补充定额及补充单价并送有关部门审批。

（二）搜集各种编制依据及资料

（三）熟悉施工组织设计和现场情况

施工组织设计是施工单位根据工程特点及施工现场条件等情况编制的工程实施方案。由于施工方案的不同则直接影响工程造价，如需要进行地下降水、打护坡桩、机械的选择、模板类型的选择或因场地狭小引起材料多次搬运等都应在施工组织设计中确定下来，这些内容与预算项目的选用和措施费的计算都有密切关系。因此预算人员熟悉施工组织设计及现场情况对提高编制预算质量是十分重要的。

（四）学习并掌握定额内容及有关规定

预算定额、单位估价表及有关文件规定是编制预算的重要依据。随着建筑业新材料、新技术、新工艺的不断出现和推广使用，有关部门还常常对已颁布的定额进行补充和修改。因此预算人员应学习和掌握所使用定额内容及使用方法，弄清楚定额项目的划分及各项目所包括的内容、适用范围、计量单位、工程量计算规则以及允许调整换算项目的条件和方法等，以便在使用时能够较快地查找并正确地应用。

另外由于材料价格的调整，各地区也需要根据具体情况调整费用内容及取费标准，这些资料将直接体现在预算文件中。因此，学习掌握有关文件规定也是搞好工程预算工作不可忽视的一个方面。

（五）确定工程项目、计算工程量

根据设计图纸、施工说明书和定额的规定要求，先列出本工程的分部工程和分项工程的项目顺序表，逐项计算，遇有未预料的项目要随时补充调整，对定额缺项需要补充换算的项目要注明，以便另作补充单位估价或换算计算表。

（六）整理工程量，套用定额并计算直接工程费和主要材料用量把计算好的各分项工程数量和计量单位按定额分部顺序分别填写到工程预算表中，然后再从定额或单位估价表中查出相应的分项工程定额编号、单价和定额材料用量。将工程量分别与单价、材料定额用量相乘，即可得出各分项工程的直接工程费和主要材料用量，然后按分部工程汇总，最后汇总单位工程的直接工程费和主要材料用量。

（七）计算其他各项费用、预算总造价和技术经济指标

直接工程费汇总后，即可计算企业管理费、规费、利润和税金，最后进行工程总造价的汇总，一般应遵照当地主管部门规定的统一计算程序表进行。总造价计算出来后，再计算出各单位工程每平方米建筑面积的造价指标。

（八）对施工图预算进行校核、填写编制说明、装订、签章及审批工程预算书计算完毕首先经自审校核后，可根据工程的具体情况填写编制说明及预算书封面，装订成册，经复核后加盖公章送交有关部门审批。

第二节　单位工程施工图预算书的编制

单项工程预算书是由土建工程、给排水、采暖、煤气工程、电气设备安装工程等几个单位工程预算书组成，现仅以土建工程单位工程预算书的编制方法叙述如下。

一、填写工程量计算表

工程量计算可先列出分项工程名称、单位、计算公式等，填入表 9-1 中。

工程量计算表　　**表 9-1**

工程名称：

序号	工程项目	计　算　式	单　位	数　量
	建筑面积			
一	土石方工程			
1	平整场地			

1. 列出分项工程名称。根据施工图纸及预算定额规定，按照一定计算顺序，列出单位工程施工图预算的分项工程项目名称。

2. 列出计量单位、计算公式。按预算定额要求，列出计量单位和分项工程项目的计

算公式。计算工程量，采用表格形式进行，可使计算步骤清楚，部位明确，便于核对，减少错误。

3. 汇总列出工程数量，计算出的工程量同项目汇总后，填入工程数量栏内，作为计取直接工程费的依据。

二、填写分部分项工程材料分析表和汇总表

以分部工程为单位，编制分部分项工程材料分析表（表 9-2），然后汇总成为单位工程材料分析汇总表（表 9-3）。

分部分项工程材料分析表 表 9-2

工程名称：

定额编号	分项工程名称	单位	数量										
				单方	合计	单方	合计	单方	合计	单方	合计	单方	合计

按工程预算书中所列分部分项工程中的定额编号，分项工程名称、计算单位、数量及预算定额中分项工程定额编号对应栏的材料费单量填入材料分析表中，计算出各工程项目消耗的材料用量，然后将材料按品种、规格等分别汇总合计（表 9-3），从而反映出单位工程全部分项工程材料的预算用量，以满足施工企业各项生产管理工作的需要。

材料汇总表 表 9-3

工程名称：

序 号	材料代码	材料名称	数 量	单 位
1				
2				
3				
4				

三、填写分部分项工程造价表（表 9-4）

分部分项工程造价表 表 9-4

工程名称：

定额编号	工程项目	单位	工程量	预算［元］		其中：人工［元］	
				单 价	合 价	单 价	合 价
	建筑面积	m^2					
一	土石方工程						
1—1	平整场地	m^2					

四、填写建筑工程直接费汇总表

将建筑工程各分部工程直接费小计及人工费汇总于表格中（表 9-5），作为计取现场管理费和其他各项费用的依据。

建筑工程直接费汇总表 表 9-5

工程名称：

序号	工程项目	直接费（元）	其中：人工费（元）
	直接费汇总		
一	土石方工程		
二	桩基及基坑支护工程		
三	降水工程		
四	砌筑工程		
五	现场搅拌混凝土工程		
六	预拌混凝土工程		
七	模板工程		
八	钢筋工程		
九	构件运输工程		
十	木结构工程		
十一	构件制作安装工程		
十二	屋面工程		
十三	防水工程		
十四	室外道路、停车场及管道工程		
十五	脚手架工程		
十六	大型垂直运输机械使用费		
十七	高层建筑超高费		
十八	工程水电费		

五、填写建筑工程预算费用计算程序表

建筑工程预算费用计算程序分为工料单价法和综合单价法，详见第五章第二节。

六、施工图预算的编制说明

（一）工程概况

(1) 简要说明工程名称、地点（四环路以内或以外）、结构类型、层数、耐火等级和抗震等级；

(2) 建筑面积、层高、檐高、室内外高差；

(3) 基础类型及特点；

(4) 结构构件（柱、梁、板等）的断面尺寸和混凝土强度等级；

(5) 门窗规格及数量表（包括窗帘盒、窗帘轨和窗台板的做法）；

(6) 屋面、楼地面（包括楼梯装修）、墙面（外、内、女儿墙）、天棚、散水、台阶、雨罩的工程做法；

(7) 建筑配件的设置及数量；

(8) 参考图集：如《建筑构造通用集 88J1 或 88J1－X1》、《88J5》等。

（二）编制依据

(1) ＊＊＊工程建筑施工图纸和结构施工图纸；

(2) 北京市（2001 年）建设工程预算定额及费用定额；

(3) 北京市建设工程造价管理处有关文件；

(4) 其他编制依据。

七、填写建筑工程预算书的封面（表 9-6）

封　面　　　　　　　　　　　　　　　　　　　**表 9-6**

建筑安装工程

（　　）工程（　　）算书

建设单位：________________________

施工单位：________________________

工程名称：

建筑面积：__________ m^2　　　　工程结构：__________

檐　　高：__________ m　　　　工程地处：__________区

工程总造价：__________元　　　　单方造价：__________元/m^2

建设单位：　　　　　　　　　　　施工单位：

（公章）　　　　　　　　　　　　（公章）

负 责 人：__________　　　　审 核 人：__________

　　　　　　　　　　　　　　　　证　　号：__________

经手人：__________　　　　　编 制 人：__________

　　　　　　　　　　　　　　　　证　　号：__________

开户银行：__________　　　　开户银行：

年　月　日　　　　　　　　　　年　月　日

第三节　建筑工程施工图预算编制示例（见光盘）

复　习　题

1. 施工图预算的编制依据有哪些？
2. 施工图预算的编制程序是什么？

第十章　建筑工程设计概算的编制

本章学习重点：建筑工程设计概算的编制。

本章学习要求：掌握单位工程设计概算的编制方法；熟悉设计概算编制的依据、单项工程综合概算和建设项目总概算的编制方法；了解设计概算的分类和作用。

第一节　概　　述

建筑工程设计概算是初步设计文件的重要组成部分，它是根据初步设计或扩大初步设计图纸，利用国家或地区颁发的概算指标、概算定额或综合预算定额等，按照设计要求，概略地计算建筑物或构筑物的造价，以及确定人工、材料和机械等需用量。其特点是编制工作较为简单，但在精度上没有施工图预算准确。国家规定，初步设计必须要有概算，概算书应由设计单位负责编制。

一、设计概算的分类

初步设计概算包括了单位工程概算、单项工程综合概算和建设项目总概算。单位工程概算是一个独立建筑物中分专业工程计算费用的概算文件，如土建工程单位工程概算、给水排水工程单位工程概算、电气工程单位工程概算、采暖通风单位工程概算及其他专业工程单位工程概算。它是单项工程综合概算文件的组成部分。

若干个单位工程概算和其他工程费用文件汇总后，成为单项工程综合概算，若干个单项工程综合概算可汇总成为总概算。综合概算和总概算，仅是一种归纳。汇总性文件，最基本的计算文件是单位工程概算书。

二、设计概算的作用

设计概算一经批准，将作为建设银行控制投资的最高限额。如果由于设计变更等原因，建设费用超过概算，必须重新审查批准。概算不仅为建设项目投资和贷款提供了依据，同时也是编制基本建设计划、签定承包合同、考核投资效果的重要依据。

三、编制设计概算的准备工作

1. 需要深入现场，进行调查研究，掌握该工程的第一手资料，特别是对工程中所采用的新结构、新材料、新技术以及一些非标准价格要搞清并落实，还应认真收集与工程相关的一些资料以及定额等。

2. 根据设计说明、总平面图和全部工程项目一览表等资料，要对工程项目的内容、性质、建设单位的要求以及施工条件，进行一定的了解。

3. 拟定出编制设计概算的大纲，明确编制工作中的主要内容、重点、编制步骤以及审查方法。

4. 根据设计概算的编制大纲，利用所收集的资料，合理选用编制的依据，明确取费标准。

四、设计概算编制的依据

1. 经批准的建设项目的设计任务书和主管部门的有关规定。只有根据设计任务书和主管部门的有关规定编制的设计概算，才能列为基本建设投资计划。

2. 初步设计项目一览表。

3. 能满足编制设计概算深度的初步设计和扩大初步设计的各工程图纸、文字说明和设备清单，以便根据以上资料计算工程的各工种工作量。

4. 地区的建筑安装工程概算定额、预算定额、单位估价表、建筑材料预算价格、间接费用和有关费用规定等文件。

5. 有关费用定额和取费标准。

6. 建设场地的工程地质资料和总平面图。

7. 税收和规划费用。

第二节　单位工程设计概算的编制

单位建筑工程设计概算，一般有下列三种编制方法：一是根据概算定额进行编制；二是根据概算指标进行编制；三是根据类似工程预算进行编制。

根据概算定额进行编制的项目其初步设计必须具备一定的深度，当用概算定额编制的条件不具备，又要求必须在短时间内编出概算造价时，可以根据概算指标进行编制。当有类似工程预算文件时，可以根据类似工程预算进行编制。

一、根据概算定额进行编制

利用概算定额编制单位建筑工程设计概算的方法，与利用预算定额编制单位建筑工程施工图预算的方法基本上相同。概算书所用表式与预算书表式也基本相同。不同之处在于：概算项目划分较预算项目粗略，是把施工图预算中的若干个项目合并为一项。并且，所用的编制依据是概算定额，采用的是概算工程量计算规则。

利用概算定额编制设计概算的具体步骤如下：

1. 列出单位工程中分项工程或扩大分项工程项目名称，并计算其工程量

按照概算定额分部分项顺序，列出各分项工程的名称。工程量计算应按概算定额中规定的工程量计算规则进行，并将所算得各分项工程量按概算定额编号顺序，填入工程概算表内。

由于概算中的项目内容比施工图预算中的项目内容扩大，在计算工程量时，必须熟悉概算定额中每个项目所包括的工程内容，避免重算和漏算，以便计算出正确的概算工程量。

2. 确定各分部分项工程项目的概算定额单价

工程量计算完毕后，查概算定额的相应项目，逐项套用相应定额单价和人工、材料消耗指标。然后，分别将其填入工程概算表和工料分析表中。当设计图中的分项工程项目名称、内容与采用的概算定额手册中相应的项目完全一致时，即可直接套用定额进行计算；如遇设计图中的分项工程项目名称、内容与采用的概算定额手册中相应的项目有某些不相符时，则按规定对定额进行换算后方可套用定额进行计算。

3. 计算各分部分项工程的直接费和汇总直接费

将已算出的各分部分项工程项目的工程量及在概算定额中已查出的相应定额单价和单位人工、材料消耗指标，分别相乘，即可得出各分项工程的直接费和人工、材料消耗量，再汇总各分项工程的直接费及人工、材料消耗量，即可得到该单位工程的直接费和工料总消耗量，再汇总其他直接费，即可得到该单位工程的总直接费。

如果规定有地区的人工、材料价差调整指标，计算直接费时，还应按规定的调整系数进行调整计算。

4. 计算间接费用和利税

根据总直接费、各项施工取费标准，分别计算间接费和利润、税金等费用。

5. 计算单位工程概算造价

单位工程概算造价＝直接费＋间接费＋利润＋税金

二、利用概算指标编制设计概算

概算指标是以整幢建筑物为依据而编制的指标。它的数据均来自各种已建的建筑物预算或竣工结算资料，用其建筑面积去除总造价及所消耗的各种人工、材料而得出每平方米或每百平方米建筑面积表示的价值或工料消耗。

其方法常有以下两种：

1. 直接套用概算指标编制概算

如果拟编单位工程在结构特征上与概算指标中某建筑物相符，则可直接套用指标进行编制。此时即以指标中所规定的土建工程每平方米的造价或人工、主要材料消耗量，乘以拟编单位工程的建筑面积，即可得出单位工程的全部直接费和主要材料消耗量。再进行取费，即可求出单位工程的概算造价。现举例说明如下：

【例 10-1】 某框架结构住宅建筑面积为 4000m^2，其工程结构特征与在同一地区的概算指标中表 10-1、表 10-2 的内容基本相同。试根据概算指标，编制土建工程概算。

某地区砖混结构住宅概算指标 **表 10-1**

<table>
<tr><td colspan="2">工程名称</td><td>××住宅</td><td>结构类型</td><td>框架结构</td><td>建筑层数</td><td>6 层</td></tr>
<tr><td colspan="2">建筑面积</td><td>3800 平方米</td><td>施工地点</td><td>××市</td><td>竣工日期</td><td>1996 年 6 月</td></tr>
<tr><td rowspan="4">结构特征</td><td colspan="2">基础</td><td colspan="2">墙体</td><td>楼面</td><td>地面</td></tr>
<tr><td colspan="2">混凝土带型基础</td><td colspan="2">240 厚空心砖墙</td><td>预应力空心板</td><td>混凝土地面、水泥砂浆面层</td></tr>
<tr><td>屋面</td><td>门窗</td><td colspan="2">装饰</td><td>电照</td><td>给排水</td></tr>
<tr><td>炉渣找坡、油毡防水层</td><td>钢窗、木窗、木门</td><td colspan="2">混合砂浆抹内墙面、瓷砖墙裙、外墙彩色弹涂面</td><td>槽板明敷线路、白炽灯</td><td>镀锌给水钢管、铸铁排水管、蹲式大便器</td></tr>
</table>

工程造价及费用组成 **表 10-2**

<table>
<tr><td rowspan="3">项　目</td><td rowspan="3">平方米指标（元/m^2）</td><td colspan="9">其中各项费用占造价百分比（%）</td></tr>
<tr><td colspan="5">直接工程费</td><td rowspan="2">企业管理费</td><td rowspan="2">其他间接费</td><td rowspan="2">利润</td><td rowspan="2">税金</td></tr>
<tr><td>人工费</td><td>材料费</td><td>机械费</td><td>其他直接费</td><td>直接工程费</td></tr>
<tr><td>工程总造价</td><td>1340.80</td><td>9.26</td><td>60.15</td><td>2.30</td><td>5.28</td><td>76.99</td><td>7.87</td><td>5.78</td><td>6.28</td><td>3.08</td></tr>
</table>

续表

项　目		平方米指标（元/m²）	其中各项费用占造价百分比（%）								
			直接工程费					企业管理费	其他间接费	利润	税金
			人工费	材料费	机械费	其他直接费	直接工程费				
其中	土建工程	1200.50	9.49	59.68	2.44	5.31	76.92	7.89	5.77	6.34	3.08
	给排水工程	80.20	5.85	68.52	0.65	4.55	79.57	6.96	5.39	5.01	3.07
	电照工程	60.10	7.03	63.17	0.48	5.48	76.16	8.34	6.44	6.00	3.06

【解】 计算结果详见表10-3。

某住宅土建工程概算造价计算表　　　　**表10-3**

序　号	项目内容	计算式	金额（元）
1	土建工程造价	4000×1200.50=4802000	4802000
2	直接费	4802000×76.92%=3693698.4	3693698.4
	其中：人工费	4802000×9.49%=455709.8	455709.8
	材料费	4802000×59.68%=2865833.6	2865833.6
	机械费	4802000×2.44%=117168.8	117168.8
	其他直接费	4802000×5.31%=254986.2	254986.2
3	企业管理费	4802000×7.89%=378877.8	378877.8
4	其他间接费	4802000×5.77%=277075.4	277075.4
5	利润	4802000×6.34%=304446.8	304446.8
6	税金	4802000×3.08%=147901.6	147901.6

2. 换算概算指标编制概算

在实际工作中，在套用概算指标时，设计的内容不可能完全符合概算指标中所规定的结构特征。此时，就不能简单地按照类似的或最相近的概算指标套算，而必须根据差别的具体情况，对其中某一项或某几项不符合设计要求的内容，分别加以修正和换算，经换算后的概算指标，方可使用，其换算方法如下：

单位建筑面积造价换算概算指标＝原造价概算指标单价－换出结构构件单价＋换入结构构件单价

换出(或换入)结构构件单价＝换出(或换入)结构构件工程量×相应的概算定额单价

三、用类似工程预算编制概算

用类似工程概预算编制概算就是根据当地的具体情况，用与拟建工程相类似的在建或建成的工程预（决）算类比的方法，快速、准确的编制概算。对于已建工程的预（决）算或在建工程的预算与拟建工程差异的部分，可以进行调整。

这些差异可分为两类，第一类是由于工程结构上的差异，第二类是人工、材料、机械使用费以及各种费率的差异。对于第一类差异可采用换算概算指标的方法进行换算，对于第二类差异可采用编制修正系数的方法予以解决。

在编制修正系数之前，应首先求出类似工程预算的人工、材料、机械使用费，其他直接费及综合费（指间接费与利润、税金之和）在预算造价中所占的比重（分别用 r_1、r_2、

r_3、r_4、r_5 表示)，然后再求出这五种因素的修正系数（分别用 K_1、K_2、K_3、K_4、K_5 表示)。最后用下式求出预算造价总修正系数：

$$预算造价总修正系数=r_1K_1+r_2K_2+r_3K_3+r_4K_4+r_5K_5 \quad (10\text{-}1)$$

其中 K_1、K_2、K_3、K_4、K_5 的计算公式如下：

人工费修正系数

$$K_1=\frac{编制概算地区一级工工资标准}{类似工程所在地区一级工工资标准} \quad (10\text{-}2)$$

材料费修正系数

$$K_2=\frac{\Sigma(类似工程主要材料数量\times编制概算地区材料预算价格)}{\Sigma类似地区各主要材料费} \quad (10\text{-}3)$$

机械使用费修正系数

$$K_3=\frac{\Sigma(类似工程主要机械台班量\times编制概算地区机械台班费)}{\Sigma类似工程主要机械使用费} \quad (10\text{-}4)$$

其他直接费修正系数

$$K_4=\frac{编制概算地区其他直接费率}{类似工程所在地区其他直接费率} \quad (10\text{-}5)$$

综合费修正系数

$$K_5=\frac{编制概算地区综合费率}{类似工程所在地区综合费率} \quad (10\text{-}6)$$

【例 10-2】 某拟建办公楼，建筑面积为 3000m²，试用类似工程预算编制概算。类似工程的建筑面积为 2800m²，预算造价 3200000 元，各种费用占预算造价的比重是：人工费 6%；材料费 55%；机械费 6%；其他直接费 3%；综合费 30%。

【解】 根据前面的公式计算出各种修正系数为人工费 $K_1=1.02$；材料费 $K_2=1.05$；机械费 $K_3=0.99$；其他直接费 $K_4=1.04$；综合费 $K_5=0.95$。

预算造价总修正系数

$=6\%\times1.02+55\%\times1.05+6\%\times0.99+3\%\times1.04+30\%\times0.95$

$=1.0143$

修正后的类似工程预算造价$=3200000\times1.0143=3245760$ 元

修正后的类似工程预算单方造价$=3245760\div2800=1159.20$ 元

由此可得

拟建办公楼概算造价$=1159.20\times3000=3477600$ 元

第三节 单项工程综合概算的编制

单项工程综合概算书是确定单项工程建设费用的综合性文件，它是由各专业的单位工程概算书所组成，是建设项目总概算的组成部分。

单项工程综合概算书需要单独提出时，其内容应包括编制说明、综合概算汇总表、单位工程概算表和主要建筑材料表。

一、综合概算编制说明

编制说明列在综合概算表的前面，一般包括：

1. 编制依据。说明设计文件、定额、材料及费用计算的依据；

2. 编制方法。说明编制概算利用的是概算定额，还是概算指标，还是类似工程预算等；

3. 主要设备和材料的数量。说明主要机械设备及建筑安装主要材料（钢材、木材、水泥等）的数量；

4. 其他有关问题。

二、综合概算表

1. 综合概算表的项目组成

工业建筑概算包括：

（1）建筑工程：一般土建工程、给水、排水、采暖、通风工程、工业管道工程、特殊构筑物工程和电气照明工程等；

（2）设备及安装工程：机械设备及安装工程、电气设备及安装工程。

民用建筑概算包括：

（1）一般土建工程；

（2）给水、排水、采暖、通风工程；

（3）电气照明工程。

2. 综合概算的费用组成

（1）建筑工程费用；

（2）安装工程费用；

（3）设备购置费用；

（4）工具、器具及生产家具购置费。

当工程不编总概算时，单项工程综合概算还应有工程建设其他费用的概算、建设期利息和预备费。

三、综合概算表示例

表 10-4 为一个单项工程综合概算表示例。

××厂机修车间综合概算表　　表 10-4

序号	工程或费用名称	概算价值（万元）						技术经济指标			占投资总额百分比
		建筑工程费用	安装工程费用	设备购置费用	工器具及生产用家具购置费	工程建设其他费用	合计	单位	数量	单方造价（元）	
1	一般土建工程	243.7867					243.7867	m^2	2125	1147.23	
2	给水工程	8.3576					8.3576	m^2	2125	39.33	
3	排水工程	2.3489					2.3489	m^2	2125	11.05	
4	暖通工程	16.6788					16.6788	m^2	2125	78.49	
5	设备基础工程	15.6786					15.6786	m^2	210	746.60	
6	电气照明工程	11.8964					11.8964	m^2	2125	55.98	
7	机械设备及安装工程		34.7866	120.8654			155.6520	t	298	5223.22	

续表

序号	工程或费用名称	概算价值（万元）						技术经济指标			占投资总额百分比
		建筑工程费用	安装工程费用	设备购置费用	工器具及生产用家具购置费	工程建设其他费用	合计	单位	数量	单方造价（元）	
8	电气设备及安装工程		2.6842	18.6542			21.3384	kW	168	1270.14	
9	工器具及生产家具购置费				2.8875		2.8875				
	总计	298.7470	37.4708	139.5169	2.8875		478.6249				

第四节 建设项目总概算的编制

总概算是确定整个建设项目从筹建到竣工交付使用的全部建设费用的总文件，它是根据包括的各个单项工程综合概算及工程建设其他费用和预备费等费用汇总编制而成的。

总概算书一般主要包括编制说明和总概算表。有的还列出单项工程综合概算表、单位工程概算表等。

一、编制说明

1. 工程概况：说明建设项目的建设规模、性质、范围、建设地点、建设条件、期限、产量、品种及厂外工程的主要情况等。

2. 编制依据：设计文件，概算指标、概算定额、材料概算价格及各种费用标准等编制依据。

3. 编制方法。说明编制概算是采用概算定额，还是采用概算指标。

4. 投资分析。主要分析各项投资的比例，以及与类似工程比较，分析投资高低的原因，说明该设计的经济合理性。

5. 主要材料和设备数量。说明主要机械设备、电气设备和建筑安装消耗的主要材料（钢材、木材、水泥等）的数量。

6. 其他有关问题。

二、总概算表

为了便于投资分析，总概算表中的项目，按工程性质分成四部分内容：

第一部分：工程费用，指直接构成固定资产项目的费用。包括建筑安装工程费用和设备、工器具费用。

第二部分：其他工程费用，指工程费用以外的建设项目必须支付的费用。其内容包括筹建工作、场地准备、勘察设计、建设监理、招标承包等方面的费用。

第三部分：预备费用，包括基本预备费和价差预备费两部分费用。是在第一、二部分合计后，再计算列出第三部分预备费。

第四部分：专项费用，包括建设期利息、铺底流动资金。

总概算表实例见表 10-5。

总概算表（摘录） **表 10-5**

建设项目名称：市区供水工程 初步设计阶段概算价值______万元

序号	工程和费用名称	概算价值（万元）						技术经济指标			占投资额（%）
		建筑工程费	安装工程费	设备购置费	工器具及生产家具购置费	其他费用	合计	单位	数量	指标（%）	
一	第一部分费用										
（一）	取水泵站	323.11	53.95	100.93			477.99				
1	取水泵房	164.90	22.84	72.49			260.23				
2	引水渠道	52.53					52.53				
	办公及宿舍、变电室										
（二）	原水输水管网	246.89	2023.61	36.09			2306.59				
（三）	净水输水管网	121.77	294.66				416.43				
（四）	配水管网	171.35	313.32				484.67				
（五）	净水厂	711.84	196.19	252.65			1160.71				
1	投药间及药库	6.09	1.40	2.97			10.46				
2	净态混合器井	0.18	0.02	0.25			0.45				
	反应沉淀间、滤站										
（六）	配水厂	202.33	45.32	81.07			328.72				
1	配水泵房	22.04	11.66	28.62			62.32				
2	输水泵房	12.64	6.28	10.63			29.55				
	变电室、吸水井										
（七）	综合调度楼	184.78	171.47	171.47			588.71				
1	综合调度楼	125.00	14.00	70.07			209.07				
2	锅炉房及浴室	7.02	2.37	3.19			12.58				
	食堂、危险品仓库										
（八）	职工住宅	225.00					225.00				
（九）	供电工程		150.00				150.00				
二	第二部分费用										
（一）	建设单位管理费					52.83	52.83				
（二）	征地占地拆迁补偿费					800.00	800.00				
（三）	工器具和备品备件购置费				12.84		12.84				
（四）	办公生活用家具购置费				6.14		6.14				
（五）	生产职工培训费					22.10	22.10				
（六）	联合试车费					6.42	6.42				
（七）	车辆购置费				96.10		96.10				
（八）	输配水管网三通一平					30.95	30.95				
（九）	竣工清理费					55.20	55.20				
（十）	供电补贴					80.71	80.71				
（十一）	设计费					92.30	92.30				
	第一二部分费用总计										

续表

序号	工程和费用名称	概算价值（万元）						技术经济指标			占投资额（%）
		建筑工程费	安装工程费	设备购置费	工器具及生产家具购置费	其他费用	合计	单位	数量	指标（%）	
三	预备费										
	其中价差预备										
四	回收金额										
五	建设项目总费用										
六	固定资产投资方向税（暂停征收）										
七	建设期贷款利息										
八	建设项目总造价										
九	铺底流动资金										
十	投资比例										

复 习 题

1. 设计概算如何进行分类，各类的编制对象是什么？
2. 设计概算的作用是什么？
3. 设计概算编制的依据是什么？
4. 单位建筑工程设计概算，一般有几种编制方法？各种方法的特点是什么？
5. 单项工程综合概算是如何编制的？
6. 建设项目总概算表有哪几部分？各部分包括哪些费用内容？

第三篇 工程量清单计价模式

第十一章 工程量清单计价概述

本章学习重点：建设工程工程量清单计价基础理论知识。

本章学习要求：掌握工程量清单的编制；掌握工程量清单计价方法，了解工程量清单计价的概念和作用；了解《建设工程工程量清单计价规范》(GB 50500—2008）的内容。

第一节 工程量清单计价简介

一、工程量清单计价的概念

2003年建设部颁布实施的国家标准《建设工程工程量清单计价规范》(GB 50500—2003)，是我国进行工程造价管理的一个里程碑式的改革。是我国工程造价实现国家宏观调控、市场竞争形成价格目标的重要措施，也是我国工程造价逐渐跟国际工程计价接轨的必然要求。该规范实施多年来，已对我国工程价格的形成产生了深刻的影响，同时在具体的工程实践中也反映出了一些不足。

为了规范工程造价计价行为，统一建设工程工程量清单的编制和计价方法，根据《中华人民共和国建筑法》、《中华人民共和国合同法》、《中华人民共和国招标投标法》等法律法规，在总结既往经验的基础上，住房和城乡建设部与国家质量监督检验检疫总局于2008年联合发布施行了国家标准《建设工程工程量清单计价规范》(GB 50500—2008)(以下简称《计价规范》)。

《计价规范》适用于建设工程工程量清单计价活动。包括工程建设招标投标到工程施工完成整个过程的工程量清单编制、工程量清单招标控制价编制、工程量清单投标报价编制、工程合同价款的约定、竣工结算的办理以及工程施工过程中工程计量与工程价款支付、索赔与现场签证、工程价款的调整和工程计价争议处理等活动。

全部使用国有资金或国有资金投资为主的工程建设项目，必须采用工程量清单计价。国有资金（含国家融资资金）为主的工程建设项目是指国有资金占投资总额50%以上，或虽不足50%但国有投资者实质上拥有控股权的工程建设项目。对于非国有资金投资的工程建设项目，是否采用工程量清单方式计价由项目业主决定。当非国有资金投资的工程建设项目确定采用工程量清单计价时，则应执行本规范；确定不采用工程量清单计价的，除不执行工程量清单计价的专门性规定外，但仍应执行本规范规定的工程价款的调整、工程计量与工程价款支付、索赔与现场签证、竣工结算以及工程造价争议处理等条文。

《计价规范》包括正文和附录两大部分，二者具有同等效力。正文共五章，包括总则、术语、工程量清单编制、工程量清单计价、工程量清单计价表格。正文分别就适用范围、遵循的原则、工程量清单编制的规则、工程量清单计价的规则、工程量清单及其计价格式等作了明确规定。

附录包括A、B、C、D、E、F六个。附录A为建筑工程工程量清单项目及计算规则，附录B为装饰装修工程工程量清单项目及计算规则，附录C为安装工程工程量清单项目及计算规则，附录D为市政工程工程量清单项目及计算规则，附录E为园林绿化工程工程量清单项目及计算规则，附录F为矿山工程工程量清单项目及计算规则。附录中包括项目编码、项目名称、项目特征、计量单位、工程量计算规则和工程内容。其中的项目编码、项目名称、计量单位、工程量计算规则等四方面内容，要求招标人在编制工程量清单时必须按照全国统一规定执行。

工程量清单是指建设工程的分部分项工程项目、措施项目、其他项目、规费项目和税金项目的名称和相应数量的明细清单。在工程建设的不同阶段，又可分别称为“招标工程量清单”、“结算工程量清单”等。工程量清单是工程量清单计价的基础，应作为编制招标控制价、投标报价、计算工程量、支付工程款、调整合同价款、办理竣工结算以及工程索赔等的依据。

工程量清单计价活动遵循客观、公正、公平的原则。

二、工程量清单计价的特点

《计价规范》有以下特点：

1. 强制性。由建设主管部门按照强制性国家标准发布施行，同时规定了国有资金投资的工程建设项目，无论规模大小，均必须采用工程量清单计价。明确了工程量清单必须作为招标文件的组成部分，招标人应对其准确性和完整性负责。规定了分部分项工程量清单应包括项目编码、项目名称、项目特征、计量单位和工程量五个要素。

2. 实用性。《计价规范》总结了工程量清单计价的经验和取得的成果，内容更加全面，更具实用性。内容涵盖了从工程招标投标到竣工结算的全过程，并增加了条文说明。附录中工程量清单项目及计算规则的项目名称表现的是工程实体项目，项目名称明确清晰，工程量计算规则简洁明了，特别还列有项目特征和工程内容，易于编制工程量清单时确定具体项目名称和投标报价。

3. 竞争性。《计价规范》中没有具体的人工、材料和施工机械的消耗量，投标企业可以根据企业定额，也可以参照建设行政主管部门发布的社会平均消耗量定额，以及市场价格信息等自主报价。其价格有高有低，具有竞争性，能够反映出投标企业的技术实力和管理水平。措施项目中除安全文明施工费外，由投标企业根据施工组织设计或施工方案，视具体情况进行补充和报价，因为这些项目在各个企业的施工方案中各有不同，是企业竞争项目。

4. 通用性。采用工程量清单计价将与国际惯例接轨，实现了工程量计算方法标准化、工程量计算规则统一化、工程造价确定市场化的要求。

三、工程量清单的作用

1. 工程量清单为所有投标人报价提供了一个共同平台。采用工程量清单方式招标，工程量清单必须作为招标文件的组成部分，由招标人通过招标文件提供给投标人。工程量清单的准确性和完整性由招标人负责，若工程量清单中存在漏项或错误，投标人核对后可以提出，并由招标人修改后通知所有投标人。同一个工程项目的所有投标人依据的是相同的工程量清单进行投标报价，投标人的机会是平等的。

2. 工程量清单是工程量清单计价的基础。招标人根据工程量清单，以及有关计价规定计算招标工程的招标控制价。招标文件中的工程量清单标明的工程量又是投标人投标报价的基础。投标人按照招标文件的要求，根据工程特点，并结合自身的施工技术、装备和管理水平，依据工程量清单、企业定额以及有关计价规定等计算投标报价。

3. 工程量清单是工程结算的依据。在工程施工阶段，工程量清单是发包人支付承包人工程进度款、发生工程变更时调整合同价款、新增加项目综合单价的估算、发生工程索赔事件后计算索赔费用、工程量增减幅度超过合同约定幅度时调整综合单价以及办理竣工结算等的依据。

四、实行工程量清单计价的意义

1. 改变了以工程预算定额为计价依据的计价模式。长期以来，我国招标标底、投标报价以及工程结算均以工程预算定额作为主要依据。1992 年，为了使工程造价管理由静态管理模式逐步转变为动态管理模式以适应建设市场改革的要求，针对工程预算定额编制和使用中存在的问题，提出了“控制量、指导价、竞争费”的改革措施，其主要思路和原则是：将工程预算定额中的人工、材料、机械的消耗量和相应的单价分离，人、材、机的消耗量是国家根据有关规范、标准以及社会的平均水平来确定的，控制量的目的就是保证工程质量，指导价就是要逐步走向市场形成价格，这一措施在我国实行社会主义市场经济初期起到了积极的作用。但随着建设市场化进程的发展，这种做法仍然难以改变工程预算定额中国家指令性的状况，难以进一步提高竞争意识，难以满足招标投标和评标的要求。因为控制的量反映的是社会平均消耗水平，不能准确地反映各个企业的实际消耗量，不能全面地体现企业技术装备水平、管理水平和劳动生产率，还不能充分体现市场公平竞争。工程量清单计价将改革以工程预算定额为计价依据的计价模式。

2. 有利于公开、公平、公正竞争。工程造价是工程建设的核心问题，也是建设市场运行的核心内容，建设市场上存在许多不规范行为，大多与工程造价有关。实现建设市场的良性发展除了法律法规和行政监管以外，发挥市场规律中“竞争”和“价格”的作用是治本之策。过去的工程预算定额在工程发包与承包工程计价中调节双方利益，反映市场价格等方面显得滞后，特别是在公开、公平、公正竞争方面，缺乏合理完善的机制。工程量清单计价是市场形成工程造价的主要形式，有利于发挥企业自主报价的能力，实现政府定价到市场定价的转变，有利于改变招标单位在招标中盲目压价的行为。从而真正体现公开、公平、公正的原则，反映市场经济规律。

3. 有利于招标投标双方合理承担风险，提高工程管理水平。采用工程量清单方式招标投标，由于工程量清单是招标文件的组成部分，发包人必须编制出准确的工程量清单，并承担相应的风险，从而促进发包人提高管理水平。对承包人来说采用工程量清单报价，必须对单位工程成本、利润进行分析，精心选择施工方案，并根据企业定额合理确定人工、材料、施工机械等要素的投入与配置，合理控制现场费用与施工技术措施费用，确定投标价并承担相应的风险。承包人必须改变过去过分依赖国家发布定额的状况，根据自身的条件编制出自己的企业定额。

4. 有利于我国工程造价管理政府职能的转变。实行工程量清单计价，按照“政府宏观调控、企业自主报价、市场形成价格、加强市场监管”的工程造价管理思路，我国工程造价管理的政府职能将发生转变，由过去根据政府控制的指令性定额编制的工程预算转变为根据工程量清单，企业自主报价，市场形成价格，由过去行政直接干预转变为政府对工程造价的宏观调控，市场监管。

5. 有利于我国工程造价计价与国际接轨。目前，我国建筑企业走出国门在海外承包工程项目日益增多，而工程量清单计价是国际通行的工程计价做法。为增强我国建筑企业的国际竞争能力，就必须与国际通行的计价方法相适应。在我国实行工程量清单计价，为建设市场主体创造一个与国际惯例接轨的市场竞争环境，才能有利于提高国内建设各方主体参与国际化竞争的能力，有利于提高工程建设的管理水平。

第二节　工程量清单的编制

采用工程量清单方式招标的工程，工程量清单必须作为招标文件的组成部分，由具有编制能力的招标人或受其委托，具有相应资质的工程造价咨询人编制。招标人应对工程量清单的准确性和完整性负责，投标人无权修改调整。

工程量清单由分部分项工程量清单、措施项目清单、其他项目清单、规费项目清单和税金项目清单共五部分组成。编制工程量清单应依据：

1.《计价规范》；

2. 国家或省级、行业建设主管部门颁发的计价依据和办法；

3. 建设工程设计文件；

4. 与建设工程项目有关的标准、规范、技术资料；

5. 招标文件中及其补充通知、答疑纪要；

6. 施工现场情况、工程特点及常规施工方案；

7. 其他相关资料。

一、分部分项工程量清单的编制

分部分项工程量清单应包括项目编码、项目名称、项目特征、计量单位和工程量五个要素，缺一不可。分部分项工程量清单应根据《计价规范》附录中规定的统一项目编码、项目名称、项目特征、计量单位和工程量计算规则进行编制。

1. 项目编码的设置

分部分项工程清单的项目编码，采用十二位阿拉伯数字表示。一至九位应按附录A～F的规定设置；十至十二位应根据拟建工程的工程量清单项目名称由编制人设置，并应自001起顺序编制，同一招标工程不得有重码。

各级编码的含义：

（1）第一级表示工程分类顺序码（前二位），其中：建筑工程01，装饰装修工程02，安装工程03，市政工程04，园林绿化工程05，矿山工程06；

（2）第二级表示专业工程顺序码（第三、第四位）；

（3）第三级表示分部工程顺序码（第五、第六位）；

（4）第四级表示分项工程项目名称顺序码（第七、第八、第九位）；

（5）第五级表示清单项目名称顺序码（后三位，由编制人设置）。

项目编码结构如图 11-1 所示（以建筑工程为例）。

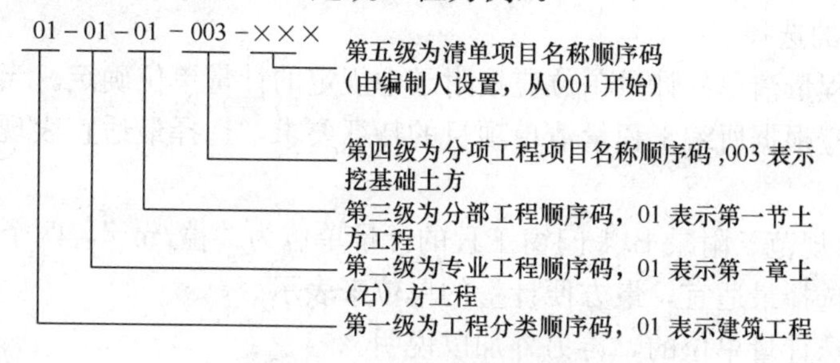

图 11-1　项目编码结构图

2. 项目名称的确定

分部分项工程量清单的项目名称应按附录的项目名称结合拟建工程的实际确定。《计价规范》附录表中的“项目名称”为分项工程项目名称，一般以工程实体命名。编制工程量清单出现附录中未包括的项目，招标人应作补充，并报省级或行业造价管理机构备案。补充项目的编码由附录的顺序码与 B 和 3 位阿拉伯数字组成，并应从×B001 起顺序编制。工程量清单中需附有补充项目的名称、项目特征、计量单位、工程量计算规则、工程内容。

3. 项目特征的描述

分部分项工程量清单项目特征应按附录中规定的项目特征，结合拟建工程项目的实际予以描述。分部分项工程量清单项目特征是确定一个清单项目综合单价的重要依据，在编制工程量清单中必须对其项目特征进行准确和全面的描述。

准确的描述清单项目的特征对于准确确定清单项目的综合单价具有决定性作用。清单项目特征的描述，应根据《计价规范》附录表中有关项目特征的要求，结合技术规范、标准图集、施工图纸、按照工程结构、使用材质、及规格或安装位置等，予以详细而准确的表述和说明。

例如，砌筑工程砖砌体中的实心砖墙项目。按照《计价规范》附录表 A. 3. 2 中“项目特征”栏的规定，就必须描述砖的品种：是页岩砖还是粉煤灰砖；砖的规格：是标准砖还是非标准砖，是非标准砖应注明尺寸；砖的强度等级：是 MU10、MU15 还是 MU20；因为砖的品种、规格、强度等级直接关系到砖的价格。还必须描述墙体类型：是混水墙还是清水墙；墙体厚度：是 240mm 还是 370mm；因为墙体类型、厚度直接影响砌筑的工效以及砖、砂浆的消耗量。还必须描述勾缝要求：是原浆还是加浆勾缝，如是加浆勾缝还应注明砂浆配合比；砌筑砂浆的强度等级：是 M5、M7. 5 还是 M10；砌筑砂浆种类：是混合砂浆还是水泥砂浆；因为不同强度等级、不同种类、不同配合比的砂浆，其价格是不同的。这些描述均不可少，因为其中任何一项都影响着实心砖墙项目综合单价的确定。

但有些项目特征用文字往往又难以准确和全面的描述清楚，为了达到规范、简捷、准确、全面描述项目特征的要求，在描述工程量清单项目特征时按以下原则进行：

（1）项目特征描述的内容按附录中规定的内容，项目特征的表述按拟建工程的实际要求，以能满足确定综合单价的需要为前提；

（2）对采用标准图集或施工图纸能够全面或部分满足项目特征描述要求的，项目特征描述可直接采用详见××图集或××图号的方式，对不能满足项目特征描述要求的部分，仍应用文字描述进行补充。

4. 计量单位的选择

分部分项工程量清单的计量单位应按附录中规定的计量单位确定。当计量单位有两个或两个以上时，应根据所编工程量清单项目的特征要求，选择最适宜表现该项目特征并方便计量的单位。

例如，《计价规范》附录 B.4 门窗工程的计量单位为“樘/m^2”，两个计量单位。实际工程中，就应该选择最适宜，最方便计量的单位来表示。

各专业有特殊计量单位的，再另外加以说明。

5. 工程量的计算

分部分项工程量清单中所列工程量应按附录中规定的工程量计算规则计算。其工程量是以形成工程实体为准，并以完成后的净值来计算。清单工程量计算不考虑施工方法而增加的工程量，这一点与前面定额工程量的计算有着本质的区别。

《计价规范》附录中给出了建筑工程、装饰装修工程、安装工程、市政工程、园林绿化工程和矿山工程共六个工程类别的工程量计算规则。

工程量的有效位数应遵守下列规定：

(1) 以“吨”为计量单位的应保留小数点三位，第四位小数四舍五入；

(2) 以“立方米”、“平方米”、“米”、“千克”为计量单位的应保留小数点两位，第三位小数四舍五入；

(3) 以“项”、“个”等为计量单位的应取整数。

二、措施项目清单的编制

措施项目是指为完成工程项目施工，发生于该工程施工准备和施工过程中的技术、生活、安全、环境保护等方面的非工程实体项目。所谓非工程实体项目，一般地说，其费用的发生和金额的大小与使用时间、施工方法或者两个以上工序相关，与实际完成的实体工程量的多少关系不大。典型的有：大型施工机械进出场及安拆、文明施工、安全施工、临时设施等。但有的非工程实体项目如混凝土浇筑的模板工程，与完成的工程实体有着直接关系，并且是可以精确计量的项目。

措施项目分为通用措施项目和专业措施项目。通用措施项目是指各专业工程的“措施项目清单”中均可列的措施项目，专业措施项目是指各专业工程的专用措施项目。措施项目清单应根据拟建工程的实际情况，可按表 11-1 选择列项。

措施项目一览表 **表 11-1**

序号	项 目 名 称
	一、通用措施项目
1	安全文明施工（含环境保护、文明施工、安全施工、临时设施）
2	夜间施工
3	二次搬运
4	冬雨季施工
5	大型机械设备进出场及安拆
6	施工排水
7	施工降水

续表

序号	项 目 名 称
8	地上、地下设施，建筑物的临时保护设施
9	已完工程及设备保护
	二、专业措施项目
	建 筑 工 程
1.1	混凝土、钢筋混凝土模板及支架
1.2	脚手架
1.3	垂直运输机械
	装饰装修工程
2.1	脚手架
2.2	垂直运输机械
2.3	室内空气污染测试
	……
……	

措施项目清单应根据工程情况、现场情况、文明施工、环境因数、安全生产、水文资料、气象条件等编制。若出现《计价规范》未列出的项目，可根据工程实际情况进行补充。

措施项目中可以计算工程量的项目清单宜采用分部分项工程量清单的方式编制，列出项目编码、项目名称、项目特征、计量单位和工程量计算规则。例如，混凝土浇筑的模板工程，用分部分项工程量清单的方式采用综合单价，更有利于措施费的确定和调整。不能计算工程量的项目清单，以"项"为计量单位。

三、其他项目清单的编制

其他项目清单是指分部分项工程量清单、措施项目清单所包含的内容以外，因招标人的特殊要求而发生的与拟建工程有关的其他费用项目和相应数量的清单。

其他项目清单宜按照下列内容列项：

(1) 暂列金额；

(2) 暂估价：包括材料暂估单价、专业工程暂估价；

(3) 计日工；

(4) 总承包服务费。

工程建设标准的高低、工程的复杂程度、工程的工期长短、工程的组成内容、发包人对工程管理要求等都直接影响其他项目清单的具体内容。若出现《计价规范》未列的其他项目清单项目，可根据工程实际情况补充。

1. 暂列金额。招标人在工程量清单中暂定并包括在合同价款中的一笔款项。用于施工合同签订时尚未确定或者不可预见的所需材料、设备、服务的采购，施工中可能发生的工程变更、合同约定调整因素出现时的工程价款调整，以及发生的索赔、现场签证确认等的费用。

2. 暂估价。招标人在工程量清单中提供的用于支付必然发生但暂时不能确定价格的材料价款以及专业工程的金额。暂估价在招标阶段预见肯定要发生，但是由于标准不明确或者需要由专业承包人完成，暂时无法确定其价格或金额。

一般而言，为方便合同管理和计价，需要纳入分部分项工程量清单项目综合单价中，暂估价则最好只是材料费，以方便投标人组价。以"项"为计量单位给出的专业工程暂估价一般应是综合暂估价，应当包括除规费、税金以外的管理费、利润等。

3. 计日工。是为了解决现场发生的零星工作的计价而设立的。在施工过程中，完成发包人提出的施工图纸以外的零星项目或工作，按合同中约定的计日工综合单价计价。

国际上常见的标准合同条款中，大多数都设立了计日工（Daywork）计价机制。计日工以完成零星工作所消耗的人工工时、材料数量、机械台班进行计量，并按照计日工表中填报的适用项目的单价进行计价支付。计日工适用的所谓零星工作一般是指合同约定之外的或者因变更而产生的、工程量清单中没有相应项目的额外工作，尤其是那些时间不允许事先商定价格的额外工作。计日工为额外工作和变更的计价提供了一个方便快捷的途径。但是，在以往的工程实践中，计日工常常被忽略。其中一个主要原因是因为计日工项目的单价水平一般要高于工程量清单项目单价的水平。理论上讲，合理的计日工单价水平一定是高于工程量清单的价格水平，其原因在于计日工往往是用于一些突发性的额外工作，缺少计划性，承包人在调动施工生产资源方面难免不影响已经计划好的工作，生产资源的使用效率也有一定的降低，客观上造成超出常规的额外投入。另一方面，计日工表中一定要给出暂定数量，并且需要根据经验，尽可能估算一个比较贴近实际的数量。当然，尽可能把项目列全，防患于未然。

4. 总承包服务费。总承包人为配合协调发包人进行的工程分包、自行采购的设备材料等进行管理、服务，以及施工现场管理、竣工资料汇总整理等服务所需的费用。

为了解决招标人在法律、法规允许的条件下进行专业工程发包以及自行采购供应材料、设备时，要求总承包人对发包的专业工程提供协调和配合服务，如分包人使用总承包人的脚手架、水电接剥等；对供应的材料、设备提供收、发和保管服务，以及对施工现场进行统一管理；对竣工资料进行统一汇总整理等发生并向总承包人支付的费用。招标人应当预计该项费用并按投标人的投标报价向投标人支付该项费用。

四、规费项目清单的编制

规费是指政府及有关权力部门规定必须交纳的费用。一般按国家有关部门规定的计算公式、计算基数及费率标准计取。

规费项目清单应按照下列内容列项：

1. 工程排污费；

2. 工程定额测定费；

3. 社会保障费：包括养老保险费、失业保险费、医疗保险费；

4. 住房公积金；

5. 危险作业意外伤害保险费。

政府及有关权力部门可根据形势发展的需要，对规费进行调整。若出现《计价规范》未列的规费项目，应根据省级政府或省级有关权力部门的规定列项。

例如，北京市建委《关于贯彻实施〈计价规范〉的通知》中规定，规费项目清单应按照住房公积金、基本医疗保险金、基本养老保险费、失业保险基金、工伤保险基金、残疾人就业保障金和危险作业意外伤害保险等内容编制，并应随北京市政府和有关部门的规定进行调整。

五、税金项目清单的编制

建筑安装工程税金是指国家税法规定的应计入建筑安装工程造价的营业税、城市维护建设税和教育费附加。

税金项目清单应包括以下内容：营业税；城市维护建设税；教育费附加。

如国家税法发生变化或地方政府及税务部门依据职权对税种进行了调整，应对税金项目清单进行相应调整。若出现《计价规范》未列的税金项目，应根据税务部门的规定列项。

第三节　工程量清单计价

一、建筑安装工程造价的组成

根据《计价规范》规定，采用工程量清单计价，建安工程造价由分部分项工程费、措施项目费、其他项目费、规费和税金五部分组成。如图 11-2 所示。

从图 11-2 可以看出，与《建筑安装工程费用组成》（建标［2003］206 号文）（建筑安装工程费由直接费、间接费、利润和税金组成）包含的内容并无实质性差异。《建筑安装工程费用组成》（建标［2003］206 号文）主要表述的是建筑安装工程费用的组成，而《计价规范》的建筑安装工程造价要求的是建筑安装工程在工程交易和工程实施阶段工程造价的组价要求，包括索赔等，内容更全面、更具体。二者在计算建筑安装工程造价的角度上存在差异。

分部分项工程量清单应采用综合单价计价。综合单价是指完成一个规定计量单位的分部分项工程量清单项目或措施清单项目所需的人工费、材料费、施工机械使用费和企业管理费与利润，以及一定范围内的风险费用。

二、工程量清单计价的基本过程

工程量清单计价过程可以分为工程量清单编制和工程量清单应用两个阶段。如图11-3所示。

三、工程量清单计价方法

（一）工程造价的计算

单位工程报价＝分部分项工程费＋措施项目费＋其他项目费＋规费＋税金

单项工程报价＝Σ单位工程报价

工程总造价＝Σ单项工程报价

（二）分部分项工程费计算

分部分项工程费＝Σ分部分项工程量×分部分项工程综合单价

1. 分部分项工程量的确定

招标文件中的工程量清单标明的工程量是投标人投标报价的共同基础，竣工结算的工程量按发、承包双方在合同中约定应予计量且实际完成的工程量确定。

《计价规范》附录中规定的工程量计算规则计算清单工程量，是按工程设计图示尺寸以工程实体的净量计算。这与施工中实际施工作业量在数量上会有一定的差异，因为施工

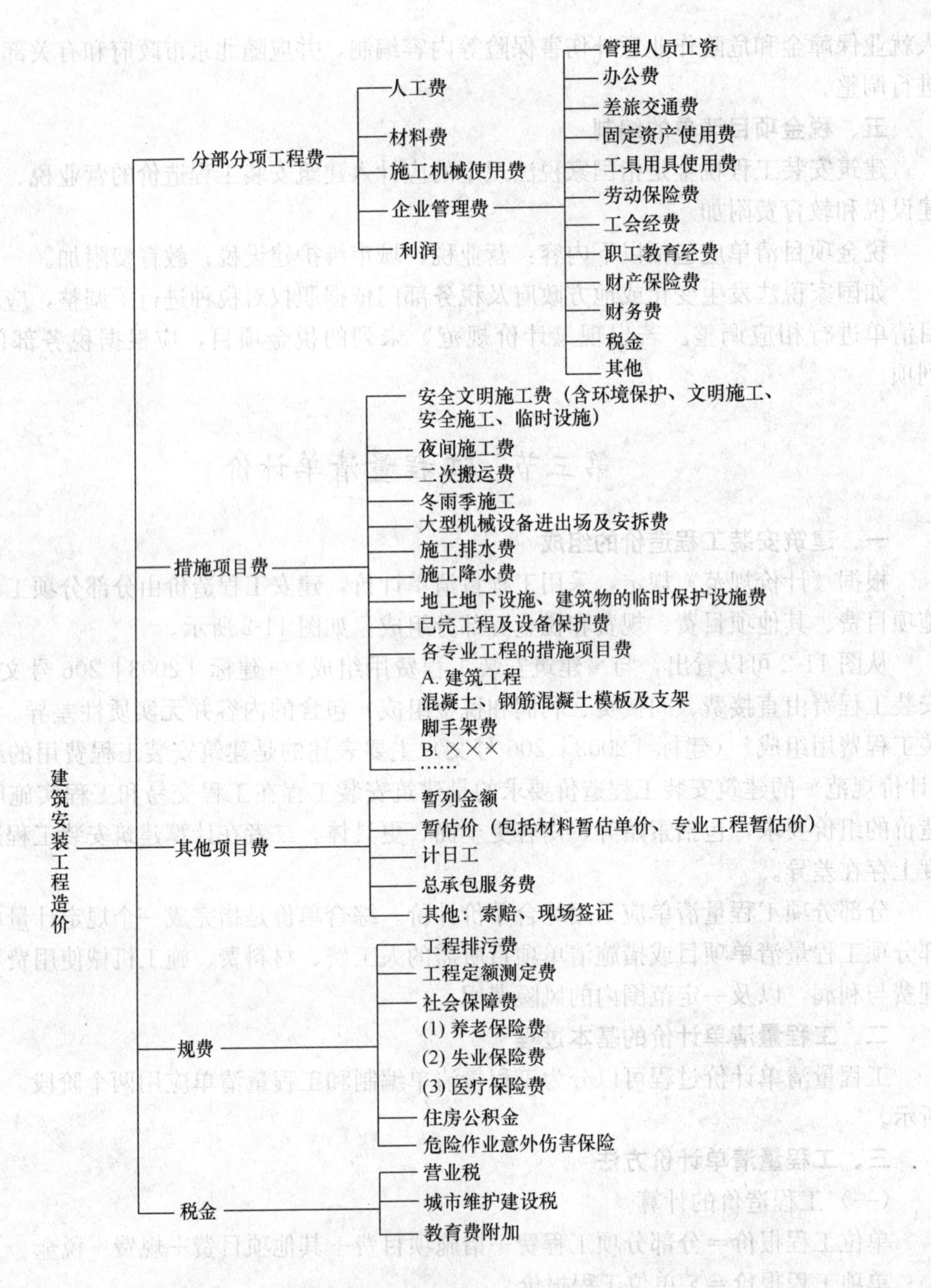

图 11-2　工程量清单计价的建筑安装工程造价组成

作业量还要考虑因施工技术措施而增加的工程量。

例如，土（石）方工程中的“挖基础土方”。清单工程量计算是按设计图示尺寸以基础垫层底面积乘以挖土深度计算，而实际施工作业量是按实际开挖量计算，包括放坡及工作面所需要的开挖量。

2. 人工、材料和施工机械费用单价

《计价规范》中没有具体的人工、材料和施工机械的消耗量，企业可以根据企业定额，也可以参照建设行政主管部门发布的社会平均消耗量定额，确定人工、材料和施工机械的

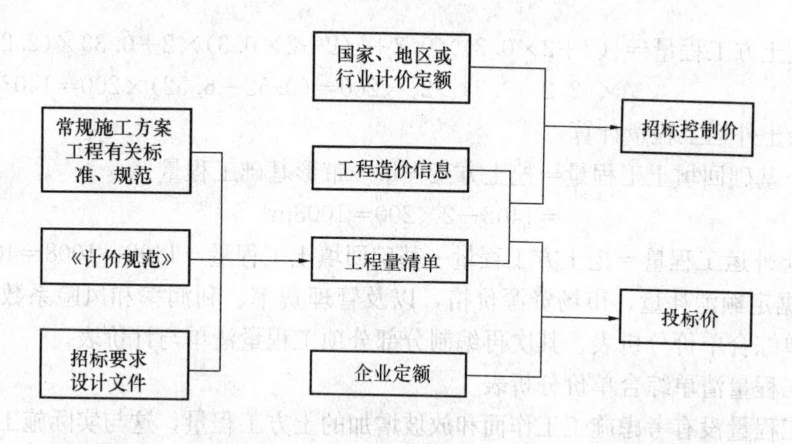

图 11-3　工程量清单计价过程

消耗量，参考市场资源价格，计算出分项工程所需的人工、材料和施工机械费用的单价。

3. 风险费用

风险是工程建设施工阶段，发、承包双方在招标投标活动和合同履约及施工中所面临涉及工程计价方面的风险。采用工程量清单计价的工程，应在招标文件或合同中明确风险内容及其范围（幅度），不得采用无限风险、所有风险或类似语句规定风险内容及其范围（幅度）。在工程建设施工中实行风险共担和合理分摊原则是实现建设市场交易公平性的具体体现，是维护建设市场正常秩序的措施之一。

4. 确定分部分项工程综合单价

分部分项工程综合单价＝人工费＋材料费＋机械使用费＋管理费＋利润，以及一定范围内的风险费用。综合单价中需考虑施工中的各种损耗及施工技术措施需要增加的工程量。

最后，每个分部分项工程量清单项目的工程量乘以综合单价得到该分部分项工程费，将每个分部分项工程费累加就得到了分部分项工程量清单计价合价。

【例 11-1】 某建筑工程，工程采用同一断面的条形基础，基础断面面积为 2.0 m^2，基础总长度为 200m，垫层宽度 2m，厚度 200mm，挖土深度为 2.2m。土壤类别为三类土。根据工程情况，以及施工现场条件等因数确定基础土方开挖工程施工方案为人工放坡开挖，工作面每边 300mm，自垫层上表面开始放坡，坡度系数为 0.33。沟边堆土用于回填，余土全部采用翻斗车外运，弃土运距 200m，挖、填土方计算均按天然密实土。相关市场资源价格：人工单价 40 元/工日，机动翻斗车 100 元/台班，施工用水 5 元/ m^3。定额消耗量：人工挖三类土需用工 0.661 工日/ m^3；机动翻斗车运土，需用工 0.100 工日/ m^3，机动翻斗车 0.069 台班/ m^3，用水 0.012 m^3/m^3。工程采用工程量清单计价，管理费率取 12%，利润率和风险系数取 8%，试确定挖基础土方工程的综合单价。

【解】

1. 计算挖基础土方清单工程量

根据《计价规范》中工程量清单计算规则规定，挖基础土方工程量是按设计图示尺寸以基础垫层底面积乘以挖土深度计算。

清单工程量＝2×2.2×200＝880m^3

2. 根据施工方案计算施工作业工程量

(1) 挖土方工程量$=\{(2+2\times0.3)\times0.2+[(2+2\times0.3)\times2+0.33\times(2.2-0.2)\times2]\times(2.2-0.2)\div2\}\times200=(0.52+6.52)\times200=1408\ m^3$

(2) 余土外运工程量计算

基础回填土工程量＝挖土方工程量－带形基础工程量

$=1408-2\times200=1008m^3$

余土外运工程量＝挖土方工程量－基础回填土工程量$=1408-1008=400m^3$

3. 根据定额消耗量、市场资源价格，以及管理费率、利润率和风险系数，首先编制工程量清单综合单价分析表，其次再编制分部分项工程量清单与计价表。

(1) 工程量清单综合单价分析表

清单工程量没有考虑施工工作面和放坡增加的土方工程量，这与实际施工作业量差距很大，并将随着挖土深度的加大而相差更大。所以，在清单计价中应将这部分土方工程量的费用考虑到的综合单价中。

1) 清单单位含量＝定额工程量/清单工程量

人工挖基础土方清单单位数量$=1408/880=1.60m^3$

机械土方运输清单单位数量$=400/880=0.45m^3$

2) 人、料、机，以及管理费和利润单价计算

人工挖土人工费单价$=40\times0.661=26.44$元/m^3

合价$=26.44\times1.60=42.30$元

人工挖土管理费和利润单价$=26.44\times12\%+26.44\times(1+12\%)\times8\%=5.54$元

合价$=5.54\times1.60=8.86$元

土方运输人工费单价$=40\times0.100=4.00$元

合价$=4.00\times0.45=1.80$元

土方运输材料费单价$=5\times0.012=0.06$元

合价$=0.06\times0.45=0.03$元

土方运输机械费单价$=100\times0.069=6.90$元

合价$=6.90\times0.45=3.11$元

土方运输管理费和利润单价$=(4.00+0.06+6.90)\times12\%+(4.00+0.06+6.90)\times(1+12\%)\times8\%=2.30$元

合价$=2.30\times0.45=1.04$元

3) 工程量清单综合单价分析表

将以上计算结果写入工程量清单综合单价分析表，表 11-2。

《计价规范》中挖基础土方工程内容综合了土方运输，故将以上计算的人工挖土和土方运输的人、料、机，以及管理费和利润分别相加，最后得到挖基础土方工程清单综合单价。

(2) 编制分部分项工程量清单与计价表

见表 11-3。

(三) 措施项目费计算

措施项目清单计价应根据拟建工程的施工组织设计，可以计算工程量的措施项目，应按分部分项工程量清单的方式采用综合单价计价；其余的措施项目可以“项”为单位的方

式计价，应包括除规费、税金外的全部费用。

工程量清单综合单价分析表 **表 11-2**

工程名称：某建筑工程　　　　标段：　　　　第　页　共　页

项目编码	010101003001	项目名称	挖基础土方	计量单位	m^3

清单综合单价组成明细											
定额编号	定额名称	定额单位	数量	单价（元）				合价（元）			
				人工费	材料费	机械费	管理费和利润	人工费	材料费	机械费	管理费和利润
	人工挖土	m^3	1.60	26.44			5.54	42.30			8.86
	土方运输	m^3	0.45	4.00	0.06	6.90	2.30	1.80	0.03	3.11	1.04
人工单价		小计						44.10	0.03	3.11	9.90
40元/工日		未计价材料（元）									
清单项目综合单价								57.14			

材料费明细	主要材料名称、规格、型号	单位	数量	单价（元）	合价（元）	暂估单价（元）	暂估合价（元）
	水	m^3	0.005	5	0.03		
	其他材料费（元）						
	材料费小计（元）			0.03			

分部分项工程量清单与计价表 **表 11-3**

工程名称：某建筑工程　　　　标段：　　　　第　页　共　页

序号	项目编码	项目名称	项目特征描述	计量单位	工程量	金额（元）		
						综合单价	合价	其中：暂估价
1	010101003001	挖基础土方	1. 土壤类别：三类土 2. 基础类型：条基 3. 垫层底宽：2m 4. 挖土深度：2.2 m 5. 弃土运距：200 m	m^3	880	57.14	50283.2	
	……							
			本页小计					
			合 计					

可以计算工程量的措施项目，包括与分部分项工程项目类似的措施项目（如护坡桩、降水等）和与分部分项工程量清单项目直接相关的措施项目（如混凝土、钢筋混凝土模板及支架等），应采用分部分项工程量清单项目计价方式计算。不便计算工程量的措施项目费（如安全文明施工费、夜间施工费、二次搬运费等），按"项"计算。

措施项目清单中的安全文明施工费，应按照国家或省级、行业建设主管部门的规定计价，不得作为竞争性费用。

（四）其他项目费计算

其他项目费包括暂列金额、暂估价、计日工和总承包服务费。

在编制招标控制价、投标报价和竣工结算时，计算其他项目费的要求是不一样的。其他项目费应根据工程特点、建设阶段和《计价规范》的规定计价。

暂列金额由招标人根据工程特点，按有关计价规定进行估算确定。结算时按照合同约定实际发生后，按实结算。

暂估价中的材料单价应按照工程造价管理机构发布的工程造价信息或参照市场价格确定，暂估价中的专业工程金额应分不同专业，按有关计价规定估算。招标人在工程量清单中提供了暂估价的材料和专业工程属于依法必须招标的，由承包人和招标人共同通过招标确定材料单价与专业工程分包价。若材料不属于依法必须招标的，经发、承包双方协商确认单价后计价。若专业工程不属于依法必须招标的，由发包人、总承包人与分包人按有关计价依据进行计价。

计日工招标人应根据工程特点，按照列出的计日工项目和有关计价依据计算。施工发生时，其价款按列入已标价工程量清单中的计日工计价子目及其单价进行计算。

总包服务费招标人根据工程实际需要提出要求。投标人按照招标人提出的协调、配合与服务要求，以及施工现场管理、竣工资料汇总整理等服务要求进行报价。结算时，按分包专业工程结算价（不含设备费）及原投标费率进行调整。

（五）规费和税金的计算

规费和税金应按国家或省级、行业建设主管部门的规定计算，不得作为竞争性费用。

1. 规费的计算。根据《建筑安装工程费用组成》（建标［2003］206号文）的规定，规费的计算基础可为直接费、人工费或人工费+机械费。

$$规费=计算基础\times规费费率$$

2. 税金的计算

综合税率（营业税、城市建设维护税和教育附加税）按下式计算：

$$综合税率=\frac{1}{1-(3\%+3\%\times a\%+3\%\times 3\%)}-1$$

式中 $a\%$ 应根据纳税人所在地确定。

纳税人所在地为城市：$a\%$ 取7%，则计算出综合税率为3.41%；

纳税人所在地为县镇：$a\%$ 取5%，则计算出综合税率为3.35%；

纳税人所在地为偏远地区：$a\%$ 取1%，则计算出综合税率为3.22%。

第四节　工程量清单计价表格

《计价规范》中工程量清单计价表格包括工程量清单、招标控制价、投标报价、竣工结算等各个阶段计价使用的四种封面和22种表样。

一、封面

四种封面中，工程量清单的封面应按规定的内容填写、签字、盖章，造价员编制的工程量清单应有负责审核的造价工程师签字、盖章；招标控制价、投标报价、竣工结算的封面应按规定的内容填写、签字、盖章，除承包人自行编制的投标报价和竣工结算外，受委托编制的招标控制价、投标报价、竣工结算若为造价员编制的，应有负责审核的造价工程师签字、盖章以及工程造价咨询人盖章。

1. 工程量清单的封面

______工程

工程量清单

招 标 人：______（单位盖章）

工程造价咨询人：______（单位资质专用章）

法定代表人或其授权人：______（签字或盖章）

法定代表人或其授权人：______（签字或盖章）

编 制 人：______（造价人员签字盖专用章）

复 核 人：______（造价工程师签字盖专用章）

编制时间： 年 月 日

复核时间： 年 月 日

2. 招标控制价的封面

______工程

招标控制价

招标控制价（小写）：______

（大写）：______

招 标 人：______（单位盖章）

工程造价咨询人：______（单位资质专用章）

法定代表人或其授权人：______（签字或盖章）

法定代表人或其授权人：______（签字或盖章）

编 制 人：______（造价人员签字盖专用章）

复 核 人：______（造价工程师签字盖专用章）

编制时间： 年 月 日

复核时间： 年 月 日

3. 投标总价的封面

投 标 总 价

招 标 人：______

工 程 名 称：______

投标总价（小写）：______

（大写）：______

投 标 人：______（单位盖章）

法 定 代 表 人或 其 授 权 人：______（签字或盖章）

编 制 人：______（造价人员签字盖专用章）

编 制 时 间： 年 月 日

4. 竣工结算总价的封面

______工程

竣工结算总价

中标价（小写）：______ （大写）：______

结算价（小写）：______ （大写）：______

发 包 人：______（单位盖章）

承 包 人：______（单位盖章）

工程造价咨询人：______（单位资质专用章）

法定代表人或其授权人：______（签字或盖章）

法定代表人或其授权人：______（签字或盖章）

法定代表人或其授权人：______（签字或盖章）

编 制 人：______（造价人员签字盖专用章）

核 对 人：______（造价工程师签字盖专用章）

编制时间： 年 月 日

核对时间： 年 月 日

二、总说明表

在工程计价的不同阶段，说明的内容是不相同的。

1. 工程量清单的编制总说明应按下列内容填写：

(1) 工程概况：建设规模、工程特点、计划工期、施工现场实际情况、自然地理条件、环境保护要求等。

(2) 工程招标和分包范围。

(3) 工程量清单编制依据。

(4) 工程质量、材料、施工等的特殊要求。

(5) 其他需要说明的问题。

2. 招标控制价、投标报价、竣工结算的编制总说明应按下列内容填写：

(1) 工程概况：建设规模、工程特点、计划工期、合同工期、实际工期、施工现场及变化情况、施工组织设计的特点、自然地理条件、环境保护要求等。

(2) 编制依据等。

3. 总说明表：见表 11-4。

总 说 明 表 11-4

工程名称：　　　　　　　　　　　　　　　　　　　　第 页 共 页

三、汇总表

1. 工程项目招标控制价/投标报价汇总表（表 11-5）。

工程项目招标控制价/投标报价汇总表 表 11-5

工程名称：　　　　　　　　　　　　　　　　　　　　第 页 共 页

序号	单项工程名称	金 额（元）	其 中		
			暂估价（元）	安全文明施工费（元）	规费（元）
	合 计				

注：本表适用于工程项目招标控制价或投标报价的汇总。

2. 单项工程招标控制价/投标报价汇总表（表 11-6）。

单项工程招标控制价/投标报价汇总表 **表 11-6**

工程名称： 第 页 共 页

序号	单项工程名称	金额（元）	其中		
			暂估价（元）	安全文明施工费（元）	规费（元）
	合计				

注：本表适用于单项工程招标控制价或投标报价的汇总。暂估价包括分部分项工程中的暂估价和专业工程暂估价。

3. 单位工程招标控制价/投标报价汇总表（表 11-7）。

表中的“标段”栏，对于房屋建筑工程而言，习惯上无标段划分，可不填写；但对于管道敷设、道路施工、地铁隧道等，则往往以标段划分，因此，应填写“标段”栏。其他表格中若有此栏，道理相同。

单位工程招标控制价/投标报价汇总表 **表 11-7**

工程名称： 标段： 第 页 共 页

序号	汇总内容	金额（元）	其中：暂估价（元）
1	分部分项工程		
1.1			
1.2			
2	措施项目		—
2.1	安全文明施工费		—
3	其他项目		—
3.1	暂列金额		—
3.2	专业工程暂估价		—
3.3	计日工		—
3.4	总承包服务费		—
4	规费		—
5	税金		—
招标控制价合计=1+2+3+4+5			

注：本表适用于单位工程招标控制价或投标报价的汇总，如无单位工程划分，单项工程也使用本表汇总。

4. 工程项目竣工结算汇总表（表 11-8）。

工程项目竣工结算汇总表 **表 11-8**

工程名称：　　　　　　　　　　　　　　　　　　　　　　第　页 共　页

序号	单项工程名称	金　额（元）	其　中	
			安全文明施工费（元）	规费（元）
	合　计			

5. 单项工程竣工结算汇总表（表 11-9）。

单项工程竣工结算汇总表 **表 11-9**

工程名称：　　　　　　　　　　　　　　　　　　　　　　第　页 共　页

序号	单位工程名称	金　额（元）	其　中	
			安全文明施工费（元）	规费（元）
	合　计			

6. 单位工程竣工结算汇总表（表 11-10）。

单位工程竣工结算汇总表 **表 11-10**

工程名称：　　　　　　　标段：　　　　　　　　　　　　第　页 共　页

序号	汇 总 内 容	金　额（元）
1	分部分项工程	
1.1		
1.2		
2	措施项目	
2.1	安全文明施工费	
3	其他项目	
3.1	专业工程结算费	
3.2	计工日	
3.3	总承包服务费	
3.4	索赔与现场签证	
4	规费	
5	税金	
竣工结算总价合计=1+2+3+4+5		

注：如无单位工程划分，单项工程也使用本表汇总。

四、分部分项工程量清单表

1. 分部分项工程量清单与计价表：表 11-11。

此表是编制工程量清单、招标控制价、投标报价、竣工结算最基本的用表。

工程量清单与计价表中列明的所有需要填写的单价和合价，投标人均应填写，未填写的单价和合价，视为此项费用已包含在工程量清单的其他单价和合价中。

分部分项工程量清单与计价表 表 11-11

工程名称： 标段： 第 页 共 页

<table>
<tr><th rowspan="2">序号</th><th rowspan="2">项目编码</th><th rowspan="2">项目名称</th><th rowspan="2">项目特征描述</th><th rowspan="2">计量单位</th><th rowspan="2">工程量</th><th colspan="3">金 额（元）</th></tr>
<tr><th>综合单价</th><th>合价</th><th>其中：暂估价</th></tr>
<tr><td></td><td></td><td></td><td></td><td></td><td></td><td></td><td></td><td></td></tr>
<tr><td></td><td></td><td></td><td></td><td></td><td></td><td></td><td></td><td></td></tr>
<tr><td></td><td></td><td></td><td></td><td></td><td></td><td></td><td></td><td></td></tr>
<tr><td></td><td></td><td></td><td></td><td></td><td></td><td></td><td></td><td></td></tr>
<tr><td></td><td></td><td></td><td></td><td></td><td></td><td></td><td></td><td></td></tr>
<tr><td colspan="7">本页小计</td><td></td><td></td></tr>
<tr><td colspan="7">合 计</td><td></td><td></td></tr>
</table>

注：根据建设部、财政部发布的《建筑安装工程费用组成》（建标［2003］206 号）的规定，为计取规费等的使用，可在表中增设其中："直接费"、"人工费"或"人工费＋机械费"。

2. 工程量清单综合单价分析表：表 11-12。

投标人应按招标文件的要求，附工程量清单综合单价分析表。本表反映了构成每一个清单项目综合单价的各个要素价格和工、料、机消耗量。

工程量清单综合单价分析表 表 11-12

工程名称： 标段： 第 页 共 页

<table>
<tr><td colspan="2">项目编码</td><td colspan="3"></td><td colspan="2">项目名称</td><td colspan="2"></td><td colspan="2">计量单位</td><td></td></tr>
<tr><td colspan="12">清单综合单价组成明细</td></tr>
<tr><td rowspan="2">定额编号</td><td rowspan="2">定额名称</td><td rowspan="2">定额单位</td><td rowspan="2">数量</td><td colspan="4">单 价</td><td colspan="4">合 价</td></tr>
<tr><td>人工费</td><td>材料费</td><td>机械费</td><td>管理费和利润</td><td>人工费</td><td>材料费</td><td>机械费</td><td>管理费和利润</td></tr>
<tr><td></td><td></td><td></td><td></td><td></td><td></td><td></td><td></td><td></td><td></td><td></td><td></td></tr>
<tr><td></td><td></td><td></td><td></td><td></td><td></td><td></td><td></td><td></td><td></td><td></td><td></td></tr>
<tr><td></td><td></td><td></td><td></td><td></td><td></td><td></td><td></td><td></td><td></td><td></td><td></td></tr>
<tr><td colspan="2">人工单价</td><td colspan="6">小 计</td><td></td><td></td><td></td><td></td></tr>
<tr><td colspan="2">元/工日</td><td colspan="6">未计价材料费</td><td colspan="4"></td></tr>
<tr><td colspan="8">清单项目综合单价</td><td colspan="4"></td></tr>
<tr><td rowspan="5">材料费明细</td><td colspan="4">主要材料名称、规格、型号</td><td>单位</td><td>数量</td><td>单价（元）</td><td>合价（元）</td><td>暂估单价（元）</td><td colspan="2">暂估合价（元）</td></tr>
<tr><td colspan="4"></td><td></td><td></td><td></td><td></td><td></td><td colspan="2"></td></tr>
<tr><td colspan="4"></td><td></td><td></td><td></td><td></td><td></td><td colspan="2"></td></tr>
<tr><td colspan="6">其他材料费</td><td>—</td><td></td><td>—</td><td colspan="2"></td></tr>
<tr><td colspan="6">材料费小计</td><td>—</td><td></td><td>—</td><td colspan="2"></td></tr>
</table>

注：1. 如不使用省级或行业建设主管部门发布的计价依据，可不填定额项目、编号等。
2. 招标文件提供了暂估单价的材料，按暂估的单价填入表内"暂估单价"栏及"暂估合价"栏。

五、措施项目清单表

1. 措施项目清单与计价表（一）（表11-13）。

措施项目清单与计价表（一）

表 11-13

工程名称：　　　　　　　　　　标段：　　　　　　　　　　第　页　共　页

序号	项　目　名　称	计算基础	费率（%）	金额（元）
1	安全文明施工费			
2	夜间施工费			
3	二次搬运费			
4	冬雨季施工			
5	大型机械设备进出场及安拆费			
6	施工排水			
7	施工降水			
8	地上、地下设施、建筑物的临时保护设施			
9	已完工程及设备保护			
10	各专业工程的措施项目			
11				
12				
合　　计				

注：1. 本表适用于以“项”计价的措施项目。

2. 根据建设部、财政部发布的《建筑安装工程费用组成》（建标［2003］206号）的规定，“计算基础”可为“直接费”、“人工费”或“人工费+机械费”。

2. 措施项目清单与计价表（二）（表11-14）。

措施项目清单与计价表（二）

表 11-14

工程名称：　　　　　　　　　　标段：　　　　　　　　　　第　页　共　页

序号	项目编码	项目名称	项目特征描述	计量单位	工程量	金　额（元）	
						综合单价	合价
本页小计							
合　　计							

注：本表适用于以综合单价形式计价的措施项目。

六、其他项目清单表

1. 其他项目清单与计价汇总表（表11-15）。

其他项目清单与计价汇总表

表 11-15

工程名称：　　　　　　　　　　标段：　　　　　　　　　　第　页　共　页

序号	项目名称	计量单位	金额（元）	备注
1	暂列金额			
2	暂估价			
2.1	材料暂估价		—	
2.2	专业工程暂估价			
3	计日工			
4	总承包服务费			
5				
合计				—

注：材料暂估单价进入清单项目综合单价，此处不汇总。

2. 暂列金额明细表（表 11-16）。

投标报价时，投标人只需要直接将工程量清单中所列的暂列金额纳入投标总价，并不需要在工程量清单中所列的暂列金额以外再考虑任何其他费用。

暂列金额明细表

表 11-16

工程名称：　　　　　　　　　　标段：　　　　　　　　　　第　页　共　页

序号	项目名称	计量单位	暂定金额（元）	备注
1				
2				
3				
合计				—

注：此表由招标人填写，如不能详列，也可只列暂定金额总额，投标人应将上述暂列金额计入投标总价中。

3. 材料暂估单价表（表 11-17）。

招标人应对每一种暂估价给出相应的拟用项目，在备注栏予以说明，以便投标人将其纳入综合单价中。

材料暂估单价表

表 11-17

工程名称：　　　　　　　　　　标段：　　　　　　　　　　第　页　共　页

序号	材料名称、规格、型号	计量单位	单价（元）	备注

注：1. 此表由招标人填写，并在备注栏说明暂估价的材料拟用在哪些清单项目上，投标人应将上述材料暂估单价计入工程量清单综合单价报价中。

2. 材料包括原材料、燃料、构配件以及按规定应计入建筑安装工程造价的设备。

4. 专业工程暂估价表（表 11-18）。

专业工程暂估价是指分包人实施专业分包工程含税金后的完整价。

专业工程暂估价表 表11-18

工程名称： 标段： 第 页 共 页

序号	工 程 名 称	工程内容	金额（元）	备 注
合 计				—

注：此表由招标人填写，投标人应将上述专业工程暂估价计入投标总价中。

5. 计日工表（表11-19）。

计 日 工 表 表11-19

工程名称： 标段： 第 页 共 页

编号	项目名称	单位	暂定数量	综合单价	合 价
一	人工				
1					
2					
人工小计					
二	材 料				
1					
2					
材料小计					
三	施工机械				
1					
2					
施工机械小计					
总 价					

注：此表项目名称、数量由招标人填写，编制招标控制价时，单价由招标人按有关计价规定确定；投标时，单价由投标人自主报价，计入投标总价中。

6. 总承包服务费计价表（表11-20）。

总承包服务费计价表 表11-20

工程名称： 标段： 第 页 共 页

序号	项 目 名 称	项目价值（元）	服务内容	费率（%）	金额（元）
1	发包人发包专业工程				
2	发包人供应材料				
合 计					

7. 索赔与现场签证计价汇总表（表 11-21）。

索赔与现场签证计价汇总表

表 11-21

工程名称： 标段： 第 页 共 页

序号	签证及索赔项目名称	计量单位	数量	单价（元）	合价（元）	索赔及签证依据
	本页小计					—
	合　计					—

注：签证及索赔依据是指经双方认可的签证单和索赔依据的编号。

8. 费用索赔申请（核准）表：表 11-22。

本表将费用索赔申请与核准设置在一个表中。使用本表时，应附上费用索赔的详细理由和依据、索赔金额的计算，以及证明材料。通过监理工程师（发包人现场代表）复核，造价工程师（发包人或发包人委托的工程造价咨询企业的人员）复核具体费用，经发包人审核后生效。

费用索赔申请（核准）表

表 11-22

工程名称： 标段： 编号：

<table>
<tr><td colspan="2">致：________________________（发包人全称）
根据施工合同条款第____条的约定，由于______________原因，我方要求索赔金额（大写）______________元，（小写）______________元，请予核准。
附：1. 费用索赔的详细理由和依据：
2. 索赔金额的计算：
3. 证明材料：

承包人（章）
承包人代表________
日　　期________</td></tr>
<tr><td>复核意见：
根据施工合同条款第________条的约定，你方提出的费用索赔经复核：
□不同意此项索赔，具体意见见附件。
□同意此项索赔，索赔金额的计算，由造价工程师复核。

监理工程师________
日　　期________</td><td>复核意见：
根据施工合同条款第________条的约定，你方提出的费用索赔申请经复核，索赔金额为（大写）________元，（小写）________元。

造价工程师________
日　　期________</td></tr>
<tr><td colspan="2">审核意见：
□不同意此项索赔。
□同意此项索赔，与本期进度款同期支付。

发包人（章）
发包人代表________
日　　期________</td></tr>
</table>

注：1. 在选择栏中的“□”内作标识“√”。

2. 本表一式四份，由承包人填报，发包人、监理人、造价咨询人、承包人各存一份。

9. 现场签证表（表 11-23）。

现 场 签 证 表

表 11-23

工程名称：　　　　　　　　　　　标段：　　　　　　　　　　　　编号：

施工部位		日期	

致：＿＿＿＿＿＿＿＿＿＿（发包人全称）

根据＿＿＿＿（指令人姓名）　年　月　日的口头指令或你方＿＿＿＿（或监理人）年　月　日的书面通知，我方要求完成此项工作应支付价款金额为（大写）＿＿＿＿元，（小写）＿＿＿＿元，请予核准。

附：1. 签证事由及原因：

2. 附图及计算式：

承包人（章）

承包人代表＿＿＿＿

日　　期＿＿＿＿

复核意见：	复核意见：
你方提出的此项签证申请经复核： □不同意此项签证，具体意见见附件。 □同意此项签证，签证金额的计算，由造价工程师复核。 监理工程师＿＿＿＿ 日　　期＿＿＿＿	□此项签证按承包人中标的计日工单位计算，金额为（大写）＿＿＿＿元，（小写）＿＿＿＿（元）。 □此项签证因无计日工单价，金额为（大写）＿＿＿＿元，（小写）＿＿＿＿元。 造价工程师＿＿＿＿ 日　　期＿＿＿＿

审核意见：

□不同意此项签证。

□同意此项签证，价款与本期进度款同期支付。

发包人（章）

发包人代表＿＿＿＿

日　　期＿＿＿＿

注：1. 在选择栏中的"□"内作标识"√"。

2. 本表一式四份，由承包人在收到发包人（监理人）的口头或书面通知后填写，发包人、监理人、造价咨询人、承包人各存一份。

七、规费、税金项目清单与计价表（表 11-24）

规费、税金项目清单与计价表

表 11-24

工程名称：　　　　　　　　　　　标段：　　　　　　　　　　　　第　页共　页

序号	项　目　名　称	计　算　基　础	费率（%）	金额（元）
1	规费			
1.1	工程排污费			
1.2	社会保障费			
(1)	养老保险费			

续表

序号	项目名称	计算基础	费率（%）	金额（元）
(2)	失业保险费			
(3)	医疗保险费			
1.3	住房公积金			
1.4	危险作业意外伤害保险			
1.5	工程定额测定费			
2	税金	分部分项工程费＋措施项目费＋其他项目费＋规费		
合价				

注：根据建设部、财政部发布的《建筑安装工程费用组成》（建标［2003］206号）的规定，“计算基础”可为“直接费”、“人工费”或“人工费＋机械费”。

八、工程款支付申请（核准）表（表11-25）

本表将工程款支付申请与核准设置在一个表中。由承包人代表在每个计量周期结束后，向发包人提出，由监理工程师（发包人现场代表）复核工程量，由发包人授权的造价工程师（或委托的工程造价咨询企业）复核应付款项，经发包人批准实施。

工程款支付申请（核准）表

表11-25

工程名称： 标段： 编号：

致：________________（发包人全称）

我方于______至______期间已完成了______工作，根据施工合同的约定，现申请支付本期的工程款额为（大写）______元，（小写）______元，请予核准。

序号	名称	金额（元）	备注
1	累计已完成的工程价款		
2	累计已实际支付的工程价款		
3	本周期已完成的工程价款		
4	本周期完成的计日工金额		
5	本周期应增加和扣减的变更金额		
6	本周期应增加和扣减的索赔金额		
7	本周期应抵扣的预付款		
8	本周期应扣减的质保金		
9	本周期应增加或扣减的其他金额		
10	本周期实际应支付的工程价款		

承包人（章）

承包人代表______

日　　期______

续表

<table>
<tr><td>复核意见：
□与实际施工情况不相符，修改意见见附件。
□与实际施工情况相符，具体金额由造价工程师复核。

监理工程师________
日　　期________</td><td>复核意见：
你方提出的支付申请经复核，本期间已完成工程款额为（大写）________元，（小写）________元，本期间应支付金额为（大写）________元，（小写）________元。

造价工程师________
日　　期________</td></tr>
<tr><td colspan="2">审核意见：
□不同意。
□同意，支付时间为本表签发后的15天内。

发包人（章）
发包人代表________
日　　期________</td></tr>
</table>

注：1. 在选择栏中的“□”内作标识“√”。

2. 本表一式四份，由承包人填报，发包人、监理人、造价咨询人、承包人各存一份。

复习题

1. 什么是工程量清单？其作用是什么？
2. 工程量清单由哪五部分组成？
3. 如何编制分部分项工程量清单？分部分项工程量清单应包括哪五个要素？
4. 试述分部分项工程量清单项目编码的含义。
5. 编制工程量清单时，如何描述项目特征？如何计算分部分项工程量清单的工程量？
6. 如何编制措施项目清单？措施项目清单中的通用措施项目包括哪些？
7. 如何编制其他项目清单？总承包服务费指的是什么？
8. 规费如何计取？税金项目清单包括哪些内容？
9. 什么是工程量清单计价？采用工程量清单计价时，建设工程造价由哪几项费用组成？各项费用又分别如何计算？
10. 什么是工程量清单的综合单价？投标时如何确定综合单价？
11. 合同中综合单价因工程量变更需调整时，除合同另有约定外，应按照什么办法确定？
12. 工程量清单的编制总说明一般包括哪些内容？
13. 当投标人未对工程量清单所列明的个别分项工程项目进行报价时，结算时如何处理？
14. 填空题：

（1）工程量清单的编制人是________________或者________________。

（2）工程量清单计价表是根据清单中的工程量，由________________填报综合单价和合价。

（3）清单报价中包括了完成招标人提供的工程量清单所需的全部费用，包括分部分项工程费、__________、__________、__________和税金。

（4）工程量清单计价采用综合单价，综合单价是指完成规定计量单位项目所需的人工费、__________、__________、__________及__________，并考虑风险因素。

（5）工程量清单表应由______________、______________、和______________、______________、__________组成。

第十二章　建筑工程工程量清单的编制及组价

本章学习重点：建筑工程工程量清单的编制。

本章学习要求：掌握土（石）方工程、砌筑工程、混凝土及钢筋混凝土工程、屋面及防水工程的工程量计算规则；熟悉桩与地基基础工程、金属结构工程的工程量计算规则；熟悉各分部工程清单项目设置；了解其他相关问题说明，了解相应清单综合单价的组价方法。

本章以《计价规范》中的附录A为例，介绍如何编制建筑工程的工程量清单及计价。

第一节　土（石）方工程

一、土（石）方工程工程量计算规则

（一）土方工程工程量计算规则

1. 土方工程包括平整场地、挖土方、挖基础土方、冻土开挖、挖淤泥、流砂、管沟土方。

2. 平整场地的工程量：按设计图示尺寸以建筑物首层面积计算。

3. 挖土方的工程量：按设计图示尺寸以体积计算。

4. 挖基础土方的工程量：按设计图示尺寸以基础垫层底面积乘以挖土深度计算。

5. 冻土开挖的工程量：按设计图示尺寸开挖面积乘以厚度以体积计算。

6. 挖淤泥、流砂的工程量：按设计图示位置、界限以体积计算。

7. 管沟土方的工程量：按设计图示以管道中心线长度计算。

（二）石方工程工程量计算规则

1. 石方工程包括预裂爆破、石方开挖、管沟石方。

2. 预裂爆破的工程量：按设计图示以钻孔总长度计算。

3. 石方开挖的工程量：按设计图示尺寸以体积计算。

4. 管沟石方的工程量：按设计图示以管道中心线长度计算。

（三）土石方运输与回填工程量计算规则

土（石）方的运输与回填的工程量：按设计图示尺寸以体积计算。

1. 场地回填的工程量：按回填面积乘以平均回填厚度。

2. 室内回填的工程量：按主墙间净面积乘以回填厚度。

3. 基础回填的工程量：按挖方体积减去设计室外地坪以下埋设的基础体积（包括基础垫层及其他构筑物）。

二、土（石）方工程清单项目的设置

1. 土方工程。工程量清单项目设置应按表12-1的规定执行。

土方工程（编码：010101） **表 12-1**

项目编码	项目名称	项 目 特 征	计量单位	工程内容
010101001	平整场地	1. 土壤类别 2. 弃土运距 3. 取土运距	m^2	1. 土方挖填 2. 场地找平 3. 运输
010101002	挖土方	1. 土壤类别 2. 挖土平均厚度 3. 弃土运距		1. 排地表水 2. 土方开挖 3. 挡土板支拆 4. 截桩头 5. 基底钎探 6. 运输
010101003	挖基础土方	1. 土壤类别 2. 基础类型 3. 垫层底宽、底面积 4. 挖土深度 5. 弃土运距	m^3	
010101004	冻土开挖	1. 冻土厚度 2. 弃土运距		1. 打眼、装药、爆破 2. 开挖 3. 清理 4. 运输
010101005	挖淤泥、流砂	1. 挖掘深度 2. 弃淤泥、流砂距离		1. 挖淤泥、流砂 2. 弃淤泥、流砂
010101006	管沟土方	1. 土壤类别 2. 管外径 3. 挖沟平均深度 4. 弃土运距 5. 回填要求	m	1. 排地表水 2. 土方开挖 3. 挡土板支拆 4. 运输 5. 回填

2. 石方工程。工程量清单项目设置应按表 12-2 的规定执行。

石方工程（编码：010102） **表 12-2**

项目编码	项目名称	项 目 特 征	计量单位	工程内容
010102001	预裂爆破	1. 岩石类别 2. 单孔深度 3. 单孔装药量 4. 炸药品种、规格 5. 雷管品种、规格	m	1. 打眼、装药、放炮 2. 处理渗水、积水 3. 安全防护、警卫
010102002	石方开挖	1. 岩石类别 2. 开凿深度 3. 弃碴运距 4. 光面爆破要求 5. 基底摊座要求 6. 爆破石块直径要求	m^3	1. 打眼、装药、放炮 2. 处理渗水、积水 3. 解小 4. 岩石开凿 5. 摊座 6. 清理 7. 运输 8. 安全防护、警卫

续表

项目编码	项目名称	项 目 特 征	计量单位	工程内容
010102003	管沟石方	1. 岩石类别 2. 管外径 3. 开凿深度 4. 弃碴运距 5. 基底摊座要求 6. 爆破石块直径要求	m	1. 石方开凿、爆破 2. 处理渗水、积水 3. 解小 4. 摊座 5. 清理、运输、回填 6. 安全防护、警卫

3. 土石方运输与回填。工程量清单项目设置应按表 12-3 的规定执行。

土石方回填（编码：010103） **表 12-3**

项目编码	项目名称	项目特征	计量单位	工程内容
010103001	土（石）方回填	1. 土质要求 2. 密实度要求 3. 粒径要求 4. 夯填（碾压） 5. 松填 6. 运输距离	m^3	1. 挖土（石）方 2. 装卸、运输 3. 回填 4. 分层碾压、夯实

三、其他相关问题说明

1. 土壤及岩石的分类应按表 12-4 确定。

土壤及岩石分类 **表 12-4**

土石分类	开挖方法及工具	土石分类	开挖方法及工具
一、二类土壤	用锹开挖，并少数用镐开挖	松石	部分用手凿工具，部分用爆破开挖
三类土壤	用尖锹并同时用镐开挖（30%）	次坚石	用风镐和爆破法开挖
四类土壤	用尖锹并同时用镐和撬棍开挖（30%）	普坚石	用爆破方法开挖

2. 土石方体积应按挖掘前的天然密实体积计算。

3. 挖土方平均厚度应按自然地面测量标高至设计地坪标高间的平均厚度确定。基础土方、石方开挖深度应按基础垫层底表面标高至交付施工场地标高确定，无交付施工场地标高时，应按自然地面标高确定。

4. 建筑物场地厚度在±30cm 以内的挖、填、运、找平，应按表 12-1 中平整场地项目编码列项。±30cm 以外的竖向布置按挖土或山坡切土，应按表 12-1 中挖土方项目编码列项。

5. 挖基础土方包括带形基础、独立基础、满堂基础（包括地下室基础）及设备基础、人工挖孔桩等的挖方。带形基础应按不同底宽和深度，独立基础和满堂基础应按不同底面积和深度分别编码列项。

6. 管沟土（石）方工程量应按设计图示尺寸以长度计算。有管沟设计时，平均深度以沟垫层底表面标高至交付施工场地标高计算；无管沟设计时，直埋管深度应按管底外表面标高至交付施工场地标高的平均高度计算。

7. 设计要求采用减震孔方式减弱爆破震动波时，应按表 12-2 中预裂爆破项目编码列项。

8. 湿土的划分应按地质资料提供的地下常水位为界，地下常水位以下为湿土。

9. 挖方出现流砂、淤泥时，可根据实际情况由发包人与承包人双方认证。

【例 12-1】 计算第七章例 7-1 中的满堂基础挖土方的清单工程量。

【解】 挖基础土方＝基础垫层底面积×挖土深度＝40×20×5.35＝4280m³

【例 12-2】 计算第七章例 7-2 中的平整场地、带形基础挖土方的清单工程量。

【解】 平整场地的清单工程量＝建筑物首层面积＝6.54×9.84＝64.35m²

人工挖基础土方＝基础垫层底面积×挖土深度＝34.2×(1.5－0.2)＝44.46m³

从以上两道例题可以看出，定额工程量的计算规则中，考虑了施工时的工作面宽度和放坡土方增量的影响，而清单挖基础土方的计算规则中不考虑这些因素，所以挖基础土方的定额工程量大于清单工程量。施工企业在投标报价时，应将工作面宽度和放坡土方增量造成的施工成本增加费用，包含在挖基础土方的清单综合单价中。例 12-2 中的平整场地和人工挖基础土方的清单综合单价见表 12-5 和表 12-6。

工程量清单综合单价分析表（一） **表 12-5**

工程名称：××工程 标段： 第 页 共 页

项目编码	010101001001	项目名称	平整场地	计量单位	m²

清单综合单价组成明细

定额编号	定额名称	定额单位	数量	单价				合价			
				人工费	材料费	机械费	管理费和利润	人工费	材料费	机械费	管理费和利润
1-1	人工土石方 场地平整	m²	1.4	2.02	0	0	0.14	2.83	0	0	0.2
人工单价				小计				2.83	0	0	0.2
综合工日 63 元/工日				未计价材料费							0
清单项目综合单价								3.03			

材料费明细	主要材料名称、规格、型号	单位	数量	单价（元）	合价（元）	暂估单价（元）	暂估合价（元）
	其他材料费			—	0	—	0

工程量清单综合单价分析表（二） **表12-6**

工程名称：××工程　　标段：　　第　页　共　页

项目编码			010101003001	项目名称			人工挖基础土方			计量单位	m^3
清单综合单价组成明细											
定额编号	定额名称	定额单位	数量	单价				合价			
				人工费	材料费	机械费	管理费和利润	人工费	材料费	机械费	管理费和利润
1-4	人工土石方 人工挖土 沟槽	m^3	1.2742	34.02	0	0	2.38	43.35	0	0	3.03
1-13	人工土石方 灰土垫层 3∶7	m^3	0.5	51.09	52.5	0.51	7.29	25.55	26.25	0.26	3.65
1-15	人工土石方 余（亏）土运输	m^3	0.6786	8.06	0	17.37	1.78	5.47	0	11.79	1.21
人工单价		小计						74.36	26.25	12.04	7.89
综合工日63元/工日		未计价材料费									0
清单项目综合单价								120.54			
材料费明细	主要材料名称、规格、型号					单位	数量	单价（元）	合价（元）	暂估单价（元）	暂估合价（元）
	3∶7灰土					m^3	0.505	51.98	26.25		
	其他材料费							—	0	—	0
	材料费小计							—	26.25	—	0

第二节　桩与地基基础工程

一、桩与地基基础工程的工程量计算规则

1. 预制钢筋混凝土桩、混凝土灌注桩的工程量：均按设计图示尺寸以桩长（包括桩尖）或根数计算。

2. 接桩的工程量：按设计图示规定以接头数量（板桩按接头长度）计算。

3. 砂石灌注桩、灰土挤密桩、旋喷桩、喷粉桩的工程量：按设计图示尺寸以桩长（包括桩尖）计算。

4. 地下连续墙的工程量：按设计图示墙中心线长乘以厚度乘以槽深以体积计算。

5. 振冲灌注碎石的工程量：按设计图示孔深乘以孔截面积以体积计算。

6. 地基强夯的工程量：按设计图示尺寸以面积计算。

7. 锚杆支护、土钉支护的工程量：按设计图示尺寸以支护面积计算。

二、桩与地基基础工程的清单项目设置

1. 混凝土桩。工程量清单项目设置应按表12-7的规定执行。

混凝土桩（编码：010201） 表12-7

项目编码	项目名称	项目特征	计量单位	工程内容
010201001	预制钢筋混凝土桩	1. 土壤级别 2. 单桩长度、根数 3. 桩截面 4. 板桩面积 5. 管桩填充材料种类 6. 桩倾斜度 7. 混凝土强度等级 8. 防护材料种类	m/根	1. 桩制作、运输 2. 打桩、试验桩、斜桩 3. 送桩 4. 管桩填充材料、刷防护材料 5. 清理、运输
010201002	接桩	1. 桩截面 2. 接头长度 3. 接桩材料	个/m	1. 桩制作、运输 2. 接桩、材料运输
010201003	混凝土灌注桩	1. 土壤级别 2. 单桩长度、根数 3. 桩截面 4. 成孔方法 5. 混凝土强度等级	m/根	1. 成孔、固壁 2. 混凝土制作、运输、灌注、振捣、养护 3. 泥浆池及沟槽砌筑、拆除 4. 泥浆制作、运输 5. 清理、运输

2. 其他桩。工程量清单项目设置及工程量计算规则，应按表12-8的规定执行。

其他桩（编码：010202） 表12-8

项目编码	项目名称	项目特征	计量单位	工程内容
010202001	砂石灌注桩	1. 土壤级别 2. 桩长 3. 桩截面 4. 成孔方法 5. 砂石级配	m	1. 成孔 2. 砂石运输 3. 填充 4. 振实
010202002	灰土挤密桩	1. 土壤级别 2. 桩长 3. 桩截面 4. 成孔方法 5. 灰土级配	m	1. 成孔 2. 灰土拌和运输 3. 填充 4. 夯实

续表

项目编码	项目名称	项目特征	计量单位	工程内容
010202003	旋喷桩	1. 桩长 2. 桩截面 3. 水泥强度等级	m	1. 成孔 2. 水泥浆制作、运输 3. 水泥浆旋喷
010202004	喷粉桩	1. 桩长 2. 桩截面 3. 粉体种类 4. 水泥强度等级 5. 石灰粉要求	↑	1. 成孔 2. 粉体运输 3. 喷粉固化

3. 地基与边坡处理。工程量清单项目设置应按表 12-9 的规定执行。

地基与边坡处理（编码：010203） **表 12-9**

项目编码	项目名称	项目特征	计量单位	工程内容
010203001	地下连续墙	1. 墙体厚度 2. 成槽深度 3. 混凝土强度等级	m^3	1. 挖土成槽、余土运输 2. 导墙制作、安装 3. 锁口管吊拔 4. 浇筑混凝土连续墙 5. 材料运输
010203002	振冲灌注碎石	1. 振冲深度 2. 成孔直径 3. 碎石级配	↑	1. 成孔 2. 碎石运输 3. 灌注、振实
010203003	地基强夯	1. 夯击能量 2. 夯击遍数 3. 地耐力要求 4. 夯填材料种类	m^2	1. 铺夯填材料 2. 强夯 3. 夯填材料运输
010203004	锚杆支护	1. 锚孔直径 2. 锚孔平均深度 3. 锚固方法、浆液种类 4. 支护厚度、材料种类 5. 混凝土强度等级 6. 砂浆强度等级	↑	1. 钻孔 2. 浆液制作、运输、压浆 3. 张拉锚固 4. 混凝土制作、运输、喷射、养护 5. 砂浆制作、运输、喷射、养护
010203005	土钉支护	1. 支护厚度、材料种类 2. 混凝土强度等级 3. 砂浆强度等级	↑	1. 钉土钉 2. 挂网 3. 混凝土制作、运输、喷射、养护 4. 砂浆制作、运输、喷射、养护

三、其他相关问题说明

1. 土壤级别按表 12-10 确定。

土质鉴别表　　表 12-10

内容		土壤级别	
		一级土	二级土
砂夹层	砂层连续厚度	<1m	>1m
	砂层中卵石含量	—	<15%
物理性能	压缩系数	>0.02	<0.02
	孔隙比	>0.7	<0.7
力学性能	静力触探值	<50	>50
	动力触探系数	<12	>12
每米纯沉桩时间平均值		<2min	>2min
说明		桩经外力作用较易沉入的土，土壤中夹有较薄的砂层	桩经外力作用较难沉入的土，土壤中夹有不超过3m的连续厚度砂层

2. 混凝土灌注桩的钢筋笼、地下连续墙的钢筋网制作、安装，应按第四节混凝土及钢筋混凝土工程中相关项目编码列项。

第三节　砌筑工程

一、砌筑工程的工程量计算规则

（一）基础与墙身的划分

1. 砖基础与砖墙（身）的划分

以设计室内地坪为界（有地下室的按地下室室内设计地坪为界），以下为基础，以上为墙（柱）身。基础与墙身使用不同材料，位于设计室内地坪±300mm 以内时以不同材料为界，超过±300mm，应以设计室内地坪为界。

2. 石基础、石勒脚与石墙身的划分：基础与勒脚应以设计室外地坪为界，勒脚与墙身应以设计室内地坪为界。

3. 砖围墙基础与砖墙身的划分：以设计室外地坪为界，以下为基础，以上为墙身。

4. 石围墙基础与石墙身的划分：内外地坪标高不同时，应以较低地坪标高为界，以下为基础；内外标高之差为挡土墙时，挡土墙以上为墙身。

（二）墙体高度的确定

（1）外墙的高度：

斜（坡）屋面无檐口天棚者算至屋面板底；有屋架且室内外均有天棚者算至屋架下弦底另加 200mm；无天棚者算至屋架下弦底另加 300mm，出檐宽度超过 600mm 时按实砌高度计算；平屋面算钢筋混凝土板底。

（2）内墙的高度：

位于屋架下弦者，算至屋架下弦底；无屋架者算至天棚底另加 100mm；有钢筋混凝土楼板隔层者算至楼板顶；有框架梁时算至梁底。

(3) 女儿墙的高度：

从屋面板上表面算至女儿墙顶面（如有混凝土压顶时算至压顶下表面）。

(4) 内、外山墙的高度：按其平均高度计算。

(5) 围墙的高度：算至压顶上表面（如有混凝土压顶时算至压顶下表面）。

（三）墙长度的确定

外墙按中心线，内墙按净长线计算。

（四）基础长度的确定

外墙按中心线，内墙按净长线计算。

（五）砖砌体工程量计算规则

1. 砖基础的工程量：

按设计图示尺寸以体积计算。包括附墙垛基础宽出部分体积，扣除地梁（圈梁）、构造柱所占体积，不扣除基础大放脚T形接头处的重叠部分及嵌入基础内的钢筋、铁件、管道、基础砂浆防潮层和单个面积 $0.3m^2$ 以内的孔洞所占体积，靠墙暖气沟的挑檐不增加。

2. 实心砖墙、空心砖墙、砌块墙的工程量：

均按设计图示尺寸以体积计算。扣除门窗洞口、过人洞、空圈、嵌入墙内的钢筋混凝土柱、梁、圈梁、挑梁、过梁及凹进墙内的壁龛、管槽、暖气槽、消火栓箱所占体积。不扣除梁头、板头中、檩头、垫木、木楞头、沿缘木、木砖、门窗走头、砖墙内加固钢筋、木筋、铁件、钢管及单个面积 $0.3m^2$ 以内的孔洞所占体积。凸出墙面的腰线、挑檐、压顶、窗台线、虎头砖、门窗套的体积亦不增加。凸出墙面的砖垛并入墙体体积内计算。

3. 空斗墙的工程量：按设计图示尺寸以空斗墙外形体积计算。墙角、内外墙交接处、门窗洞口立边、窗台砖、屋檐处的实砌部分体积并入空斗墙体积内。

空花墙的工程量：按设计图示尺寸以空花部分外形体积计算，不扣除空洞部分体积。

4. 填充墙的工程量：按设计图示尺寸以填充墙外形体积计算。

5. 实心砖柱、零星砌砖、空心砖柱、砌块柱的工程量：均按设计图示尺寸以体积计算，扣除混凝土及钢筋混凝土梁垫、梁头、板头所占体积。

6. 砖散水、地坪的工程量：按设计图示尺寸以面积计算。

7. 砖地沟、明沟的工程量：按设计图示以中心线长度计算。

（六）石砌体工程量计算规则

1. 石基础的工程量：

按设计图示尺寸以体积计算。包括附墙垛基础宽出部分体积，不扣除基础砂浆防潮层及单个面积 $0.3m^2$ 以内的孔洞所占体积，靠墙暖气沟的挑檐不增加体积。

2. 石勒脚的工程量：按图示尺寸以体积计算。扣除单个 $0.3m^2$ 以外的孔洞所占体积。

3. 石墙的工程量：同实心砖墙、空心砖墙、砌块墙的工程量计算规则。

4. 石挡土墙、石柱、石护坡、石台阶的工程量：按设计图示尺寸以体积计算。

5. 石栏杆的工程量：按设计图示以长度计算。

6. 石坡道的工程量：按设计图示尺寸以水平投影面积计算。

7. 石地沟、石明沟的工程量：按设计图示尺寸以中心线长度计算。

二、砌筑工程的清单项目设置

1. 砖基础。工程量清单项目设置应按表 12-11 的规定执行。

砖基础（编码：010301） **表 12-11**

项目编码	项目名称	项目特征	计量单位	工程内容
010301001	砖基础	1. 垫层材料种类、厚度 2. 砖品种、规格、强度等级 3. 基础类型 4. 基础深度 5. 砂浆强度等级	m^3	1. 砂浆制作、运输 2. 铺设垫层 3. 砌砖 4. 防潮层铺设 5. 材料运输

2. 砖砌体。工程量清单项目设置应按表 12-12 的规定执行。

砖砌体（编码：010302） **表 12-12**

项目编码	项目名称	项目特征	计量单位	工程内容
010302001	实心砖墙	1. 砖品种、规格、强度等级 2. 墙体类型 3. 墙体厚度 4. 墙体高度 5. 勾缝要求 6. 砂浆强度等级、配合比	m^3	1. 砂浆制作、运输 2. 砌砖 3. 勾缝 4. 砖压顶砌筑 5. 材料运输
010302002	空斗墙	1. 砖品种、规格、强度等级 2. 墙体类型 3. 墙体厚度 4. 勾缝要求 5. 砂浆强度等级、配合比		
010302003	空花墙	1. 砖品种、规格、强度等级 2. 墙体类型 3. 墙体厚度 4. 勾缝要求 5. 砂浆强度等级	m^3	1. 砂浆制作、运输 2. 砌砖 3. 装填充料 4. 勾缝 5. 材料运输
010302004	填充墙	1. 砖品种、规格、强度等级 2. 墙体类型 3. 墙体厚度 4. 勾缝要求 5. 砂浆强度等级		
010302005	实心砖柱	1. 砖品种、规格、强度等级 2. 柱类型 3. 柱截面 4. 柱高 5. 勾缝要求 6. 砂浆强度等级、配合比		1. 砂浆制作、运输 2. 砌砖 3. 勾缝 4. 材料运输
010302006	零星砌砖	1. 零星砌砖名称、部位 2. 勾缝要求 3. 砂浆强度等级、配合比	m^3 （m^2、m、个）	

3. 砌块砌体。工程量清单项目设置应按表 12-13 的规定执行。

砌块砌体（编码：010304）　　**表 12-13**

项目编码	项目名称	项目特征	计量单位	工程内容
010304001	空心砖墙、砌块墙	1. 墙体类型 2. 墙体厚度 3. 空心砖、砌块品种、规格、强度等级 4. 勾缝要求 5. 砂浆强度等级、配合比	m^3	1. 砂浆制作、运输 2. 砌砖、砌块 3. 勾缝 4. 材料运输
010304002	空心砖柱、砌块柱	1. 柱高度 2. 柱截面 3. 空心砖、砌块品种、规格、强度等级 4. 勾缝要求 5. 砂浆强度等级、配合比		

4. 石砌体。工程量清单项目设置应按表 12-14 的规定执行。

石砌体（编码：010305）　　**表 12-14**

项目编码	项目名称	项目特征	计量单位	工程内容
010305001	石基础	1. 垫层材料种类、厚度 2. 石料种类、规格 3. 基础深度 4. 基础类型 5. 砂浆强度等级、配合比	m^3	1. 砂浆制作、运输 2. 铺设垫层 3. 砌石 4. 防潮层铺设 5. 材料运输
010305002	石勒脚	1. 石料种类、规格 2. 石表面加工要求 3. 勾缝要求 4. 砂浆强度等级、配合比		1. 砂浆制作、运输 2. 砌石 3. 石表面加工 4. 勾缝 5. 材料运输
010305003	石墙	1. 石料种类、规格 2. 墙厚 3. 石表面加工要求 4. 勾缝要求 5. 砂浆强度等级、配合比		
010305004	石挡土墙	1. 石料种类、规格 2. 墙厚 3. 石表面加工要求 4. 勾缝要求 5. 砂浆强度等级、配合比		1. 砂浆制作、运输 2. 砌石 3. 压顶抹灰 4. 勾缝 5. 材料运输

续表

项目编码	项目名称	项目特征	计量单位	工程内容
010305005	石柱	1. 石料种类、规格 2. 柱截面 3. 石表面加工要求 4. 勾缝要求 5. 砂浆强度等级、配合比	m^3	1. 砂浆制作、运输 2. 砌石 3. 石表面加工 4. 勾缝 5. 材料运输
010305006	石栏杆		m	
010305007	石护坡	1. 垫层材料种类、厚度 2. 石料种类、规格 3. 护坡厚度、高度 4. 石表面加工要求 5. 勾缝要求 6. 砂浆强度等级、配合比	m^3	
010305008	石台阶		m^2	1. 铺设垫层 2. 石料加工 3. 砂浆制作、运输 4. 砌石 5. 石表面加工 6. 勾缝 7. 材料运输
010305009	石坡道			
010305010	石地沟、石明沟	1. 沟截面尺寸 2. 垫层种类、厚度 3. 石料种类、规格 4. 石表面加工要求 5. 勾缝要求 6. 砂浆强度等级、配合比	m	1. 土石挖运 2. 砂浆制作、运输 3. 铺设垫层 4. 砌石 5. 石表面加工 6. 勾缝 7. 回填 8. 材料运输

5. 砖散水、地坪、地沟。工程量清单项目设置应按表 12-15 的规定执行。

砖散水、地坪、地沟（编码：010306） **表 12-15**

项目编码	项目名称	项目特征	计量单位	工程内容
010306001	砖散水、地坪	1. 垫层材料种类、厚度 2. 散水、地坪厚度 3. 面层种类、厚度 4. 砂浆强度等级、配合比	m^2	1. 地基找平、夯实 2. 铺设垫层 3. 砌砖散水、地坪 4. 抹砂浆面层
010306002	砖地沟、明沟	1. 沟截面尺寸 2. 垫层材料种类、厚度 3. 混凝土强度等级 4. 砂浆强度等级、配合比	m	1. 挖运土石 2. 铺设垫层 3. 底板混凝土制作、运输、浇筑、振捣、养护 4. 砌砖 5. 勾缝、抹灰 6. 材料运输

三、其他相关问题说明

1. 基础垫层包括在基础项目内。

2. 标准砖尺寸应为 240mm×115mm×53mm。标准砖墙厚度应按表 12-16 计算：

标准墙计算厚度表　　表 12-16

砖数（厚度）	1/4	1/2	3/4	1	$1\frac{1}{2}$	2	$2\frac{1}{2}$	3
计算厚度（mm）	53	115	180	240	365	490	615	740

3. 围墙柱并入围墙体积内。

4. 框架外表面的镶贴砖部分，应单独按表 12-12 中相关零星项目编码列项。

5. 附墙烟囱、通风道、垃圾道，应按设计图示尺寸以体积（扣除孔洞所占体积）计算，并入所依附的墙体体积内。当设计规定孔洞内需抹灰时，应按第十三章第二节中相关项目编码列项。

6. 空斗墙的窗间墙、窗台下、楼板下等的实砌部分，应按表 12-12 中零星砌砖项目编码列项。

7. 台阶、台阶挡墙、梯带、锅台、炉灶、蹲台、池槽、池槽腿、花台、花池、楼梯栏板、阳台栏板、地垄墙、屋面隔热板下的砖墩、0.3m^2 以内孔洞填塞等，应按零星砌砖项目编码列项。砖砌锅台与炉灶可按外形尺寸以个计算，砖砌台阶可按水平投影面积以平方米计算，小便槽、地垄墙可按长度计算，其他工程量按立方米计算。

8. 石梯带工程量应计算在石台阶工程量内。

9. 石梯膀应按表 12-14 中石挡土墙项目编码列项。

10. 砌体内加筋的制作、安装，应按第四节混凝土及钢筋混凝土工程中的相关项目编码列项。

【例 12-3】 计算第七章例 7-3 的砖基础、实心砖墙的清单工程量。

【解】

（1）砖基础的清单工程量

外墙砖基础＝中心线长×基础断面积－地梁(圈梁)－ 构造柱所占体积

＝34.8×0.24×(1.5－0.6)－1.2＝6.32m^3

内墙砖基础＝净长×基础断面积－地梁(圈梁)－ 构造柱所占体积

＝16.08×(1.5－0.3＋0.197)×0.24＝5.39 m^3

砖基础的清单工程量＝6.32＋5.39 ＝11.71 m^3，与定额工程量相等，其综合单价可以参考定额报价。如表 12-17、12-18。

(2)实心砖墙的清单工程量

砖外墙＝中心线长×墙高×墙厚－门窗洞口－圈梁－过梁－构造柱所占体积＝34.8×6×0.24－12.9×0.24－2.5＝44.52 m^3

砖内墙＝净长×墙高×墙厚－门窗洞口－圈梁－过梁－构造柱所占体积＝13.32×2.9×2×0.24－7.2×0.24－1.5－1.2＝14.11m^3

砖女儿墙＝中心线长×墙高×墙厚＝34.8×0.6 ×0.24＝5.01m^3

实心砖墙的清单工程量＝44.52＋14.11＋5.01＝63.64m^3

由例题可以看出，清单中的实心砖墙包含了定额中的砖外墙、砖内墙和砖女儿墙的工程量，其相应的综合单价也可以综合定额中的砖外墙、砖内墙和砖女儿墙的子目报价。如表 12-19、表 12-20。

工程量清单综合单价分析表（一）

表 12-17

工程名称：××工程　　　　标段：　　　　第　页　共　页

项目编码	010302001001	项目名称	实心砖墙	计量单位	m^3

清单综合单价组成明细										
定额编号	定额名称	定额单位	数量	单价				合价		
				人工费	材料费	机械费	管理费和利润	人工费	材料费	机械费	管理费和利润
4-2	砌砖 砖外墙	m^3	1	103.76	141.64	4.47	17.49	103.76	141.64	4.47	17.49
人工单价		小计						103.76	141.64	4.47	17.49
综合工日 65 元/工日		未计价材料费						0			
清单项目综合单价								267.36			

材料费明细	主要材料名称、规格、型号	单位	数量	单价（元）	合价（元）	暂估单价（元）	暂估合价（元）
	红机砖	块	509.995	0.177	90.27		
	M5 水泥砂浆 M5	m^3	0.265	185.77	49.23		
	其他材料费			—	2.14	—	0
	材料费小计			—	141.64	—	0

工程量清单综合单价分析表（二）

表 12-18

工程名称：××工程　　　　标段：　　　　第　页　共　页

项目编码	010302001002	项目名称	实心砖墙	计量单位	m^3

清单综合单价组成明细											
定额编号	定额名称	定额单位	数量	单价				合价			
				人工费	材料费	机械费	管理费和利润	人工费	材料费	机械费	管理费和利润
4-3	砌砖 砖内墙	m^3	1	95.09	141.6	4.42	16.88	95.09	141.6	4.42	16.88
人工单价		小计						95.09	141.6	4.42	16.88
综合工日 65 元/工日		未计价材料费						0			
清单项目综合单价								257.99			

材料费明细	主要材料名称、规格、型号	单位	数量	单价（元）	合价（元）	暂估单价（元）	暂估合价（元）
	红机砖	块	510.0111	0.177	90.27		
	M5 水泥砂浆 M5	m^3	0.265	185.77	49.23		
	其他材料费			—	2.1	—	0
	材料费小计			—	141.6	—	0

工程量清单综合单价分析表(三)　　　　表 12-19

工程名称：××工程　　　　标段：　　　　第　页　共　页

项目编码		010401001001			项目名称		带形基础			计量单位	m³
清单综合单价组成明细											
定额编号	定额名称	定额单位	数量	单价				合价			
				人工费	材料费	机械费	管理费和利润	人工费	材料费	机械费	管理费和利润
6-1	现浇混凝土构件 基础垫层 C10	m³	1	19.25	322.26	3.64	24.16	19.25	322.27	3.64	24.16
人工单价		小计						19.25	322.27	3.64	24.16
综合工日 65 元/工日		未计价材料费						0			
清单项目综合单价								369.32			
材料费明细	主要材料名称、规格、型号					单位	数量	单价（元）	合价（元）	暂估单价（元）	暂估合价（元）
	C10 预拌混凝土 C10					m³	1.015	310	314.65		
	其他材料费							—	7.61	—	0
	材料费小计							—	322.26	—	0

工程量清单综合单价分析表(四)　　　　表 12-20

工程名称：××工程　　　　标段：　　　　第　页　共　页

项目编码		010401001002			项目名称		带形基础			计量单位	m³
清单综合单价组成明细											
定额编号	定额名称	定额单位	数量	单价				合价			
				人工费	材料费	机械费	管理费和利润	人工费	材料费	机械费	管理费和利润
4-1	砌砖 砖基础	m³	0.9999	78	138.5	4.05	15.44	77.99	138.49	4.05	15.44
人工单价		小计						77.99	138.49	4.05	15.44
综合工日 65 元/工日		未计价材料费						0			
清单项目综合单价								235.97			
材料费明细	主要材料名称、规格、型号					单位	数量	单价（元）	合价（元）	暂估单价（元）	暂估合价（元）
	红机砖					块	523.5577	0.177	92.67		
	M5 水泥砂浆 M5					m³	0.236	185.77	43.84		
	其他材料费							—	1.98	—	0
	材料费小计							—	138.49	—	0

第四节　混凝土及钢筋混凝土工程

一、混凝土及钢筋混凝土工程的工程量计算规则

（一）混凝土工程的工程量计算规则

1. 带形基础、独立基础、满堂基础、设备基础、桩承台基础、垫层的工程量：均按设计图示尺寸以体积计算。不扣除构件内钢筋、预埋铁件和伸入承台基础的桩头所占体积。

2. 矩形柱、异形柱的工程量：按设计图示尺寸以体积计算，不扣除构件内钢筋、预埋铁件所占体积。

其中，柱高的确定：

有梁板的柱高，应自柱基上表面（或楼板上表面）至上一层楼板上表面之间的高度计算。

无梁板的柱高，应自柱基上表面（或楼板上表面）至柱帽下表面之间的高度计算。

框架柱的柱高，应自柱基上表面至柱顶高度计算。

构造柱按全高计算，嵌接墙体部分并入柱身体积。

依附柱上的牛腿和升板的柱帽，并入柱身体积计算。

3. 基础梁、矩形梁、异形梁、圈梁、过梁、弧形、拱形梁的工程量计算规则：按设计图示尺寸以体积计算，不扣除构件内钢筋、预埋铁件所占体积，伸入墙内的梁头、梁垫并入梁体积内。

其中，梁长的确定：梁与柱连接时，梁长算至柱侧面。主梁与次梁连接时，次梁长算至主梁侧面。

4. 直形墙、弧形墙的工程量：按设计图示尺寸以体积计算。不扣除构件内钢筋、预埋铁件所占体积，扣除门窗洞口及单个面积 $0.3m^2$ 以外的孔洞所占体积，墙垛及突出墙面部分并入墙体体积内计算。

5. 有梁板、无梁板、平板、拱板、薄壳板、栏板的工程量：按设计图示尺寸以体积计算。不扣除构件内钢筋、预埋铁件及单个面积 $0.3m^2$ 以内的孔洞所占体积。有梁板（包括主、次梁与板）按梁、板体积之和计算，无梁板按板和柱帽体积之和计算，各类板伸入墙内的板头并入板体积内计算，薄壳板的肋、基梁并入薄壳体积内计算。

6. 天沟、挑檐板、其他板、后浇带的工程量：均按设计图示尺寸以体积计算。

7. 雨篷、阳台板的工程量：按设计图示尺寸以墙外部分体积计算，包括伸出墙外的牛腿和雨篷反挑檐的体积。

8. 直形楼梯、弧形楼梯的工程量：按设计图示尺寸以水平投影面积计算，不扣除宽度小于500mm的楼梯井，伸入墙内部分不计算。

9. 其他构件的工程量：按设计图示尺寸以体积计算。不扣除构件内钢筋、预埋铁件所占体积。

10. 散水、坡道的工程量：按设计图示尺寸以面积计算。不扣除单个 $0.3m^2$ 以内的孔洞所占面积。

（二）钢筋工程的工程量计算规则

1. 现浇混凝土钢筋、预制构件钢筋、钢筋网片、钢筋笼的工程量：按设计图示钢筋（网）长度（面积）乘以单位理论质量计算。

2. 先张法预应力钢筋的工程量：按设计图示钢筋长度乘以单位理论质量计算。

3. 后张法预应力钢筋、预应力钢丝、预应力钢绞线的工程量：按设计图示钢筋（丝束、绞线）长度乘以单位理论质量计算。

低合金钢筋两端均采用螺杆锚具时，钢筋长度按孔道长度减 0.35m 计算，螺杆另行计算。

低合金钢筋一端采用镦头插片、另一端采用螺杆锚具时，钢筋长度按孔道长度计算，螺杆另行计算。

低合金钢筋一端采用镦头插片、另一端采用帮条锚具时，钢筋长度按孔道长度增加 0.15m 计算；两端均采用帮条锚具时，钢筋长按孔道长度增加 0.3m 计算。

低合金钢筋采用后张混凝土自锚时，钢筋长度按孔道长度增加 0.35m 计算。

低合金钢筋（钢绞线）采用 JM、XM、QM 型锚具，孔道长度在 20m 以内时，钢筋长度按孔道长度增加 1m 计算；孔道长度在 20m 以外时，钢筋（钢绞线）长度按孔道长度增加 1.8m 计算。

碳素钢丝采用锥形锚具，孔道长度在 20m 以内时，钢筋束长度按孔道长度增加 1m 计算；孔道长度在 20m 以上时，钢丝束长度按孔道长度增加 1.8m 计算。

碳素钢丝束采用镦头锚具时，钢丝束长度按孔道长度增加 0.35m 计算。

4. 螺栓、预埋铁件的工程量：按设计图示尺寸以质量计算。

二、混凝土及钢筋混凝土工程清单项目设置

1. 现浇混凝土基础。工程量清单项目设置应按表 12-21 的规定执行。

现浇混凝土基础（编码：010401）　　**表 12-21**

项目编码	项目名称	项目特征	计量单位	工程内容
010401001 010401002 010401003 010401004 010401005 010401006	带形基础 独立基础 满堂基础 设备基础 桩承台基础 垫层	1. 混凝土强度等级 2. 混凝土拌和料要求 3. 砂浆强度等级	m^3	1. 混凝土制作、运输、浇筑、振捣、养护 2. 地脚螺栓二次灌浆

2. 现浇混凝土柱。工程量清单项目设置应按表 12-22 的规定执行。

现浇混凝土柱（编码：010402）　　**表 12-22**

项目编码	项目名称	项目特征	计量单位	工程内容
010402001 010402002	矩形柱 异形柱	1. 柱高度 2. 柱截面尺寸 3. 混凝土强度等级 4. 混凝土拌合料要求	m^3	混凝土制作、运输、浇筑、振捣、养护

3. 现浇混凝土梁。工程量清单项目设置应按表 12-23 的规定执行。

现浇混凝土梁（编码：010403）　　**表 12-23**

项目编码	项目名称	项目特征	计量单位	工程内容
010403001 010403002 010403003 010403004 010403005 010403006	基础梁 矩形梁 异形梁 圈梁 过梁 弧形、拱形梁	1. 梁底标高 2. 梁截面 3. 混凝土强度等级 4. 混凝土拌和料要求	m^3	混凝土制作、运输、浇筑、振捣、养护

4. 现浇混凝土墙。工程量清单项目设置应按表 12-24 的规定执行。

现浇混凝土墙（编码：010404）　　**表 12-24**

项目编码	项目名称	项目特征	计量单位	工程内容
010404001 010404002	直形墙 弧形墙	1. 墙类型 2. 墙厚度 3. 混凝土强度等级 4. 混凝土拌和料要求	m^3	混凝土制作、运输、浇筑、振捣、养护

5. 现浇混凝土板。工程量清单项目设置应按表 12-25 的规定执行。

现浇混凝土板（编码：010405）　　**表 12-25**

项目编码	项目名称	项目特征	计量单位	工程内容
010405001 010405002 010405003 010405004 010405005 010405006	有梁板 无梁板 平板 拱板 薄壳板 栏板	1. 板底标高 2. 板厚度 3. 混凝土强度等级 4. 混凝土拌和料要求	m^3	混凝土制作、运输、浇筑、振捣、养护
010405007 010405008 010405009	天沟、挑檐板 雨篷、阳台板 其他板	1. 混凝土强度等级 2. 混凝土拌和料要求		

6. 现浇混凝土楼梯。工程量清单项目设置应按表 12-26 的规定执行。

现浇混凝土楼梯（编码：010406）　　**表 12-26**

项目编码	项目名称	项目特征	计量单位	工程内容
010406001 010406002	直形楼梯 弧形楼梯	1. 混凝土强度等级 2. 混凝土拌和料要求	m^2	混凝土制作、运输、浇筑、振捣、养护

7. 现浇混凝土其他构件。工程量清单项目设置应按表 12-27 的规定执行。

现浇混凝土其他构件（编码：010407）　　**表 12-27**

项目编码	项目名称	项目特征	计量单位	工程内容
010407001	其他构件	1. 构件的类型 2. 构件规格 3. 混凝土强度等级 4. 混凝土拌和料要求	m^3 （m^2、m）	混凝土制作、运输、浇筑、振捣、养护
010407002	散水、坡道	1. 垫层材料种类、厚度 2. 面层厚度 3. 混凝土强度等级 4. 混凝土拌和料要求 5. 填塞材料种类	m^2	1. 地基夯实 2. 铺设垫层 3. 混凝土制作、运输、浇筑、振捣、养护 4. 变形缝填塞

8. 后浇带。工程量清单项目设置应按表 12-28 的规定执行。

后浇带（编码：010408）　　**表 12-28**

项目编码	项目名称	项目特征	计量单位	工程内容
010408001	后浇带	1. 部位 2. 混凝土强度等级 3. 混凝土拌和料要求	m^3	混凝土制作、运输、浇筑、振捣、养护

9. 钢筋工程。工程量清单项目设置应按表 12-29 规定执行。

钢筋工程（编码：010416）　　**表 12-29**

项目编码	项目名称	项目特征	计量单位	工程内容
010416001	现浇混凝土钢筋	钢筋种类、规格	t	1. 钢筋（网、笼）制作、运输 2. 钢筋（网、笼）安装
010416002	预制构件钢筋			
010416003	钢筋网片			
010416004	钢筋笼			
010416005	先张法预应力钢筋	1. 钢筋种类、规格 2. 锚具种类		1. 钢筋制作、运输 2. 钢筋张拉
010416006	后张法预应力钢筋	1. 钢筋种类、规格 2. 钢丝束种类、规格 3. 钢绞线种类、规格 4. 锚具种类 5. 砂浆强度等级		1. 钢筋、钢丝束、钢绞线制作、运输 2. 钢筋、钢丝束、钢绞线安装 3. 预埋管孔道铺设 4. 锚具安装 5. 砂浆制作、运输 6. 孔道压浆、养护
010416007	预应力钢丝			
010416008	预应力钢绞线			

10. 螺栓、铁件。工程量清单项目设置应按表 12-30 的规定执行。

螺栓、铁件（编码：010417） **表 12-30**

项目编码	项目名称	项目特征	计量单位	工程内容
010417001 010417002	螺栓 预埋铁件	1. 钢材种类、规格 2. 螺栓长度 3. 铁件尺寸	t	1. 螺栓（铁件）制作、运输 2. 螺栓（铁件）安装

三、其他相关问题说明

1. 混凝土垫层包括在基础项目内。

2. 有肋带形基础、无肋带形基础应分别编码（第五级编码）列项，并注明肋高。

3. 箱式满堂基础，可按表 12-21 至表 12-25 中满堂基础、柱、梁、墙、板分别编码列项；也可利用表 12-21 的第五级编码分别列项。

4. 框架式设备基础，可按表 12-21 至表 12-25 中设备基础、柱、梁、墙、板分别编码列项；也可利用表 12-21 的第五级编码分别列项。

5. 构造柱应按表 12-22 中矩形柱项目编码列项。

6. 现浇挑檐、天沟板、雨篷、阳台与板（包括屋面板、楼板）连接时，以外墙外边线为分界线；与圈梁（包括其他梁）连接时，以梁外边线为分界线。外边线以外为挑檐、天沟、雨篷或阳台。

7. 整体楼梯（包括直形楼梯、弧形楼梯）水平投影面积包括休息平台、平台梁、斜梁和楼梯的连接梁。当整体楼梯与现浇楼板无梯梁连接时，以楼梯的最后一个踏步边缘加 300mm 为界。

8. 现浇混凝土小型池槽、压顶、扶手、垫块、台阶、门框等，应按表 12-27 中其他构件项目编码列项。其中扶手、压顶（包括伸入墙内的长度）应按延长米计算，台阶应按水平投影面积计算。

9. 现浇构件中固定位置的支撑钢筋、双层钢筋用的“铁马”、伸出构件的锚固钢筋、预制构件的吊钩等，应并入钢筋工程量内。

【例 12-4】 计算第七章例 7-4 的混凝土柱、梁的清单工程量。

【解】 混凝土柱的清单工程量＝混凝土柱的定额工程量＝22.75m^3

混凝土梁的清单工程量＝混凝土梁的定额工程量＝53.28m^3

由于混凝土柱、梁的清单工程量与混凝土柱、梁的定额工程量相等，所以混凝土柱、梁的清单综合单价可以参考预算定额的相应单价，用市场价调整人工和材料价差再用企业定额调整混凝土的消耗量。

同理，第七章的例 7-6 的钢筋定额工程量也等于钢筋清单工程量＝408.9kg，清单中钢筋的综合单价在参考预算定额的钢筋单价的基础上，用市场价调整价差，用企业定额调整钢筋的损耗率。

第五节　金 属 结 构 工 程

一、金属结构工程的工程量计算规则

1. 钢屋架、钢网架、钢托架、钢桁架、钢支撑、钢檩条、钢天窗架、钢挡风架、钢墙架、钢平台、钢走道、钢梯、钢栏杆、钢支架、零星钢构件的工程量：均按设计图示尺

寸以质量计算。不扣除孔眼、切边、切肢的质量，焊条、铆钉、螺栓等不另增加质量，不规则或多边形钢板以其外接矩形面积乘以厚度乘以单位理论质量计算。

2. 实腹柱、空腹柱的工程量：均按设计图示尺寸以质量计算。不扣除孔眼、切边、切肢的质量，焊条、铆钉、螺栓等不另增加质量，不规则或多边形钢板，以其外接矩形面积乘以厚度乘以单位理论质量计算，依附在钢柱上的牛腿及悬臂梁等并入钢柱工程量内。

3. 钢管柱的工程量：按设计图示尺寸以质量计算。不扣除孔眼、切边、切肢的质量，焊条、铆钉、螺栓等不另增加质量，不规则或多边形钢板，以其外接矩形面积乘以厚度乘以单位理论质量计算，钢管柱上的节点板、加强环、内衬管、牛腿等并入钢管柱工程量内。

4. 钢梁、钢吊车梁的工程量：均按设计图示尺寸以质量计算。不扣除孔眼、切边、切肢的质量，焊条、铆钉、螺栓等不另增加质量，不规则或多边形钢板，以其外接矩形面积乘以厚度乘以单位理论质量计算，制动梁、制动板、制动桁架、车档并入钢吊车梁工程量内。

5. 压型钢板楼板的工程量：按设计图示尺寸以铺设水平投影面积计算。不扣除柱、垛及单个 0.3m² 以内的孔洞所占面积。

6. 压型钢板墙板的工程量：按设计图示尺寸以铺挂面积计算。不扣除单个 0.3m² 以内的孔洞所占面积，包角、包边、窗台泛水等不另增加面积。

7. 钢漏斗的工程量：按设计图示尺寸以质量计算。不扣除孔眼、切边、切肢的质量，焊条、铆钉、螺栓等不另增加质量，不规则或多边形钢板，以其外接矩形面积乘以厚度乘以单位理论质量计算，依附漏斗的型钢并入漏斗工程量内。

8. 金属网的工程量：按设计图示尺寸以面积计算。

二、金属结构工程清单项目设置

1. 钢屋架、钢网架。工程量清单项目设置应按表 12-31 的规定执行。

钢屋架、钢网架（编码：010601） **表 12-31**

项目编码	项目名称	项目特征	计量单位	工程内容
010601001	钢屋架	1. 钢材品种、规格 2. 单榀屋架的重量 3. 屋架跨度、安装高度 4. 探伤要求 5. 油漆品种、刷漆遍数	t （榀）	1. 制作 2. 运输 3. 拼装 4. 安装 5. 探伤 6. 刷油漆
010601002	钢网架	1. 钢材品种、规格 2. 网架节点形式、连接方式 3. 网架跨度、安装高度 4. 探伤要求 5. 油漆品种、刷漆遍数		

2. 钢托架、钢桁架。工程量清单项目设置应按表 12-32 的规定执行。

钢托架、钢桁架（编码：010602） **表 12-32**

项目编码	项目名称	项目特征	计量单位	工程内容
010602001	钢托架	1. 钢材品种、规格 2. 单榀重量 3. 安装高度 4. 探伤要求 5. 油漆品种、刷漆遍数	t	1. 制作 2. 运输 3. 拼装 4. 安装 5. 探伤 6. 刷油漆
010602002	钢桁架			

3. 钢柱。工程量清单项目设置应按表 12-33 的规定执行。

钢柱（编码：010603）　　表 12-33

项目编码	项目名称	项目特征	计量单位	工程内容
010603001 010603002	实腹柱 空腹柱	1. 钢材品种、规格 2. 单根柱重量 3. 探伤要求 4. 油漆品种、刷漆遍数	t	1. 制作 2. 运输 3. 拼装 4. 安装 5. 探伤 6. 刷油漆
010603003	钢管柱	1. 钢材品种、规格 2. 单根柱重量 3. 探伤要求 4. 油漆品种、刷漆遍数		1. 制作 2. 运输 3. 安装 4. 探伤 5. 刷油漆

4. 钢梁。工程量清单项目设置应按表 12-34 的规定执行。

钢梁（编码：010604）　　表 12-34

项目编码	项目名称	项目特征	计量单位	工程内容
010604001 010604002	钢梁 钢吊车梁	1. 钢材品种、规格 2. 单根重量 3. 安装高度 4. 探伤要求 5. 油漆品种、刷漆遍数	t	1. 制作 2. 运输 3. 安装 4. 探伤 5. 刷油漆

5. 压型钢板楼板、墙板。工程量清单项目设置应按表 12-35 的规定执行。

压型钢板楼板、墙板（编码：010605）　　表 12-35

项目编码	项目名称	项目特征	计量单位	工程内容
010605001	压型钢板楼板	1. 钢材品种、规格 2. 压型钢板厚度 3. 油漆品种、刷漆遍数	m^2	1. 制作 2. 运输 3. 安装 4. 刷油漆
010605002	压型钢板墙板	1. 钢材品种、规格 2. 压型钢板厚度、复合板厚度 3. 复合板夹芯材料种类、层数、型号、规格		

6. 钢构件。工程量清单项目设置应按表 12-36 的规定执行。

钢构件（编码：010606）　　**表 12-36**

项目编码	项目名称	项目特征	计量单位	工程内容
010606001	钢支撑	1. 钢材品种、规格 2. 单式、复式 3. 支撑高度 4. 探伤要求 5. 油漆品种、刷漆遍数	t	1. 制作 2. 运输 3. 安装 4. 探伤 5. 刷油漆
010606002	钢檩条	1. 钢材品种、规格 2. 型钢式、格构式 3. 单根重量 4. 安装高度 5. 油漆品种、刷漆遍数		
010606003	钢天窗架	1. 钢材品种、规格 2. 单榀重量 3. 安装高度 4. 探伤要求 5. 油漆品种、刷漆遍数		
010606004	钢挡风架	1. 钢材品种、规格 2. 单榀重量 3. 探伤要求 4. 油漆品种、刷漆遍数		
010606005	钢墙架			
010606006	钢平台	1. 钢材品种、规格 2. 油漆品种、刷漆遍数		
010606007	钢走道			
010606008	钢梯	1. 钢材品种、规格 2. 楼梯形式 3. 油漆品种、刷漆遍数		
010606009	钢栏杆	1. 钢材品种、规格 2. 油漆品种、刷漆遍数		
010606010	钢漏斗	1. 钢材品种、规格 2. 方形、圆形 3. 安装高度 4. 探伤要求 5. 油漆品种、刷漆遍数		
010606011	钢支架	1. 钢材品种、规格 2. 单件重量 3. 油漆品种、刷漆遍数		
010606012	零星钢构件	1. 钢材品种、规格 2. 构件名称 3. 油漆品种、刷漆遍数		

7. 金属网。工程量清单项目设置应按表 12-37 的规定执行。

金属网（编码：010607）　　　　**表 12-37**

项目编码	项目名称	项目特征	计量单位	工程内容
010607001	金属网	1. 材料品种、规格 2. 边框及立柱型钢品种、规格 3. 油漆品种、刷漆遍数	m^2	1. 制作 2. 运输 3. 安装 4. 刷油漆

三、其他相关问题说明

1. 型钢混凝土柱、梁浇筑混凝土和压型钢板楼板上浇筑钢筋混凝土，混凝土和钢筋应按第四节混凝土及钢筋混凝土工程中相关项目编码列项。

2. 钢墙架项目包括墙架柱、墙架梁和连接杆件。

3. 加工铁件等小型构件，应按表 12-36 中零星钢构件项目编码列项。

第六节　屋面及防水工程

一、屋面及防水工程的工程量计算规则

（一）屋面工程的工程量计算规则

1. 瓦屋面、型材屋面的工程量：按设计图示尺寸以斜面积计算。不扣除房上烟囱、风帽底座、风道、小气窗、斜沟等所占面积，小气窗的出檐部分不增加面积。

2. 膜结构屋面的工程量：按设计图示尺寸以需要覆盖的水平面积计算。

3. 屋面排水管的工程量：按设计图示尺寸以长度计算。如设计未标注尺寸，以檐口至设计室外散水上表面垂直距离计算。

4. 屋面天沟、沿沟的工程量：按设计图示尺寸以面积计算。铁皮和卷材天沟按展开面积计算。

（二）防水工程的工程量计算规则

1. 屋面卷材防水、屋面涂膜防水的工程量：均按设计图示尺寸以面积计算，斜屋顶（不包括平屋顶找坡）按斜面积计算，平屋顶按水平投影面积计算。不扣除房上烟囱、风帽底座、风道、屋面小气窗和斜沟等所占面积；屋面的女儿墙、伸缩缝和天窗等处的弯起部分，并入屋面工程量内。

2. 屋面刚性防水的工程量：按设计图示尺寸以面积计算。不扣除房上烟囱、风帽底座、风道等所占面积。

3. 墙、地面的卷材防水、涂膜防水、砂浆防水（潮）的工程量：均按设计图示尺寸以面积计算。

地面防水：按主墙间净空面积计算，扣除凸出地面的构筑物、设备基础等所占面积，不扣除间壁墙及单个 $0.3m^2$ 以内的柱、垛、烟囱和孔洞所占面积。

墙基防水：外墙按中心线，内墙按净长乘以宽度计算。

4. 变形缝的工程量：按设计图示以长度计算。

二、屋面及防水工程清单项目设置

1. 瓦、型材屋面。工程量清单项目设置应按表 12-38 的规定执行。

瓦、型材屋面（编码：010701） **表 12-38**

项目编码	项目名称	项目特征	计量单位	工程内容
010701001	瓦屋面	1. 瓦品种、规格、品牌、颜色 2. 防水材料种类 3. 基层材料种类 4. 檩条种类、截面 5. 防护材料种类	m^2	1. 檩条、椽子安装 2. 基层铺设 3. 铺防水层 4. 安顺水条和挂瓦条 5. 安瓦 6. 刷防护材料
010701002	型材屋面	1. 型材品种、规格、品牌、颜色 2. 骨架材料品种、规格 3. 接缝、嵌缝材料种类		1. 骨架制作、运输、安装 2. 屋面型材安装 3. 接缝、嵌缝
010701003	膜结构屋面	1. 膜布品种、规格、颜色 2. 支柱（网架）钢材品种、规格 3. 钢丝绳品种、规格 4. 油漆品种、刷漆遍数		1. 膜布热压胶接 2. 支柱（网架）制作、安装 3. 膜布安装 4. 穿钢丝绳、锚头锚固 5. 刷油漆

2. 屋面防水。工程量清单项目设置应按表 12-39 的规定执行。

屋面防水（编码：010702） **表 12-39**

项目编码	项目名称	项目特征	计量单位	工程内容
010702001	屋面卷材防水	1. 卷材品种、规格 2. 防水层做法 3. 嵌缝材料种类 4. 防护材料种类	m^2	1. 基层处理 2. 抹找平层 3. 刷底油 4. 铺油毡卷材、接缝、嵌缝 5. 铺保护层
010702002	屋面涂膜防水	1. 防水膜品种 2. 涂膜厚度、遍数、增强材料种类 3. 嵌缝材料种类 4. 防护材料种类		1. 基层处理 2. 抹找平层 3. 涂防水膜 4. 铺保护层
010702003	屋面刚性防水	1. 防水层厚度 2. 嵌缝材料种类 3. 混凝土强度等级		1. 基层处理 2. 混凝土制作、运输、铺筑、养护
010702004	屋面排水管	1. 排水管品种、规格、品牌、颜色 2. 接缝、嵌缝材料种类 3. 油漆品种、刷漆遍数	m	1. 排水管及配件安装、固定 2. 雨水斗、雨水箅子安装 3. 接缝、嵌缝
010702005	屋面天沟、沿沟	1. 材料品种 2. 砂浆配合比 3. 宽度、坡度 4. 接缝、嵌缝材料种类 5. 防护材料种类	m^2	1. 砂浆制作、运输 2. 砂浆找坡、养护 3. 天沟材料铺设 4. 天沟配件安装 5. 接缝、嵌缝 6. 刷防护材料

3. 墙、地面防水、防潮。工程量清单项目设置应按表 12-40 的规定执行。

墙、地面防水、防潮（编码：010703） 表 12-40

项目编码	项目名称	项目特征	计量单位	工程内容
010703001	卷材防水	1. 卷材、涂膜品种 2. 涂膜厚度、遍数、增强材料种类 3. 防水部位 4. 防水做法 5. 接缝、嵌缝材料种类 6. 防护材料种类	m^2	1. 基层处理 2. 抹找平层 3. 刷粘结剂 4. 铺防水卷材 5. 铺保护层 6. 接缝、嵌缝
010703002	涂膜防水			1. 基层处理 2. 抹找平层 3. 刷基层处理剂 4. 铺涂膜防水层 5. 铺保护层
010703003	砂浆防水（潮）	1. 防水（潮）部位 2. 防水（潮）厚度、层数 3. 砂浆配合比 4. 外加剂材料种类		1. 基层处理 2. 挂钢丝网片 3. 设置分格缝 4. 砂浆制作、运输、摊铺、养护
010703004	变形缝	1. 变形缝部位 2. 嵌缝材料种类 3. 止水带材料种类 4. 盖板材料 5. 防护材料种类	m	1. 清缝 2. 填塞防水材料 3. 止水带安装 4. 盖板制作 5. 刷防护材料

三、其他相关问题说明

1. 小青瓦、水泥平瓦、琉璃瓦等，应按表 12-38 中瓦屋面项目编码列项。

2. 压型钢板、阳光板、玻璃钢等，应按表 12-38 中型材屋面编码列项。

【例 12-5】 计算第七章例 7-7 的屋面工程的清单工程量。

【解】 型材屋面的工程量＝水平投影面积＝675m²

平屋顶屋面卷材防水的工程量＝水平投影面积＋屋面的女儿墙处的弯起部分＝711m²

由此可见，屋面卷材防水的清单工程量与定额工程量相等。但清单的屋面卷材防水的工程内容包括了基层处理、抹找平层、刷底油、铺油毡卷材、接缝、嵌缝、铺保护层（如着色剂面层）等多项施工内容，其综合单价可以参考定额中对应的多项定额子目，合并计价。并考虑管理费和利润、风险等。如表 12-41 和表 12-42。

工程量清单综合单价分析表（一） 表 12-41

工程名称： 标段： 第 页 共 页

项目编码			010701002001	项目名称		型材屋面				计量单位	m^2
清单综合单价组成明细											
定额编号	定额名称	定额单位	数量	单价				合价			
				人工费	材料费	机械费	管理费和利润	人工费	材料费	机械费	管理费和利润
12-2	屋面保温 加气混凝土块 干铺	m^3	1	29.11	168.05	2.37	13.97	29.11	168.05	2.37	13.97
12-17	找坡层 水泥焦渣	m^3	1	48.52	118.83	1.82	11.84	48.52	118.83	1.82	11.84
12-23	水泥砂浆坡屋面找平层 厚度（mm）每增减5	m^2	1	0.99	1.34	0.06	0.17	0.99	1.34	0.06	0.17
12-35	屋面面层 着色剂	m^2	1	1.57	0.31	0.01	0.13	1.57	0.31	0.01	0.13
人工单价		小计						80.19	288.53	4.26	26.11
综合工日65元/工日		未计价材料费									0
清单项目综合单价								399.09			
材料费明细	主要材料名称、规格、型号					单位	数量	单价（元）	合价（元）	暂估单价（元）	暂估合价（元）
	水泥综合					kg	196.8992	0.366	72.07		
	砂子					kg	8.3	0.067	0.56		
	加气混凝土块					m^3	1.07	155	165.85		
	焦渣					m^3	1.306	35	45.71		
	着色剂					kg	0.202	1.5	0.3		
	其他材料费							—	4.05	—	0
	材料费小计							—	288.53	—	0

工程量清单综合单价分析表（二） 表 12-42

工程名称： 标段： 第 页 共 页

项目编码			010702001001	项目名称		屋面卷材防水				计量单位	m^2
清单综合单价组成明细											
定额编号	定额名称	定额单位	数量	单价				合价			
				人工费	材料费	机械费	管理费和利润	人工费	材料费	机械费	管理费和利润
13-100	屋面防水SBS改性沥青防水卷材厚度5mm	m^2	1	4.65	51.54	0.7	3.98	4.65	51.54	0.7	3.98

续表

定额编号	定额名称	定额单位	数量	单价				合价			
				人工费	材料费	机械费	管理费和利润	人工费	材料费	机械费	管理费和利润
人工单价		小计						4.65	51.54	0.7	3.98
综合工日65元/工日		未计价材料费									0
清单项目综合单价								60.87			

材料费明细	主要材料名称、规格、型号	单位	数量	单价（元）	合价（元）	暂估单价（元）	暂估合价（元）
材料费明细	SBS改性沥青油毡防水卷材5mm	m^2	1.273	28	35.64		
	钢筋Φ10以内	kg	0.044	2.43	0.11		
	嵌缝膏CSPE	支	0.323	17	5.49		
	乙酸乙酯	kg	0.051	20	1.02		
	聚氨酯防水涂料	kg	0.292	11.2	3.27		
	1∶3聚氨酯	kg	0.182	19	3.46		
	其他材料费			—	2.55	—	0
	材料费小计			—	51.54	—	0

第七节　隔热、保温工程

一、隔热、保温工程的工程量计算规则

1. 保温隔热屋面、保温隔热天棚的工程量：按设计图示尺寸以面积计算，不扣除柱、垛所占面积。

2. 保温隔热墙的工程量：按设计图示尺寸以面积计算，扣除门窗洞口所占面积；门窗洞口侧壁需要做保温时，并入保温墙体工程量内。

3. 保温柱的工程量：按设计图示以保温层中心线展开长度乘以保温层厚度计算。

4. 隔热楼地面的工程量：按设计图示尺寸以面积计算，不扣除柱、垛所占面积。

二、隔热、保温工程清单项目设置

隔热、保温工程量清单项目设置应按表12-43的规定执行。

隔热、保温（编码：010803）　　**表12-43**

项目编码	项目名称	项目特征	计量单位	工程内容
010803001	保温隔热屋面	1. 保温隔热部位 2. 保温隔热方式（内保温、外保温、夹心保温） 3. 踢脚线、勒脚线保温做法 4. 保温隔热面层材料品种、规格、性能 5. 保温隔热材料品种、规格及厚度 6. 隔气层厚度 7. 粘结材料种类 8. 防护材料种类	m^2	1. 基层清理 2. 铺粘保温层 3. 刷防护材料
010803002	保温隔热天棚			
010803003	保温隔热墙			1. 基层清理 2. 底层抹灰 3. 粘贴龙骨 4. 填贴保温材料 5. 粘贴面层 6. 嵌缝 7. 刷防护材料
010803004	保温柱			
010803005	隔热楼地面			1. 基层清理 2. 铺设粘贴材料 3. 铺贴保温层 4. 刷防护材料

三、其他相关问题说明

1. 保温隔热墙的装饰面层，应按第十三章装饰装修工程工程量清单中的相关项目编码列项。

2. 柱帽的保温隔热应并入天棚保温隔热工程量内。

【例 12-6】 计算第七章例 7-7 的保温隔热屋面的清单工程量。

【解】 保温隔热屋面的清单工程量＝设计图示尺寸＝675m^2

由计算结果可见，保温隔热屋面的清单工程量按设计图示尺寸以面积计算，不扣除柱、垛所占面积。而定额工程量按设计图示尺寸乘以厚度以体积计算，两者数值不相等。所以保温隔热屋面的清单综合单价与定额单价相差一个厚度系数。

复习题（见光盘）

第十三章　装饰装修工程工程量清单的编制及组价

本章学习重点： 装饰装修工程工程量清单的编制。

本章学习要求： 掌握楼地面工程、墙、柱面工程、天棚工程、门窗工程、油漆、涂料、裱糊工程的工程量计算规则；熟悉其他工程的工程量计算规则；熟悉各分部工程清单项目设置；了解其他相关问题说明，了解相应清单综合单价的组价方法。

本章以《计价规范》中的附录 B 为例，介绍如何编制装饰装修工程的工程量清单。

第一节　楼地面工程

一、楼地面工程的工程量计算规则

1. 整体面层：包括水泥砂浆楼地面、现浇水磨石楼地面、细石混凝土楼地面、菱苦土楼地面。其计算规则为：按设计图示尺寸以面积计算。扣除凸出地面的构筑物、设备基础、室内铁道、地沟等所占面积，不扣除间壁墙和 $0.3m^2$ 以内的柱、垛、附墙烟囱及孔洞所占面积。门洞、空圈、暖气包槽、壁龛的开口部分不增加面积。

2. 块料面层：包括石材楼地面和块料楼地面。其计算规则为：按设计图示尺寸以面积计算。扣除凸出地面的构筑物、设备基础、室内铁道、地沟等所占面积，不扣除间壁墙和 $0.3m^2$ 以内的柱、垛、附墙烟囱及孔洞所占面积。门洞、空圈、暖气包槽、壁龛的开口部分不增加面积。

3. 橡塑面层：包括橡胶板楼地面、橡胶卷材楼地面、塑料板楼地面和塑料卷材楼地面。其计算规则为：按设计图示尺寸以面积计算。门洞、空圈、暖气包槽、壁龛的开口部分并入相应的工程量内。

4. 其他材料面层：包括楼地面地毯、竹木地板、防静电活动地板、金属复合地板。其计算规则为：按设计图示尺寸以面积计算。门洞、空圈、暖气包槽、壁龛的开口部分并入相应的工程量内。

5. 踢脚线：包括水泥砂浆踢脚线、现浇水磨石踢脚线、石材踢脚线、块料踢脚线、塑料板踢脚线、木质踢脚线、防静电踢脚线、金属踢脚线。其计算规则为：按设计图示长度乘以高度以面积计算。

6. 楼梯装饰：包括水泥砂浆楼梯面、现浇水磨石楼梯面、石材楼梯面、块料楼梯面、地毯楼梯面、木板楼梯面。其计算规则为：按设计图示尺寸以楼梯（包括踏步、休息平台及 500mm 以内的楼梯井）水平投影面积计算。楼梯与楼地面相连时，算至梯口梁内侧边沿；无梯口梁者，算至最上一层踏步边沿加 300mm。

7. 扶手、栏杆、栏板装饰：包括金属扶手带栏杆栏板、硬木扶手带栏杆栏板、塑料扶手带栏杆栏板、金属靠墙扶手、硬木靠墙扶手、塑料靠墙扶手。其计算规则为：按设计图示尺寸以扶手中心线长度（包括弯头长度）计算。

8. 台阶装饰：包括水泥砂浆台阶面、现浇水磨石台阶面、石材台阶面、块料台阶面、剁假石台阶面。其计算规则为：按设计图示尺寸以台阶（包括最上层踏步边沿加 300mm）水平投影面积计算。

9. 零星装饰项目：包括石材零星项目、碎拼石材零星项目、水泥砂浆零星项目、块料零星项目。其计算规则为：按设计图示尺寸以面积计算。

二、楼地面工程清单项目设置

1. 整体面层。工程量清单项目设置应按表 13-1 的规定执行。

整体面层（编码：020101）　　**表 13-1**

项目编码	项目名称	项目特征	计量单位	工程内容
020101001	水泥砂浆楼地面	1. 垫层材料种类、厚度 2. 找平层厚度、砂浆配合比 3. 防水层厚度、材料种类 4. 面层厚度、砂浆配合比	m²	1. 基层清理 2. 垫层铺设 3. 抹找平层 4. 防水层铺设 5. 抹面层 6. 材料运输
020101002	现浇水磨石楼地面	1. 垫层材料种类、厚度 2. 找平层厚度、砂浆配合比 3. 防水层厚度、材料种类 4. 面层厚度、水泥石子浆配合比 5. 嵌条材料种类、规格 6. 石子种类、规格、颜色 7. 颜料种类、颜色 8. 图案要求 9. 磨光、酸洗、打蜡要求	m²	1. 基层清理 2. 垫层铺设 3. 抹找平层 4. 防水层铺设 5. 面层铺设 6. 嵌缝条安装 7. 磨光、酸洗、打蜡 8. 材料运输
020101003	细石混凝土楼地面	1. 垫层材料种类、厚度 2. 找平层厚度、砂浆配合比 3. 防水层厚度、材料种类 4. 面层厚度、混凝土强度等级	m²	1. 基层清理 2. 垫层铺设 3. 抹找平层 4. 防水层铺设 5. 面层铺设 6. 材料运输
020101004	菱苦土楼地面	1. 垫层材料种类、厚度 2. 找平层厚度、砂浆配合比 3. 防水层厚度、材料种类 4. 面层厚度 5. 打蜡要求	m²	1. 清理基层 2. 垫层铺设 3. 抹找平层 4. 防水层铺设 5. 面层铺设 6. 打蜡 7. 材料运输

2. 块料面层。工程量清单项目设置应按表 13-2 的规定执行。

块料面层（编码：020102） **表 13-2**

项目编码	项目名称	项目特征	计量单位	工程内容
020102001	石材楼地面	1. 垫层材料种类、厚度 2. 找平层厚度、砂浆配合比 3. 防水层厚度、材料种类 4. 填充材料种类、厚度 5. 结合层厚度、砂浆配合比 6. 面层材料品种、规格、品牌、颜色 7. 嵌缝材料种类 8. 防护层材料种类 9. 酸洗、打蜡要求	m^2	1. 基层清理、铺设垫层、抹找平层 2. 防水层铺设、填充层铺设 3. 面层铺设 4. 嵌缝 5. 刷防护材料 6. 酸洗、打蜡 7. 材料运输
020102002	块料楼地面			

3. 橡塑面层。工程量清单项目设置应按表 13-3 的规定执行。

橡塑面层（编码：020103） **表 13-3**

项目编码	项目名称	项目特征	计量单位	工程内容
020103001	橡胶板楼地面	1. 找平层厚度、砂浆配合比 2. 填充材料种类、厚度 3. 粘结层厚度、材料种类 4. 面层材料品种、规格、品牌、颜色 5. 压线条种类	m^2	1. 清理基层、抹找平层 2. 铺设填充层 3. 面层铺贴 4. 压缝条装钉 5. 材料运输
020103002	橡胶卷材楼地面			
020103003	塑料板楼地面			
020103004	塑料卷材楼地面			

4. 其他材料面层。工程量清单项目设置应按表 13-4 的规定执行。

其他材料面层（编码：020104） **表 13-4**

项目编码	项目名称	项目特征	计量单位	工程内容
020104001	楼地面地毯	1. 找平层厚度、砂浆配合比 2. 填充材料种类、厚度 3. 面层材料品种、规格、品牌、颜色 4. 防护层材料种类 5. 粘结材料种类 6. 压线条种类	m^2	1. 基层清理、抹找平层 2. 铺设填充层 3. 铺贴面层 4. 刷防护材料 5. 装钉压条 6. 材料运输
020104002	竹木地板	1. 找平层厚度、砂浆配合比 2. 填充材料种类、厚度 3. 龙骨材料种类、规格、铺设间距 4. 基层材料种类、规格 5. 面层材料品种、规格、品牌、颜色 6. 粘结材料种类 7. 防护层材料种类 8. 油漆品种、刷漆遍数		1. 基层清理、抹找平层 2. 铺设填充层 3. 龙骨铺设 4. 铺设基层 5. 面层铺贴 6. 刷防护材料 7. 材料运输

续表

项目编码	项目名称	项目特征	计量单位	工程内容
020104003	防静电活动地板	1. 找平层厚度、砂浆配合比 2. 填充材料种类厚度，找平层厚度、砂浆配合比 3. 支架高度、材料种类 4. 面层材料品种、规格、品牌、颜色 5. 防护层材料种类	m^2	1. 基层清理、抹找平层 2. 铺设填充层 3. 固定支架安装 4. 活动面层安装 5. 刷防护材料 6. 材料运输
020104004	金属复合地板	1. 找平层厚度、砂浆配合比 2. 填充材料种类、厚度、找平层厚度、砂浆配合比 3. 龙骨材料种类、规格、铺设间距 4. 基层材料种类、规格 5. 面层材料品种、规格、品牌 6. 防护层材料种类		1. 基层清理、抹找平层 2. 铺设填充层 3. 龙骨铺设 4. 基层铺设 5. 面层铺贴 6. 刷防护材料 7. 材料运输

5. 踢脚线。工程量清单项目设置应按表 13-5 的规定执行。

踢脚线（编码：020105） **表 13-5**

项目编码	项目名称	项目特征	计量单位	工程内容
020105001	水泥砂浆踢脚线	1. 踢脚线高度 2. 底层厚度、砂浆配合比 3. 面层厚度、砂浆配合比	m^2	1. 基层清理 2. 底层抹灰 3. 面层铺贴 4. 勾缝 5. 磨光、酸洗、打蜡 6. 刷防护材料 7. 材料运输
020105002	石材踢脚线	1. 踢脚线高度 2. 底层厚度、砂浆配合比 3. 粘贴层厚度、材料种类 4. 面层材料品种、规格、品牌、颜色 5. 勾缝材料种类 6. 防护材料种类		
020105003	块料踢脚线			
020105004	现浇水磨石踢脚线	1. 踢脚线高度 2. 底层厚度、砂浆配合比 3. 面层厚度、水泥石子浆配合比 4. 石子种类、规格、颜色 5. 颜料种类、颜色 6. 磨光、酸洗、打蜡要求		
020105005	塑料板踢脚线	1. 踢脚线高度 2. 底层厚度、砂浆配合比 3. 粘贴层厚度、材料种类 4. 面层材料品种、规格、品牌、颜色		

续表

项目编码	项目名称	项目特征	计量单位	工程内容
020105006	木质踢脚线	1. 踢脚线高度 2. 底层厚度、砂浆配合比 3. 基层材料种类、规格 4. 面层材料品种、规格、品牌、颜色 5. 防护材料种类 6. 油漆品种、刷漆遍数	m^2	1. 基层清理 2. 底层抹灰 3. 基层铺贴 4. 面层铺贴 5. 刷防护材料 6. 刷油漆 7. 材料运输
020105007	金属踢脚线			
020105008	防静电踢脚线			

6. 楼梯装饰。工程量清单项目设置应按表 13-6 的规定执行。

楼梯装饰（编码：020106） **表 13-6**

项目编码	项目名称	项目特征	计量单位	工程内容
020106001	石材楼梯面层	1. 找平层厚度、砂浆配合比 2. 粘结层厚度、材料种类 3. 面层材料品种、规格、品牌、颜色 4. 防滑条材料种类、规格 5. 勾缝材料种类 6. 防护层材料种类 7. 酸洗、打蜡要求	m^2	1. 基层清理 2. 抹找平层 3. 面层铺贴 4. 贴嵌防滑条 5. 勾缝 6. 刷防护材料 7. 酸洗、打蜡 8. 材料运输
020106002	块料楼梯面层			
020106003	水泥砂浆楼梯面	1. 找平层厚度、砂浆配合比 2. 面层厚度、砂浆配合比 3. 防滑条材料种类、规格		1. 基层清理 2. 抹找平层 3. 抹面层 4. 抹防滑条 5. 材料运输
020106004	现浇水磨石楼梯面	1. 找平层厚度、砂浆配合比 2. 面层厚度、水泥石子浆配合比 3. 防滑条材料种类、规格 4. 石子种类、规格、颜色 5. 颜料种类、颜色 6. 磨光、酸洗、打蜡要求		1. 基层清理 2. 抹找平层 3. 抹面层 4. 贴嵌防滑条 5. 磨光、酸洗、打蜡 6. 材料运输
020106005	地毯楼梯面	1. 基层种类 2. 找平层厚度、砂浆配合比 3. 面层材料品种、规格、品牌、颜色 4. 防护材料种类 5. 粘结材料种类 6. 固定配件材料种类、规格		1. 基层清理 2. 抹找平层 3. 铺贴面层 4. 固定配件安装 5. 刷防护材料 6. 材料运输
020106006	木板楼梯面	1. 找平层厚度、砂浆配合比 2. 基层材料种类、规格 3. 面层材料品种、规格、品牌、颜色 4. 粘结材料种类 5. 防护材料种类 6. 油漆品种、刷漆遍数		1. 基层清理 2. 抹找平层 3. 基层铺贴 4. 面层铺贴 5. 刷防护材料、油漆 6. 材料运输

7. 扶手、栏杆、栏板装饰。工程量清单项目设置应按表 13-7 的规定执行。

扶手、栏杆、栏板装饰（编码：020107）　　**表 13-7**

项目编码	项目名称	项目特征	计量单位	工程内容
020107001	金属扶手带栏杆、栏板	1. 扶手材料种类、规格、品牌、颜色 2. 栏杆材料种类、规格、品牌、颜色 3. 栏板材料种类、规格、品牌、颜色 4. 固定配件种类 5. 防护材料种类 6. 油漆品种、刷漆遍数	m	1. 制作 2. 运输 3. 安装 4. 刷防护材料 5. 刷油漆
020107002	硬木扶手带栏杆、栏板			
020107003	塑料扶手带栏杆、栏板			
020107004	金属靠墙扶手	1. 扶手材料种类、规格、品牌、颜色 2. 固定配件种类 3. 防护材料种类 4. 油漆品种、刷漆遍数		
020107005	硬木靠墙扶手			
020107006	塑料靠墙扶手			

8. 台阶装饰。工程量清单项目设置应按表 13-8 的规定执行。

台阶装饰（编码：020108）　　**表 13-8**

项目编码	项目名称	项目特征	计量单位	工程内容
020108001	石材台阶面	1. 垫层材料种类、厚度 2. 找平层厚度、砂浆配合比 3. 粘结层材料种类 4. 面层材料品种、规格、品牌、颜色 5. 勾缝材料种类 6. 防滑条材料种类、规格 7. 防护材料种类	m^2	1. 基层清理 2. 铺设垫层 3. 抹找平层 4. 面层铺贴 5. 贴嵌防滑条 6. 勾缝 7. 刷防护材料 8. 材料运输
020108002	块料台阶面			
020108003	水泥砂浆台阶面	1. 垫层材料种类、厚度 2. 找平层厚度、砂浆配合比 3. 面层厚度、砂浆配合比 4. 防滑条材料种类		1. 清理基层 2. 铺设垫层 3. 抹找平层 4. 抹面层 5. 抹防滑条 6. 材料运输
020108004	现浇水磨石台阶面	1. 垫层材料种类、厚度 2. 找平层厚度、砂浆配合比 3. 面层厚度、水泥石子浆配合比 4. 防滑条材料种类、规格 5. 石子种类、规格、颜色 6. 颜料种类、颜色 7. 磨光、酸洗、打蜡要求		1. 清理基层 2. 铺设垫层 3. 抹找平层 4. 抹面层 5. 贴嵌防滑条 6. 打磨、酸洗、打蜡 7. 材料运输
020108005	剁假石台阶面	1. 垫层材料种类、厚度 2. 找平层厚度、砂浆配合比 3. 面层厚度、砂浆配合比 4. 剁假石要求		1. 清理基层 2. 铺设垫层 3. 抹找平层 4. 抹面层 5. 剁假石 6. 材料运输

9. 零星装饰项目。工程量清单项目设置应按表 13-9 的规定执行。

零星装饰项目（编码：020109） **表 13-9**

项目编码	项目名称	项目特征	计量单位	工程内容
020109001	石材零星项目	1. 工程部位 2. 找平层厚度、砂浆配合比 3. 粘结层厚度、材料种类 4. 面层材料品种、规格、品牌、颜色 5. 勾缝材料种类 6. 防护材料种类 7. 酸洗、打蜡要求	m^2	1. 清理基层 2. 抹找平层 3. 面层铺贴 4. 勾缝 5. 刷防护材料 6. 酸洗、打蜡 7. 材料运输
020109002	碎拼石材零星项目			
020109003	块料零星项目			
020109004	水泥砂浆零星项目	1. 工程部位 2. 找平层厚度、砂浆配合比 3. 面层厚度、砂浆厚度		1. 清理基层 2. 抹找平层 3. 抹面层 4. 材料运输

三、其他相关问题说明

1. 楼梯、阳台、走廊、回廊及其他的装饰性扶手、栏杆、栏板，应按表 13-7 项目编码列项。

2. 楼梯、台阶侧面装饰，0.5m^2 以内少量分散的楼地面装修，应按表 13-9 中项目编码列项。

【例 13-1】 根据《计价规范》、企业定额施工图纸等，计算某混合结构二层办公楼的楼地面工程的清单工程量和综合单价。(保留小数点后两位数字)

工程概况：某混合结构二层办公楼，每层层高均为 3m，女儿墙高 550mm，室外设计地坪−0.45m，墙体采用 KP1 黏土空心砖。外墙面、墙裙均为抹底灰，外墙为凹凸型涂料，外墙裙为块料，墙裙高 900mm。楼地面做法为楼 8D，地面砖每块规格为 400mm×400mm；踢脚材质为地砖，高 120mm。顶棚为抹灰耐擦洗涂料（棚 6B），一层办公室内墙面为抹灰、耐擦洗涂料，二层会议室内墙面为抹灰、壁纸墙面。C1 为单玻平开塑钢窗，外窗口侧壁宽 200mm，内窗口侧壁宽 80mm，M1 为松木带亮自由门；M2 为胶合板门，门框位置居中，框宽 100mm。

门窗表（单位：mm） **表 13-10**

型 号	洞口尺寸（宽×高）	框外围尺寸（宽×高）	数量（樘）
C1	1500×1500	1470×1470	9
M1	1200×2400	1180×2390	3
M2	900×2100	880×2090	5

材 料 做 法 表 **表 13-11**

序号	做 法	备 注
楼 8D	1. 8 厚铺地砖（400mm×400mm），稀水泥浆擦缝 2. 6 厚建筑胶水泥砂浆粘结层 3. 素水泥浆一道（内掺建筑胶） 4. 35mm 厚 C15 细石混凝土找平层（现场搅拌） 5. 素水泥浆一道（内掺建筑胶） 6. 钢筋混凝土楼板	地砖规格 400mm×400mm

续表

序号	做　　法	备　　注
棚 6B	1. 耐擦洗涂料 2. 2厚精品粉刷石膏罩面压实赶光 3. 6厚粉刷石膏打底找平，木抹子抹毛面 4. 素水泥浆一道甩毛（内掺建筑胶）	
内墙 5A	1. 喷涂白色耐擦洗涂料 2. 5厚1：2.5水泥砂浆找平 3. 9厚1：3水泥砂浆打底扫毛或划出纹道	
外墙 24A	1. 喷丙烯酸酯共聚乳液罩面涂料一遍 2. 喷苯丙共聚乳液厚涂料一遍 3. 喷带色的面涂料一遍 4. 喷封底涂料一遍，增强粘结力 5. 6厚1：2.5水泥砂浆找平扫毛或划出纹道 6. 12厚1：3水泥砂浆打底扫毛或划出纹道	

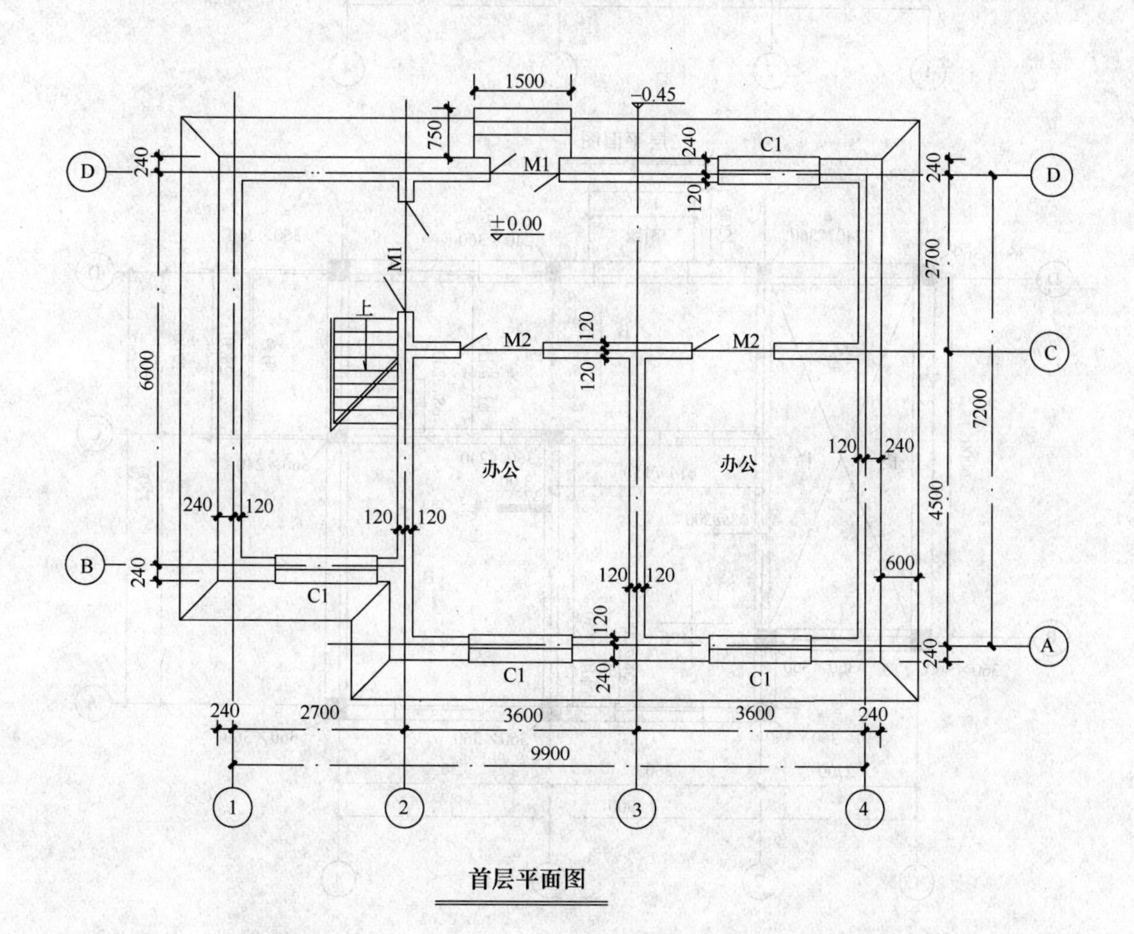

首层平面图

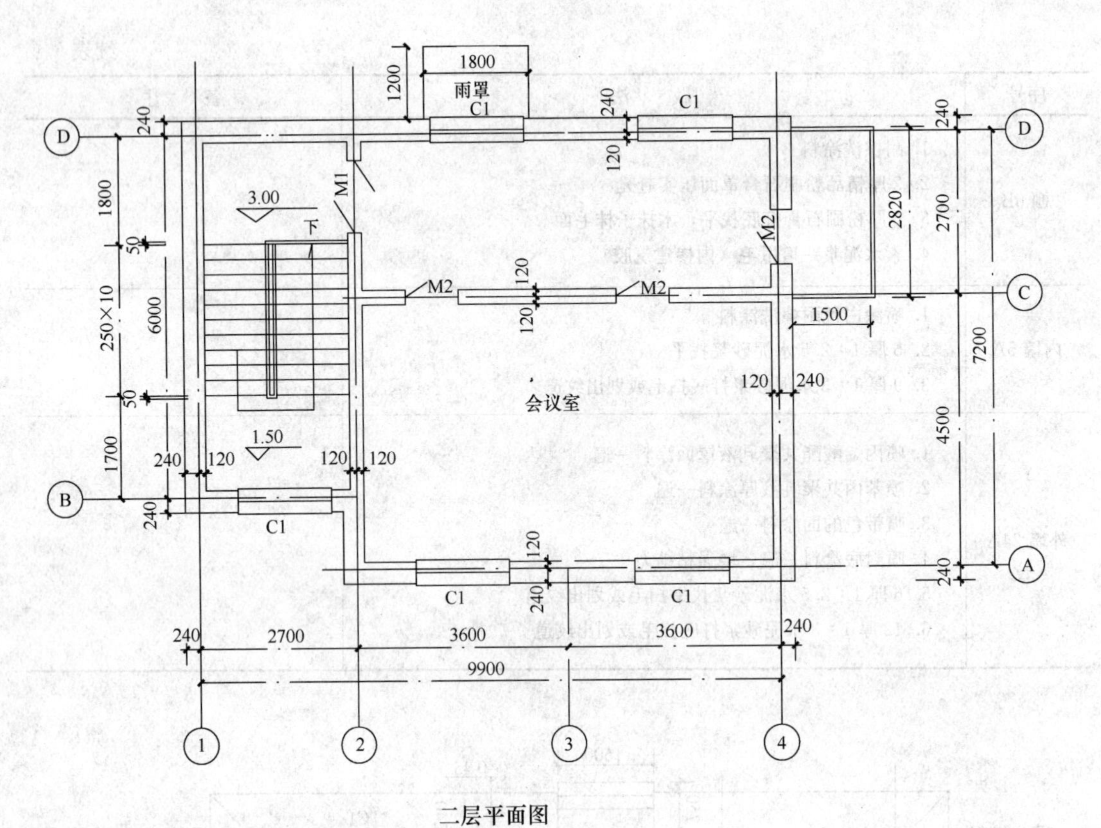

二层平面图

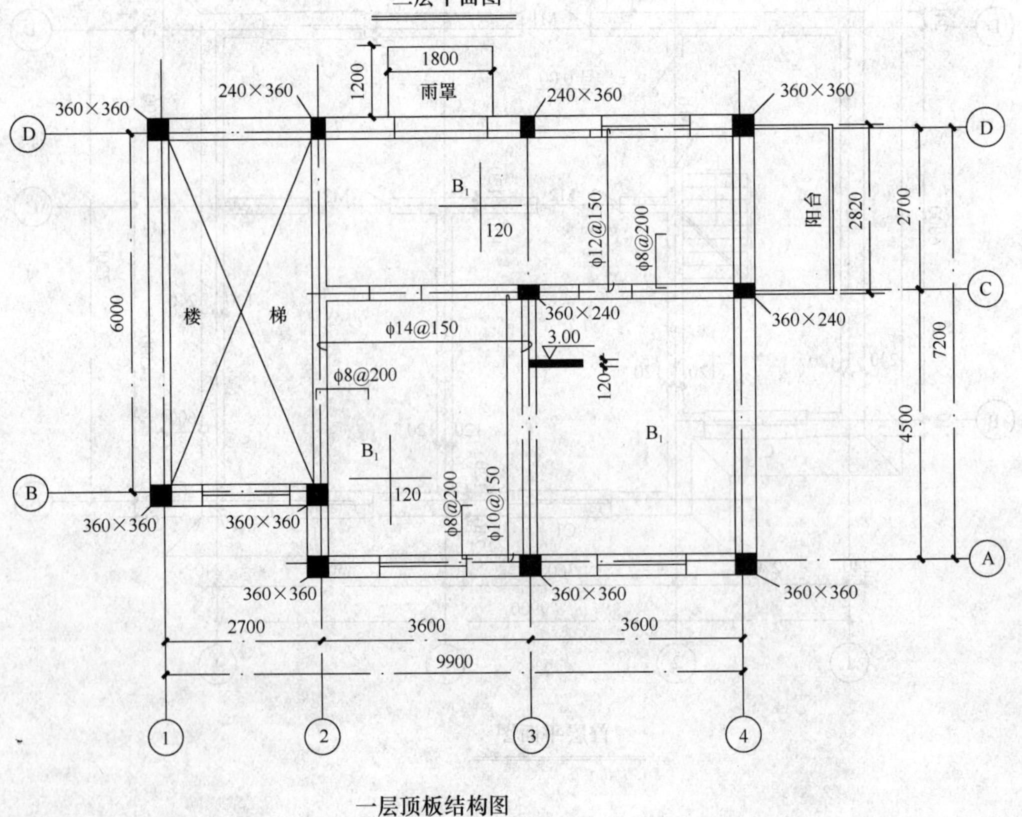

一层顶板结构图

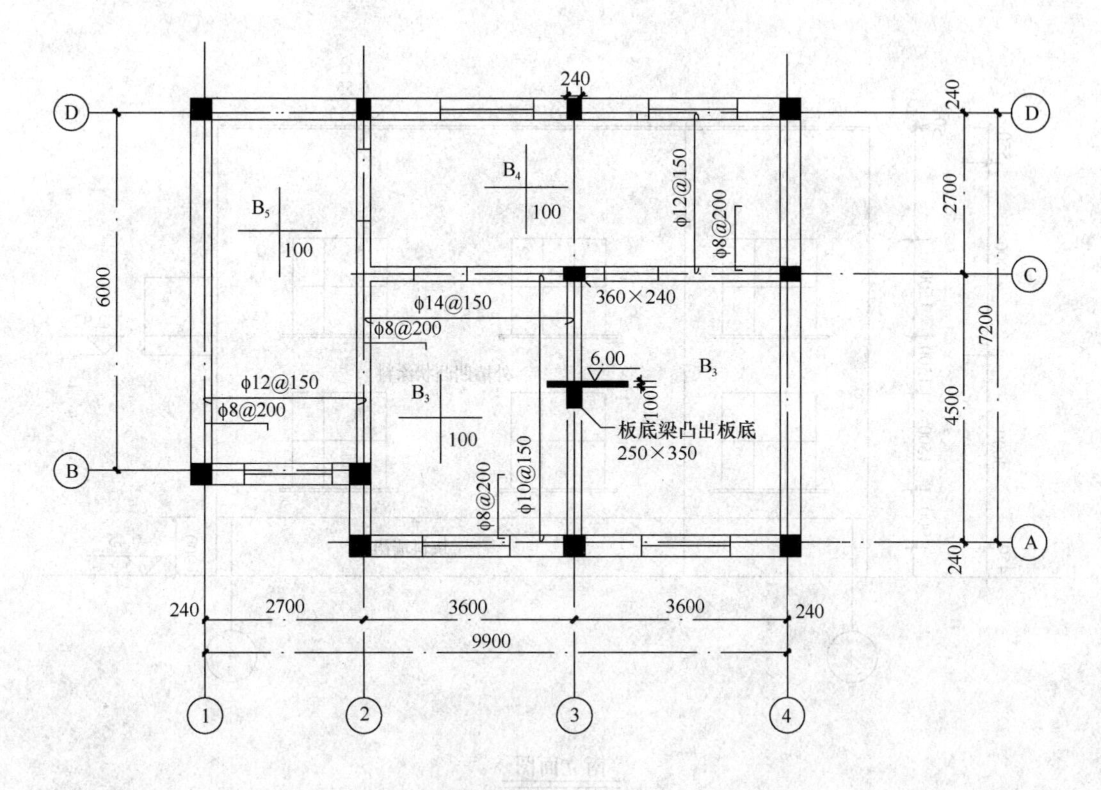

二层顶板结构图

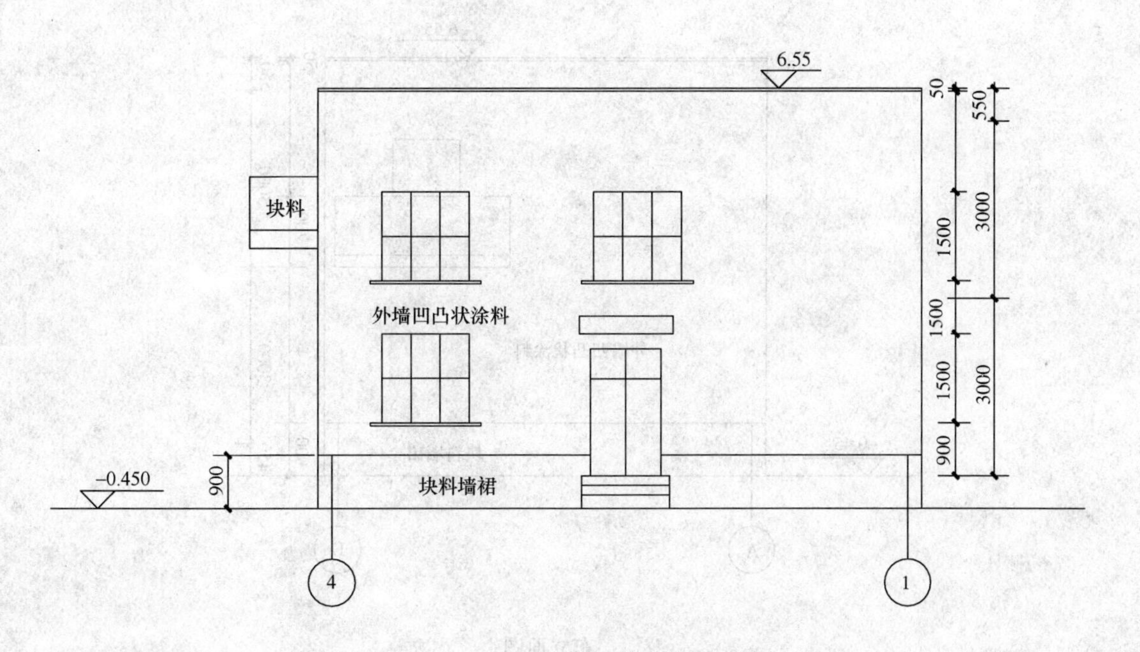

北立面图

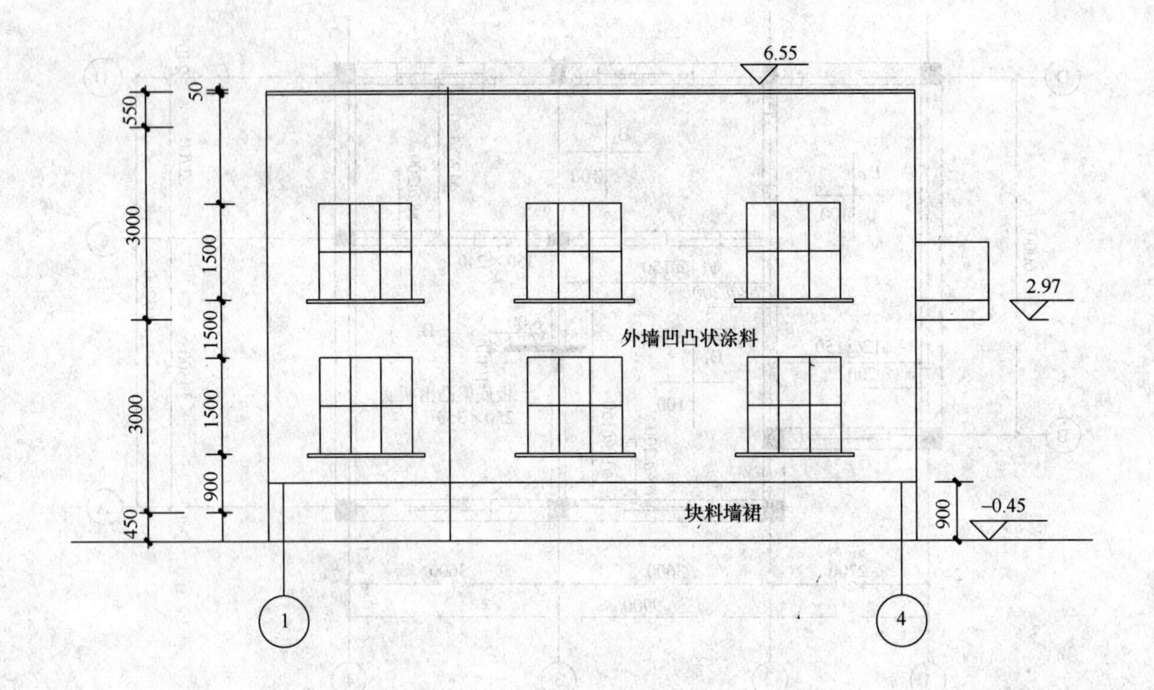
6.55
550
3000
3000
450
50
1500
1500
1500
900
2.97
外墙凹凸状涂料
900
−0.45
块料墙裙
1
4
南立面图

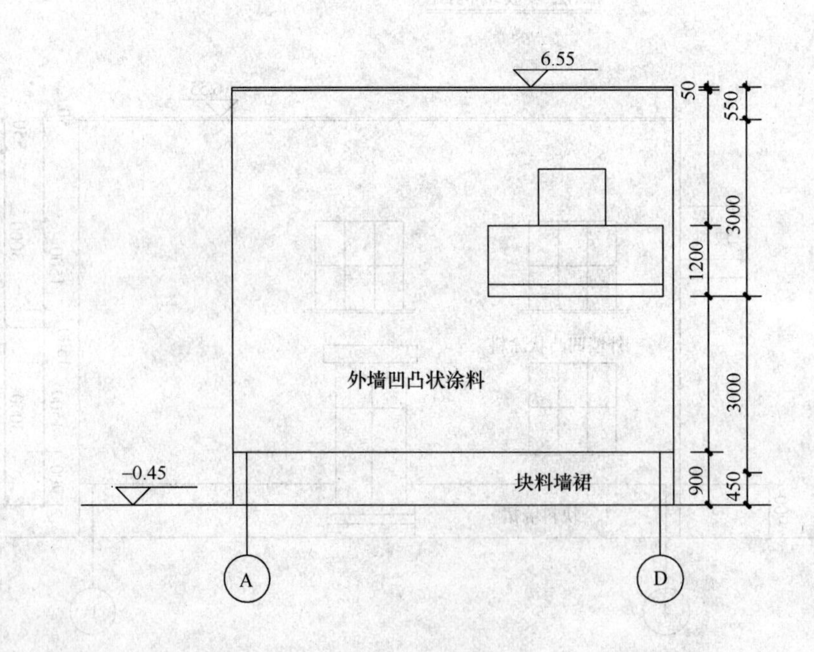
6.55
50
550
3000
1200
3000
900
450
外墙凹凸状涂料
−0.45
块料墙裙
A
D
东立面图

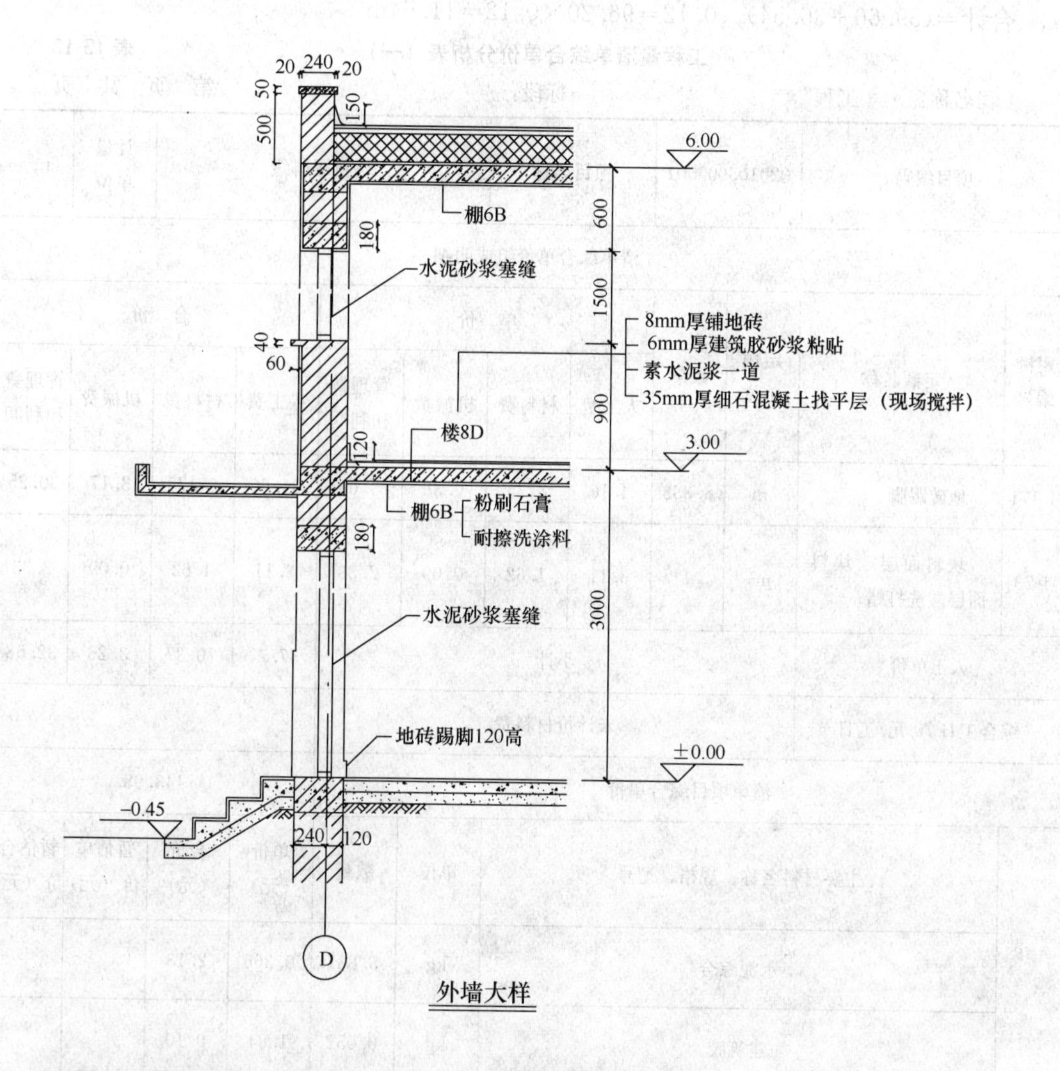

外墙大样

【解】 块料楼地面(楼 8D)的清单工程量＝图示面积

一层块料地面的清单工程量＝各房间的净面积(含楼梯间净面积)＝(2.7－0.24)(6－0.24)＋(2.7－0.24)(7.2－0.24)＋(3.6－0.24)(4.5－0.24)×2＝59.92m²

二层块料楼面的清单工程量＝各房间的净面积(不含楼梯间净面积)＝(2.7－0.24)(7.2－0.24)＋(7.2－0.24)(4.5－0.24)＝46.77m²

合计＝59.92＋46.77＝106.69m²

块料踢脚(地砖)线的清单工程量＝图示面积＝图示长度×高度

一层踢脚的清单工程量长度＝(2.7－0.24＋6－0.24)×2＋(2.7－0.24＋7.2－0.24)×2＋(3.6－0.24＋4.5－0.24)×2×2－3M1 洞口宽度－4M2 洞口宽度＋门洞口侧壁长度＝16.44＋18.84＋30.48－3.6－3.6＋1.1＝59.66m

二层踢脚的清单工程量长度＝一层踢脚的清单工程量扣减楼梯间的净长度＝18.84＋(7.2－0.24＋4.5－0.24)×2－5M2 洞口宽度－M1 洞口宽度＋门洞口侧壁长度＝18.84＋22.44－5×0.9－1.2＋0.96＝36.54m

合计＝(59.66＋36.54)×0.12＝96.20×0.12＝11.54m²

工程量清单综合单价分析表（一） **表 13-12**

工程名称：＊＊工程　　　　标段：　　　　第　页　共　页

项目编码	020105003001	项目名称	块料踢脚线	计量单位	m²

清单综合单价组成明细

定额编号	定额名称	定额单位	数量	单价				合价			
				人工费	材料费	机械费	管理费和利润	人工费	材料费	机械费	管理费和利润
1-171	地砖踢脚	m	8.333	4.16	8.25	0.38	3.63	34.66	68.75	3.17	30.25
1-73	块料面层　块料面层酸洗打蜡	m²	1	3.11	1.62	0.09	2.33	3.11	1.62	0.09	2.33
人工单价		小计						37.77	70.37	3.26	32.58
综合工日 70 元/工日		未计价材料费									0
清单项目综合单价								143.98			

	主要材料名称、规格、型号	单位	数量	单价（元）	合价（元）	暂估单价（元）	暂估合价（元）
材料费明细	水泥综合	kg	5.831	0.366	2.13		
	建筑胶	kg	0.052	1.84	0.10		
	砂子	kg	11.536	0.067	0.77		
	地面砖 0.16m² 以内	m²	1.03	64.8	65.7		
	草酸	kg	0.0083	4.5	0.04		
	硬蜡	kg	0.0225	48.3	1.09		
	清油	kg	0.0042	19.2	0.08		
	其他材料费			—	0.19	—	0
	材料费小计			—	70.37	—	0

工程量清单综合单价分析表（二） **表 13-13**

工程名称：＊＊工程　　　　标段：　　　　第　页　共　页

项目编码	020102002001	项目名称	块料楼地面				计量单位	m²		
清单综合单价组成明细										
定额编号	定额名称	定额单位	数量	单价				合价		
				人工费	材料费	机械费	管理费和利润	人工费	材料费	机械费	管理费和利润
1-21	找平层　现场搅拌细石混凝土厚度 30mm	m²	1	5.76	7.56	0.56	4.65	5.76	7.56	0.56	4.65
1-22	找平层　现场搅拌细石混凝土　每增减 5mm	m²	1	1.13	1.17	0.09	0.89	1.13	1.17	0.09	0.89
1-52	块料面层　地砖建筑砂浆粘贴每块面积（0.16m² 以内）	m²	1	18.07	39.88	1.91	15.76	18.07	39.88	1.91	15.76
1-73	块料面层　块料面层酸洗打蜡	m²	1	3.11	1.62	0.09	2.33	3.11	1.62	0.09	2.33
人工单价		小计						28.07	50.23	2.65	23.63
综合工日 70 元/工日		未计价材料费									0
清单项目综合单价								104.58			

材料费明细	主要材料名称、规格、型号	单位	数量	单价（元）	合价（元）	暂估单价（元）	暂估合价（元）
	水泥综合	kg	5.364	0.366	1.96		
	C15 豆石混凝土 C15	m³	0.035	232.19	8.13		
	砂子	kg	9.558	0.067	0.64		
	地面砖 0.16m² 以内	m²	1.02	36	36.72		
	白水泥	kg	0.103	0.88	0.09		
	建筑胶	kg	0.312	1.84	0.57		
	草酸	kg	0.01	4.5	0.05		
	硬蜡	kg	0.027	48.3	1.3		
	清油	kg	0.005	19.2	0.1		
	其他材料费			—	0.66	—	0
	材料费小计			—	50.22	—	

第二节　墙、柱面工程

一、墙、柱面工程的工程量计算规则

1. 墙面抹灰：包括墙面一般抹灰、墙面装饰抹灰和墙面勾缝。其计算规则为：按设计图示尺寸以面积计算。扣除墙裙、门窗洞口及单个 0.3m² 以外的孔洞面积，不扣除踢脚线、挂镜线和墙与构件交接处的面积，门窗洞口和孔洞的侧壁及顶面不增加面积。附墙柱、梁、垛、烟囱侧壁并入相应的墙面面积内。其中，外墙抹灰面积按外墙垂直投影面积计算；外墙裙抹灰面积按其长度乘以高度计算；内墙抹灰面积按主墙间的净长乘以高度计算。内墙无墙裙的，高度按室内楼地面至顶棚底面计算。内墙有墙裙的，高度按墙裙顶至顶棚底面计算。内墙裙抹灰面按内墙净长乘以高度计算。

2. 柱面抹灰：包括柱面一般抹灰、柱面装饰抹灰和柱面勾缝。其计算规则为：按设计图示柱断面周长乘以高度以面积计算。

3. 零星抹灰：包括零星项目一般抹灰和零星项目装饰抹灰。其计算规则为：按设计图示尺寸以面积计算。

4. 墙面镶贴块料：包括石材墙面、碎拼石材墙面和块料墙面。其计算规则为：按设计图示尺寸以镶贴表面积计算。

5. 干挂石材钢骨架：按设计图示尺寸以质量计算。

6. 柱面镶贴块料：包括石材柱面、碎拼石材柱面、块料柱面、石材梁面和块料梁面。其计算规则为：按设计图示尺寸以镶贴表面积计算。

7. 零星镶贴块料：包括石材零星项目、碎拼石材零星项目和块料零星项目。其计算规则为：按设计图示尺寸以镶贴表面积计算。

8. 墙饰面指装饰板墙面。其计算规则为：按设计图示墙净长乘以净高以面积计算。扣除门窗洞口及单个 0.3m² 以上的孔洞所占面积。

9. 柱（梁）饰面的计算规则为：按设计图示饰面外围尺寸以面积计算。柱帽、柱墩并入相应柱饰面工程量内。

10. 隔断的计算规则为：按设计图示框外围尺寸以面积计算。扣除单个 0.3m² 以上的孔洞所占面积；浴厕门的材质与隔断相同时，门的面积并入隔断面积内。

11. 幕墙分为带骨架幕墙和全玻幕墙两种。其中，带骨架幕墙的计算规则为：按设计图示框外围尺寸以面积计算，与幕墙同种材质的窗所占面积不扣除。全玻幕墙的计算规则为：按设计图示尺寸以面积计算。带肋全玻幕墙按展开面积计算。

二、墙、柱面工程清单项目设置

1. 墙面抹灰。工程量清单项目设置应按表 13-14 的规定执行。

墙面抹灰（编码：020201） **表 13-14**

项目编码	项目名称	项目特征	计量单位	工程内容
020201001	墙面一般抹灰	1. 墙体类型 2. 底层厚度、砂浆配合比 3. 面层厚度、砂浆配合比 4. 装饰面材料种类 5. 分格缝宽度、材料种类	m²	1. 基层清理 2. 砂浆制作、运输 3. 底层抹灰 4. 抹面层 5. 抹装饰面 6. 勾分格缝
020201002	墙面装饰抹灰			
020201003	墙面勾缝	1. 墙体类型 2. 勾缝类型 3. 勾缝材料种类		1. 基层清理 2. 砂浆制作、运输 3. 勾缝

2. 柱面抹灰。工程量清单项目设置应按表 13-15 的规定执行。

柱面抹灰（编码：020202） **表 13-15**

<table>
<tr><th>项目编码</th><th>项目名称</th><th>项目特征</th><th>计量单位</th><th>工程内容</th></tr>
<tr><td>020202001</td><td>柱面一般抹灰</td><td rowspan="2">1. 柱体类型
2. 底层厚度、砂浆配合比
3. 面层厚度、砂浆配合比
4. 装饰面材料种类
5. 分格缝宽度、材料种类</td><td rowspan="3">m^2</td><td rowspan="2">1. 基层清理
2. 砂浆制作、运输
3. 底层抹灰
4. 抹面层
5. 抹装饰面
6. 勾分格缝</td></tr>
<tr><td>020202002</td><td>柱面装饰抹灰</td></tr>
<tr><td>020202003</td><td>柱面勾缝</td><td>1. 墙体类型
2. 勾缝类型
3. 勾缝材料种类</td><td>1. 基层清理
2. 砂浆制作、运输
3. 勾缝</td></tr>
</table>

3. 零星抹灰。工程量清单项目设置应按表 13-16 的规定执行。

零星抹灰（编码：020203） **表 13-16**

<table>
<tr><th>项目编码</th><th>项目名称</th><th>项目特征</th><th>计量单位</th><th>工程内容</th></tr>
<tr><td>020203001</td><td>零星项目
一般抹灰</td><td rowspan="2">1. 墙体类型
2. 底层厚度、砂浆配合比
3. 面层厚度、砂浆配合比
4. 装饰面材料种类
5. 分格缝宽度、材料种类</td><td rowspan="2">m^2</td><td rowspan="2">1. 基层清理
2. 砂浆制作、运输
3. 底层抹灰
4. 抹面层
5. 抹装饰面
6. 勾分格缝</td></tr>
<tr><td>020203002</td><td>零星项目
装饰抹灰</td></tr>
</table>

4. 墙面镶贴块料。工程量清单项目设置应按表 13-17 的规定执行。

墙面镶贴块料（编码：020204） **表 13-17**

<table>
<tr><th>项目编码</th><th>项目名称</th><th>项目特征</th><th>计量单位</th><th>工程内容</th></tr>
<tr><td>020204001</td><td>石材墙面</td><td rowspan="3">1. 墙体类型
2. 底层厚度、砂浆配合比
3. 贴结层厚度、材料种类
4. 挂贴方式
5. 干挂方式（膨胀螺栓、钢龙骨）
6. 面层材料品种、规格、品牌、颜色
7. 缝宽、嵌缝材料种类
8. 防护材料种类
9. 磨光、酸洗、打蜡要求</td><td rowspan="3">m^2</td><td rowspan="3">1. 基层清理
2. 砂浆制作、运输
3. 底层抹灰
4. 结合层铺贴
5. 面层铺贴
6. 面层挂贴
7. 面层干挂
8. 嵌缝
9. 刷防护材料
10. 磨光、酸洗、打蜡</td></tr>
<tr><td>020204002</td><td>碎拼石材墙面</td></tr>
<tr><td>020204003</td><td>块料墙面</td></tr>
<tr><td>020204004</td><td>干挂石材
钢骨架</td><td>1. 骨架种类、规格
2. 油漆品种、刷油遍数</td><td>t</td><td>1. 骨架制作、运输、安装
2. 骨架油漆</td></tr>
</table>

5. 柱面镶贴块料。工程量清单项目设置应按表 13-18 的规定执行。

柱面镶贴块料（编码：020205）　　表 13-18

项目编码	项目名称	项目特征	计量单位	工程内容
020205001	石材柱面	1. 柱体材料 2. 柱截面类型、尺寸 3. 底层厚度、砂浆配合比 4. 粘结层厚度、材料种类 5. 挂贴方式 6. 干挂方式 7. 面层材料品种、规格、品牌、颜色 8. 缝宽、嵌缝材料种类 9. 防护材料种类 10. 磨光、酸洗、打蜡要求	m^2	1. 基层清理 2. 砂浆制作、运输 3. 底层抹灰 4. 结合层铺贴 5. 面层铺贴 6. 面层挂贴 7. 面层干挂 8. 嵌缝 9. 刷防护材料 10. 磨光、酸洗、打蜡
020205002	拼碎石材柱面			
020205003	块料柱面			
020205004	石材梁面	1. 底层厚度、砂浆配合比 2. 粘结层厚度、材料种类 3. 面层材料品种、规格、品牌、颜色 4. 缝宽、嵌缝材料种类 5. 防护材料种类 6. 磨光、酸洗、打蜡要求		1. 基层清理 2. 砂浆制作、运输 3. 底层抹灰 4. 结合层铺贴 5. 面层铺贴 6. 面层挂贴 7. 嵌缝 8. 刷防护材料 9. 磨光、酸洗、打蜡
020205005	块料梁面			

6. 零星镶贴块料。工程量清单项目设置应按表 13-19 的规定执行。

零星镶贴块料（编码：020206）　　表 13-19

项目编码	项目名称	项目特征	计量单位	工程内容
020206001	石材零星项目	1. 柱、墙体类型 2. 底层厚度、砂浆配合比 3. 粘结层厚度、材料种类 4. 挂贴方式 5. 干挂方式 6. 面层材料品种、规格、品牌、颜色 7. 缝宽、嵌缝材料种类 8. 防护材料种类 9. 磨光、酸洗、打蜡要求	m^2	1. 基层清理 2. 砂浆制作、运输 3. 底层抹灰 4. 结合层铺贴 5. 面层铺贴 6. 面层挂贴 7. 面层干挂 8. 嵌缝 9. 刷防护材料 10. 磨光、酸洗、打蜡
020206002	碎拼石材零星项目			
020206003	块料零星项目			

7. 墙饰面。工程量清单项目设置应按表 13-20 的规定执行。

墙饰面（编码：020207） **表 13-20**

项目编码	项目名称	项目特征	计量单位	工程内容
020207001	装饰板墙面	1. 墙体类型 2. 底层厚度、砂浆配合比 3. 龙骨材料种类、规格、中距 4. 隔离层材料种类、规格 5. 基层材料种类规格 6. 面层材料品种、规格、品牌、颜色 7. 压条材料种类、规格 8. 防护材料种类 9. 油漆品种、刷漆遍数	m^2	1. 基层清理 2. 砂浆制作、运输 3. 底层抹灰 4. 龙骨制作、运输、安装 5. 钉隔离层 6. 基层铺钉 7. 面层铺贴 8. 刷防护材料、油漆

8. 柱（梁）饰面。工程量清单项目设置应按表 13-21 的规定执行。

柱（梁）饰面（编码：020208） **表 13-21**

项目编码	项目名称	项目特征	计量单位	工程内容
020208001	柱（梁）面装饰	1. 柱（梁）体类型 2. 底层厚度、砂浆配合比 3. 龙骨材料种类、规格、中距 4. 隔离层材料种类 5. 基层材料种类、规格 6. 面层材料品种、规格、品牌、颜色 7. 压条材料种类、规格 8. 防护材料种类 9. 油漆品种、刷漆遍数	m^2	1. 基层清理 2. 砂浆制作、运输 3. 底层抹灰 4. 龙骨制作、运输、安装 5. 钉隔离层 6. 基层铺钉 7. 面层铺贴 8. 刷防护材料、油漆

9. 隔断。工程量清单项目设置应按表 13-22 的规定执行。

隔断（编码：020209） **表 13-22**

项目编码	项目名称	项目特征	计量单位	工程内容
020209001	隔断	1. 骨架、边框材料种类、规格 2. 隔板材料品种、规格、品牌、颜色 3. 嵌缝、塞口材料品种 4. 压条材料种类 5. 防护材料种类 6. 油漆品种、刷漆遍数	m^2	1. 骨架及边框制作、运输、安装 2. 隔板制作、运输、安装 3. 嵌缝、塞口 4. 装钉压条 5. 刷防护材料、油漆

10. 幕墙。工程量清单项目设置应按表 13-23 的规定执行。

幕墙（编码：020210）　　表 13-23

项目编码	项目名称	项目特征	计量单位	工程内容
020210001	带骨架幕墙	1. 骨架材料种类、规格、中距 2. 面层材料品种、规格、品牌、颜色 3. 面层固定方式 4. 嵌缝、塞口材料种类	m^2	1. 骨架制作、运输、安装 2. 面层安装 3. 嵌缝、塞口 4. 清洗
020210002	全玻幕墙	1. 玻璃品种、规格、品牌、颜色 2. 粘结塞口材料种类 3. 固定方式		1. 幕墙安装 2. 嵌缝、塞口 3. 清洗

三、其他相关问题说明

1. 石灰砂浆、水泥砂浆、水泥混合砂浆、聚合物水泥砂浆、麻刀石灰、纸筋石灰、石膏灰等的抹灰应按表 13-14 中一般抹灰项目编码列项；水刷石、斩假石（剁斧石、剁假石）、干粘石、假面砖等的抹灰应按表 13-14 中装饰抹灰项目编码列项。

2. 0.5m^2 以内少量分散的抹灰和镶贴块料面层，应按表 13-16 和表 13-19 中相关项目编码列项。

【例 13-2】 计算例 13-1 中某混合结构办公楼的外墙面涂料底层抹灰和办公室内墙面抹灰工程的清单工程量和综合单价。（保留小数点后两位数字）

【解】 外墙面抹灰的清单工程量＝图示面积－门窗的洞口面积

＝(9.9＋0.48＋7.2＋0.48)×2×(6.55＋0.45－0.9)－M1－M2－9C1 洞口面积

＝36.12×6.1－1.2×2.4－0.9×2.1－9×1.5^2

＝195.31m^2

办公室内墙面抹灰的清单工程量＝图示面积－门窗的洞口面积

＝[(3.6－0.24＋4.5－0.24)×2×(3－0.12)－1.5^2－0.9×2.1]×2

＝79.50m^2

外墙面一般抹灰和内墙面一般抹灰的清单综合单价见表 13-24 和表 13-25。

工程量清单综合单价分析表　　表 13-24

工程名称：＊＊工程　　标段：　　第　页　共　页

项目编码	020201001001	项目名称	外墙面一般抹灰					计量单位	m^2
清单综合单价组成明细									
定额编号	定额名称	定额单位	数量	单价				合价	
				人工费	材料费	机械费	管理费和利润	人工费	材料费	机械费	管理费和利润
3-24	外墙装修　涂料　涂料底层抹灰　砖墙砌块墙	m^2	1	11.43	6.48	0.52	8.6	11.43	6.48	0.52	8.6

续表

定额编号	定额名称	定额单位	数量	单价				合价			
				人工费	材料费	机械费	管理费和利润	人工费	材料费	机械费	管理费和利润
人工单价		小计						11.43	6.48	0.52	8.6
综合工日 67 元/工日		未计价材料费						0			
清单项目综合单价								27.03			
材料费明细	主要材料名称、规格、型号			单位	数量			单价（元）	合价（元）	暂估单价(元)	暂估合价(元)
	水泥综合			kg	11.3			0.366	4.14		
	砂子			kg	28.817			0.067	1.93		
	白灰			kg	1.388			0.23	0.32		
	界面剂			kg	0.016			1.84	0.03		
	其他材料费							—	0.06	—	0
	材料费小计							—	6.48	—	0

工程量清单综合单价分析表 **表 13-25**

工程名称：＊＊工程　　标段：　　第　页　共　页

项目编码	020201001001	项目名称	内墙面一般抹灰	计量单位	m^2

清单综合单价组成明细

定额编号	定额名称	定额单位	数量	单价				合价			
				人工费	材料费	机械费	管理费和利润	人工费	材料费	机械费	管理费和利润
3-98	内墙装修　涂料及裱糊面层涂料、裱糊底层抹灰　混凝土、砌块墙	m^2	1	11.28	4.46	0.42	8.35	11.28	4.46	0.42	8.35
人工单价		小计						11.28	4.46	0.42	8.35
综合工日 67 元/工日		未计价材料费						0			
清单项目综合单价								24.51			
材料费明细	主要材料名称、规格、型号			单位	数量			单价（元）	合价（元）	暂估单价(元)	暂估合价(元)
	水泥综合			kg	6.362			0.366	2.33		
	砂子			kg	24.908			0.067	1.67		
	白灰			kg	1.658			0.23	0.38		
	界面剂			kg	0.016			1.84	0.03		
	其他材料费							—	0.05	—	0
	材料费小计							—	4.46	—	0

第三节　天　棚　工　程

一、天棚工程的工程量计算规则

1. 天棚抹灰的计算规则为：按设计图示尺寸以水平投影面积计算。不扣除间壁墙、垛、柱、附墙烟囱、检查口和管道所占的面积，带梁天棚、梁两侧抹灰面积并入天棚面积内，板式楼梯底面抹灰按斜面积计算，锯齿形楼梯底板抹灰按展开面积计算。

2. 天棚吊顶按设计图示尺寸以水平投影面积计算。天棚面中的灯槽及跌级、锯齿形、吊挂式、藻井式天棚面积不展开计算。不扣除间壁墙、柱垛、附墙烟囱、检查口和管道所占的面积，扣除单个0.3m^2以外的孔洞、独立柱及与天棚相连的窗帘盒所占的面积。

3. 格栅吊顶、吊筒吊顶、藤条造型悬挂吊顶、织物软雕吊顶和网架(装饰)吊顶的计算规则为：按设计图示尺寸以水平投影面积计算。

4. 灯带的计算规则为：按设计图示尺寸以框外围面积计算。

5. 送风口和回风口的计算规则为：按设计图示数量计算。

二、天棚工程清单项目设置

1. 天棚抹灰。工程量清单项目设置应按表13-26的规定执行。

天棚抹灰(编码：020301)　　**表13-26**

项目编码	项目名称	项目特征	计量单位	工程内容
020301001	天棚抹灰	1. 基层类型 2. 抹灰厚度、材料、种类 3. 装饰线条道数 4. 砂浆配合比	m^2	1. 基层清理 2. 底层抹灰 3. 抹面层 4. 抹装饰线条

2. 天棚吊顶。工程量清单项目设置应按表13-27的规定执行。

天棚吊顶(编码：020302)　　**表13-27**

项目编码	项目名称	项目特征	计量单位	工程内容
020302001	天棚吊顶	1. 吊顶形式 2. 龙骨类型、材料种类、规格、中距 3. 基层材料种类、规格 4. 面层材料品种、规格、品牌、颜色 5. 压条材料种类、规格 6. 嵌缝材料种类 7. 防护材料种类 8. 油漆品种、刷漆遍数	m^2	1. 基层清理 2. 龙骨安装 3. 基层板铺贴 4. 面层铺贴 5. 嵌缝 6. 刷防护材料、油漆
020302002	格栅吊顶	1. 龙骨类型、材料种类、规格、中距 2. 基层材料种类、规格 3. 面层材料品种、规格、品牌、颜色 4. 防护材料种类 5. 油漆品种、刷漆遍数		1. 基层清理 2. 底层抹灰 3. 安装龙骨 4. 基层板铺贴 5. 面层铺贴 6. 刷防护材料、油漆

续表

项目编码	项目名称	项目特征	计量单位	工程内容
020302003	吊筒吊顶	1. 底层厚度、砂浆配合比 2. 吊筒形状、规格、颜色、材料种类 3. 防护材料种类 4. 油漆品种、刷漆遍数	m^2	1. 基层清理 2. 底层抹灰 3. 吊筒安装 4. 刷防护材料、油漆
020302004	藤条造型悬挂吊顶	1. 底层厚度、砂浆配合比 2. 骨架材料种类、规格 3. 面层材料品种、规格、颜色 4. 防护层材料种类 5. 油漆品种、刷漆遍数		1. 基层清理 2. 底面抹灰 3. 龙骨安装 4. 铺贴面层 5. 刷防护材料、油漆
020302005	织物软雕吊顶			
020302006	网架(装饰)吊顶	1. 底层厚度、砂浆配合比 2. 面层材料品种、规格、颜色 3. 防护材料种类 4. 油漆品种、刷漆遍数		1. 基层清理 2. 底面抹灰 3. 面层安装 4. 刷防护材料、油漆

3. 天棚其他装饰。工程量清单项目设置应按表 13-28 的规定执行。

天棚其他装饰(编码：020303)　　**表 13-28**

项目编码	项目名称	项目特征	计量单位	工程内容
020303001	灯带	1. 灯带型式、尺寸 2. 格栅片材料品种、规格、品牌、颜色 3. 安装固定方式	m^2	安装、固定
020303002	送风口、回风口	1. 风口材料品种、规格、品牌、颜色 2. 安装固定方式 3. 防护材料种类	个	1. 安装、固定 2. 刷防护材料

4. 采光天棚和天棚设保温隔热吸音层时，应按建筑工程工程量清单中的保温工程(编码：010803)相关项目编码列项。

【例 13-3】 计算例 13-1 中某混合结构办公楼的天棚抹灰和涂料工程的清单工程量和综合单价(暂不考虑楼梯底面抹灰的斜面积，保留小数点后两位数字)。

【解】 天棚抹灰的清单工程量＝块料楼地面的清单工程量＝106.69m^2

天棚涂料的清单工程量＝块料楼地面的清单工程量＝106.69m^2

天棚抹灰和涂料的清单综合单价见表 13-29。

工程量清单综合单价分析表　　表 13-29

工程名称：＊＊工程　　标段：　　第　页　共　页

项目编码	020301001001	项目名称	天棚抹灰和涂料	计量单位	m^2

清单综合单价组成明细

定额编号	定额名称	定额单位	数量	单价				合价			
				人工费	材料费	机械费	管理费和利润	人工费	材料费	机械费	管理费和利润
2-100	天棚面层装饰 混凝土天棚 抹灰粉刷石膏 现浇板	m^2	1	6.95	5.76	0.27	5.36	6.95	5.76	0.27	5.36
2-109	天棚面层装饰 涂料 耐擦洗涂料	m^2	1	3.12	2.92	0.11	2.43	3.12	2.92	0.11	2.43
人工单价		小计						10.07	8.68	0.38	7.79
综合工日 70 元/工日		未计价材料费						0			
清单项目综合单价								26.91			

	主要材料名称、规格、型号	单位	数量	单价（元）	合价（元）	暂估单价（元）	暂估合价（元）
材料费明细	水泥综合	kg	1.479	0.366	0.54		
	建筑胶	kg	0.061	1.84	0.11		
	粉刷石膏	kg	7.23	0.7	5.06		
	白色耐擦洗涂料	kg	0.498	5.8	2.89		
	其他材料费			—	0.08	—	0
	材料费小计			—	8.68	—	0

第四节　门　窗　工　程

一、门窗的种类和工程量计算规则

1. 木门包括镶板木门、企口木板门、实木装饰门、胶合板门、夹板装饰门、木质防火门、木纱门和连窗门。其计算规则为：按设计图示数量以樘或设计图示洞口尺寸以面积计算。

2. 金属门包括金属平开门、金属推拉门、金属地弹门、彩板门、塑钢门、防盗门和钢质防火门。其计算规则为：按设计图示数量以樘或设计图示洞口尺寸以面积计算。

3. 金属卷帘门包括金属卷闸门、金属格栅门和防火卷帘门。其计算规则为：按设计图示数量以樘或设计图示洞口尺寸以面积计算。

4. 其他门包括电子感应门、转门、电子对讲门、电动伸缩门、全玻门(带扇框)、全玻自由门(无扇框)、半玻门(带扇框)和镜面不锈钢饰面门。其计算规则为：按设计图示数量以樘或设计图示洞口尺寸以面积计算。

5. 木窗包括木质平开窗、木质推拉窗、矩形木百叶窗、异形木百叶窗、木组合窗、木天窗、矩形木固定窗、异形木固定窗和装饰空花木窗。其计算规则为：按设计图示数量以樘或设计图示洞口尺寸以面积计算。

6. 金属窗包括金属推拉窗、金属平开窗、金属固定窗、金属百叶窗、金属组合窗、彩板窗、塑钢窗、金属防盗窗和金属格栅窗。其计算规则为：按设计图示数量以樘或设计图示洞口尺寸以面积计算。其中的特殊五金按设计图示数量计算。

7. 门窗套包括木门窗套、金属门窗套、石材门窗套、门窗木贴脸、硬木筒子板和饰面夹板、筒子板。其计算规则为：按设计图示尺寸以展开面积计算。

8. 窗帘盒、窗帘轨包括木窗帘盒、饰面夹板、塑料窗帘盒、金属窗帘盒和窗帘轨。其计算规则为：按设计图示尺寸以长度计算。

9. 窗台板包括木窗台板、铝塑窗台板、石材窗台板和金属窗台板。其计算规则为：按设计图示尺寸以长度计算。

二、门窗工程清单项目设置

1. 木门工程量清单项目设置应按表 13-30 的规定执行。

木门(编码：020401)　　**表 13-30**

项目编码	项目名称	项目特征	计量单位	工程内容
020401001	镶板木门	1. 门类型 2. 框截面尺寸、单扇面积 3. 骨架材料种类 4. 面层材料品种、规格、品牌、颜色 5. 玻璃品种、厚度、五金材料、品种、规格 6. 防护层材料种类 7. 油漆品种、刷漆遍数	樘/m²	1. 门制作、运输、安装 2. 五金、玻璃安装 3. 刷防护材料、油漆
020401002	企口木板门			
020401003	实木装饰门			
020401004	胶合板门			
020401005	夹板装饰门	1. 门类型 2. 框截面尺寸、单扇面积 3. 骨架材料种类 4. 防火材料种类 5. 门纱材料品种、规格 6. 面层材料品种、规格、品牌、颜色 7. 玻璃品种、厚度、五金材料、品种、规格 8. 防护层材料种类 9. 油漆品种、刷漆遍数		
020401006	木质防火门			
020401007	木纱门			
020401008	连窗门	1. 门窗类型 2. 框截面尺寸、单扇面积 3. 骨架材料种类 4. 面层材料品种、规格、品牌、颜色 5. 玻璃品种、厚度、五金材料、品种、规格 6. 防护材料种类 7. 油漆品种、刷漆遍数		

2. 金属门工程量清单项目设置应按表 13-31 的规定执行。

金属门(编码：020402)　　表 13-31

项目编码	项目名称	项目特征	计量单位	工程内容
020402001	金属平开门	1. 门类型 2. 框材质、外围尺寸 3. 扇材质、外围尺寸 4. 玻璃品种、厚度、五金材料、品种、规格 5. 防护层材料种类 6. 油漆品种、刷漆遍数	樘/m^2	1. 门制作、运输、安装 2. 五金、玻璃安装 3. 刷防护材料、油漆
020402002	金属推拉门			
020402003	金属地弹门			
020402004	彩板门			
020402005	塑钢门			
020402006	防盗门			
020402007	钢质防火门			

3. 金属卷帘门工程量清单项目设置应按表 13-32 的规定执行。

金属卷帘门(编码：020403)　　表 13-32

项目编码	项目名称	项目特征	计量单位	工程内容
020403001	金属卷闸门	1. 门材质、框外围尺寸 2. 启动装置品种、规格、品牌 3. 五金材料、品种、规格 4. 刷防护材料种类 5. 油漆品种、刷漆遍数	樘/m^2	1. 门制作、运输、安装 2. 启动装置、五金安装 3. 刷防护材料、油漆
020403002	金属格栅门			
020403003	防火卷帘门			

4. 其他门工程量清单项目设置应按表 13-33 的规定执行。

其他门(编码：020404)　　表 13-33

项目编码	项目名称	项目特征	计量单位	工程内容
020404001	电子感应门	1. 门材质、品牌、外围尺寸 2. 玻璃品种、厚度、五金材料、品种、规格 3. 电子配件品种、规格、品牌 4. 防护材料种类 5. 油漆品种、刷漆遍数	樘/m^2	1. 门制作、运输、安装 2. 五金、电子配件安装 3. 刷防护材料、油漆
020404002	转门			
020404003	电子对讲门			
020404004	电动伸缩门			
020404005	全玻门(带扇框)	1. 门类型 2. 框材质、外围尺寸 3. 扇材质、外围尺寸 4. 玻璃品种、厚度、五金材料、品种、规格 5. 防护材料种类 6. 油漆品种、刷漆遍数		1. 门制作、运输、安装 2. 五金安装 3. 刷防护材料、油漆
020404006	全玻自由门(无扇框)			
020404007	半玻门(带扇框)			
020404008	镜面不锈钢饰面门			1. 门扇骨架及基层制作、运输、安装 2. 包面层 3. 五金安装 4. 刷防护材料

5. 木窗工程量清单项目设置应按表 13-34 的规定执行。

木窗(编码：020405) **表 13-34**

项目编码	项目名称	项目特征	计量单位	工程内容
020405001	木质平开窗	1. 窗类型 2. 框材质、外围尺寸 3. 扇材质、外围尺寸 4. 玻璃品种、厚度、五金材料、品种、规格 5. 防护材料种类 6. 油漆品种、刷漆遍数	樘/m^2	1. 窗制作、运输、安装 2. 五金、玻璃安装 3. 刷防护材料、油漆
020405002	木质推拉窗			
020405003	矩形木百叶窗			
020405004	异形木百叶窗			
020405005	木组合窗			
020405006	木天窗			
020405007	矩形木固定窗			
020405008	异形木固定窗			
020405009	装饰空花木窗			

6. 金属窗工程量清单项目设置应按表 13-35 的规定执行。

金属窗(编码：020406) **表 13-35**

项目编码	项目名称	项目特征	计量单位	工程内容
020406001	金属推拉窗	1. 窗类型 2. 框材质、外围尺寸 3. 扇材质、外围尺寸 4. 玻璃品种、厚度、五金材料、品种、规格 5. 防护材料种类 6. 油漆品种、刷漆遍数	樘/m^2	1. 窗制作、运输、安装 2. 五金、玻璃安装 3. 刷防护材料、油漆
020406002	金属平开窗			
020406003	金属固定窗			
020406004	金属百叶窗			
020406005	金属组合窗			
020406006	彩板窗			
020406007	塑钢窗			
020406008	金属防盗窗			
020406009	金属格栅窗			
020406010	特殊五金	1. 五金名称、用途 2. 五金材料、品种、规格	个/套	1. 五金安装 2. 刷防护材料、油漆

7. 门窗套工程量清单项目设置应按表 13-36 的规定执行。

门窗套(编码：020407) **表 13-36**

项目编码	项目名称	项目特征	计量单位	工程内容
020407001	木门窗套	1. 底层厚度、砂浆配合比 2. 立筋材料种类、规格 3. 基层材料种类 4. 面层材料品种、规格、品牌、颜色 5. 防护材料种类 6. 油漆品种、刷漆遍数	m^2	1. 清理基层 2. 底层抹灰 3. 立筋制作、安装 4. 基层板安装 5. 面层铺贴 6. 刷防护材料、油漆
020407002	金属门窗套			
020407003	石材门窗套			
020407004	门窗木贴脸			
020407005	硬木筒子板			
020407006	饰面夹板、筒子板			

8. 窗帘盒、窗帘轨工程量清单项目设置应按表13-37的规定执行。

窗帘盒、窗帘轨(编码：020408) **表13-37**

项目编码	项目名称	项目特征	计量单位	工程内容
020408001	木窗帘盒	1. 窗帘盒材质、规格、颜色 2. 窗帘轨材质、规格 3. 防护材料种类 4. 油漆品种、刷漆遍数	m	1. 制作、运输、安装 2. 刷防护材料、油漆
020408002	饰面夹板、塑料窗帘盒			
020408003	金属窗帘盒			
020408004	窗帘轨			

9. 窗台板工程量清单项目设置应按表13-38的规定执行。

窗台板(编码：020409) **表13-38**

项目编码	项目名称	项目特征	计量单位	工程内容
020409001	木窗台板	1. 找平层厚度、砂浆配合比 2. 窗台板材质、规格、颜色 3. 防护材料种类 4. 油漆种类、刷漆遍数	m	1. 清理基层 2. 抹找平层 3. 窗台板制作、安装 4. 刷防护材料、油漆
020409002	铝塑窗台板			
020409003	石材窗台板			
020409004	金属窗台板			

三、其他相关问题说明

1. 玻璃、百叶面积占其门扇面积一半以内者应为半玻门或半百叶门，超过一半时应为全玻门或全百叶门。

2. 木门五金应包括：折页、插销、风钩、弓背拉手、搭扣、木螺钉、弹簧折页(自动门)、管子拉手(自由门、地弹门)、地弹簧(地弹门)、角铁、门轧头(地弹门、自由门)等。

3. 木窗五金应包括：折页、插销、风钩、木螺钉、滑轮滑轨(推拉窗)等。

4. 铝合金窗五金应包括：卡锁、滑轮、铰拉、执手、拉把、拉手、风撑、角码、牛角制等。

5. 铝合门五金应包括：地弹簧、门锁、拉手、门插、门铰、螺钉等。

6. 其他门五金应包括L型执手插锁(双舌)、球形执手锁(单舌)、门轧头、地锁、防盗门扣、门眼(猫眼)、门碰珠、电子销(磁卡销)、闭门器、装饰拉手等。

【例13-4】 计算例13-1中某混合结构办公楼的单玻平开塑钢窗C1和胶合板门M2的清单工程量和综合单价(保留小数点后两位数字)。

【解】 窗C1的洞口面积$=1.5^2\times9=20.25m^2$

门M2的洞口面积$=0.9\times2.1\times5=9.45m^2$

窗C1的清单工程量＝9樘

门M2的清单工程量＝5樘

胶合板门和塑钢窗的清单综合单价分别见表13-39和表13-40。

工程量清单综合单价分析表 **表 13-39**

工程名称：＊＊工程　　　　标段：　　　　第　页　共　页

项目编码	020401004001	项目名称		胶合板门			计量单位		樘
清单综合单价组成明细									
定额编号	定额名称	定额单位	数量	单价				合价	
				人工费	材料费	机械费	管理费和利润	人工费	材料费	机械费	管理费和利润
6-2	木门窗　胶合板门	m²	1.89	17.37	207.36	6.06	27.27	32.83	391.91	11.45	51.54
6-113	其他项目　门窗后塞口　水泥砂浆	m²	1.89	5.49	0.88	0.1	3.97	10.38	1.66	0.19	7.5
11-16	木材面油漆　底油，油色，清漆二遍　单层木门	m²	1.89	12.42	7.09	0.3	9.34	23.47	13.4	0.57	17.65
人工单价		小计						66.68	406.97	12.21	76.7
综合工日 70 元/工日		未计价材料费						0			
清单项目综合单价								562.54			

	主要材料名称、规格、型号	单位	数量	单价（元）	合价（元）	暂估单价（元）	暂估合价（元）
材料费明细	水泥综合	kg	2.0393	0.366	0.75		
	砂子	kg	10.7938	0.067	0.72		
	清油	kg	0.0473	19.2	0.91		
	胶合板木门	m²	1.89	198	374.22		
	防腐油	kg	0.5727	1.52	0.87		
	合页	个	2.7972	1.7	4.76		
	插销	个	1.2474	3.1	3.87		
	拉手	个	1.2474	0.42	0.52		
	石灰	kg	0.5708	0.23	0.13		
	熟桐油(光油)	kg	0.0813	54	4.39		
	油漆溶剂油	kg	0.3156	5.5	1.74		
	色调合漆	kg	0.017	17.1	0.29		
	有光罩面清漆	kg	0.4366	11.8	5.15		
	石膏粉	kg	0.0945	0.6	0.06		
	漆片	kg	0.0019	36.95	0.07		
	催干剂	kg	0.0151	29	0.44		
	其他材料费			—	8.09	—	0
	材料费小计			—	406.97	—	0

工程量清单综合单价分析表　　　　**表 13-40**

工程名称：＊＊工程　　　　标段：　　　　第　页　共　页

项目编码	020406007001		项目名称		塑钢窗					计量单位	樘
清单综合单价组成明细											
定额编号	定额名称	定额单位	数量	单价				合价			
				人工费	材料费	机械费	管理费和利润	人工费	材料费	机械费	管理费和利润
6-43	塑钢门窗　平开窗　单玻	m²	2.25	26.18	289.49	12.36	39.72	58.91	651.35	27.81	89.37
6-114	其他项目　门窗后塞口填充剂	m²	2.25	5.77	6.63	0.29	4.59	12.98	14.92	0.65	10.33
人工单价		小计						71.89	666.27	28.46	99.7
综合工日 70 元/工日		未计价材料费									0
清单项目综合单价								866.28			
材料费明细	主要材料名称、规格、型号					单位	数量	单价（元）	合价（元）	暂估单价（元）	暂估合价（元）
	塑料膨胀螺栓 M8×110					个	16.1775	0.75	12.13		
	塑钢单玻平开窗					m²	2.25	280	630		
	聚氨酯泡沫填充剂					支	0.693	15	10.4		
	玻璃胶（密封胶）					支	0.648	6.8	4.41		
	其他材料费							—	9.34	—	0
	材料费小计							—	666.27	—	0

第五节　油漆、涂料、裱糊工程

一、油漆、涂料、裱糊工程的工程量计算规则

1. 门油漆的计算规则为按设计图示数量或设计图示单面洞口面积计算。

2. 窗油漆的计算规则为按设计图示数量或设计图示单面洞口面积计算。

3. 木扶手及其他板条线条油漆（包括窗帘盒油漆、封檐板油漆、顺水板油漆、挂衣板油漆、黑板框油漆、挂镜线油漆、窗帘棍油漆、单独木线油漆）的计算规则为按设计图示尺寸以长度计算。

4. 木材面油漆分以下四种情况计算：对木板、纤维板、胶合板油漆、木护墙、木墙裙油漆、窗台板、筒子板、盖板、门窗套、踢脚线油漆、清水板条天棚、檐口油漆、木方格吊顶天棚油漆、吸音板墙面、天棚面油漆、暖气罩油漆，其计算规则为按设计图示尺寸以面积计算。对木间壁、木隔断油漆、玻璃间壁露明墙筋油漆、木栅栏、木栏杆（带扶手）油漆，其计算规则为按设计图示尺寸以单面外围面积计算。对衣柜、壁柜油漆、梁柱

饰面油漆、零星木装修油漆的计算规则为按设计图示尺寸以油漆部分展开面积计算。对木地板油漆、木地板烫硬蜡面的计算规则为按设计图示尺寸以面积计算，空洞、空圈、暖气包槽、壁龛的开口部分并入相应的工程量内。

5. 金属面油漆的计算规则为按设计图示尺寸以质量计算。

6. 抹灰面油漆的计算规则为按设计图示尺寸以面积计算。抹灰线条油漆的计算规则为按设计图示尺寸以长度计算。

7. 刷喷涂料的计算规则为按设计图示尺寸以面积计算。

8. 空花格、栏杆刷涂料的计算规则为按设计图示尺寸以单面外围面积计算。线条刷涂料的计算规则为按设计图示尺寸以长度计算。

9. 墙纸裱糊、织锦缎裱糊的计算规则为按设计图示尺寸以面积计算。

二、油漆、涂料、裱糊工程清单项目设置

1. 门油漆工程量清单项目设置应按表 13-41 的规定执行。

门油漆（编码：020501） **表 13-41**

项目编码	项目名称	项目特征	计量单位	工程内容
020501001	门油漆	1. 门类型 2. 腻子种类 3. 刮腻子要求 4. 防护材料种类 5. 油漆品种、刷漆遍数	樘/m^2	1. 清理基层 2. 刮腻子 3. 刷防护材料、油漆

2. 窗油漆工程量清单项目设置应按表 13-42 的规定执行。

窗油漆（编码：020502） **表 13-42**

项目编码	项目名称	项目特征	计量单位	工程内容
020502001	窗油漆	1. 窗类型 2. 腻子种类 3. 刮腻子要求 4. 防护材料种类 5. 油漆品种、刷漆遍数	樘/m^2	1. 清理基层 2. 刮腻子 3. 刷防护材料、油漆

3. 木扶手及其他板条线条油漆。工程量清单项目设置应按表 13-43 的规定执行。

木扶手及其他板条线条油漆（编码：020503） **表 13-43**

项目编码	项目名称	项目特征	计量单位	工程内容
020503001	木扶手油漆	1. 腻子种类 2. 刮腻子要求 3. 油漆体单位展开面积 4. 油漆部位长度 5. 防护材料种类 6. 油漆品种、刷漆遍数	m	1. 清理基层 2. 刮腻子 3. 刷防护材料、油漆
020503002	窗帘盒油漆			
020503003	封檐板、顺水板油漆			
020503004	挂衣板、黑板框油漆			
020503005	挂镜线、窗帘棍、单独木线油漆			

4. 木材面油漆。工程量清单项目设置应按表 13-44 的规定执行。

木材面油漆（编码：020504）　　表 13-44

项目编码	项目名称	项目特征	计量单位	工程内容
020504001	木板、纤维板、胶合板油漆	1. 腻子种类 2. 刮腻子要求 3. 防护材料种类 4. 油漆品种、刷漆遍数	m^2	1. 清理基层 2. 刮腻子 3. 刷防护材料、油漆
020504002	木护墙、木墙裙油漆			
020504003	窗台板、筒子板、盖板、门窗套、踢脚线油漆			
020504004	清水板条天棚、檐口油漆			
020504005	木方格吊顶天棚油漆			
020504006	吸音板墙面、天棚面油漆			
020504007	暖气罩油漆			
020504008	木间壁、木隔断油漆			
020504009	玻璃间壁露明墙筋油漆			
020504010	木栅栏、木栏杆（带扶手）油漆			
020504011	衣柜、壁柜油漆			
020504012	梁柱饰面油漆			
020504013	零星木装修油漆			
020504014	木地板油漆			
020504015	木地板烫硬蜡面	1. 硬蜡品种 2. 面层处理要求		1. 基层清理 2. 烫蜡

5. 金属面油漆。工程量清单项目设置应按表 13-45 的规定执行。

金属面油漆（编码：020505）　　表 13-45

项目编码	项目名称	项目特征	计量单位	工程内容
020505001	金属面油漆	1. 腻子种类 2. 刮腻子要求 3. 防护材料种类 4. 油漆品种、刷漆遍数	t	1. 清理基层 2. 刮腻子 3. 刷防护材料、油漆

6. 抹灰面油漆。工程量清单项目设置应按表 13-46 的规定执行。

抹灰面油漆（编码：020506）　　表 13-46

项目编码	项目名称	项目特征	计量单位	工程内容
020506001	抹灰面油漆	1. 基层类型 2. 线条宽度、道数 3. 腻子种类 4. 刮腻子要求 5. 防护材料种类 6. 油漆品种、刷漆遍数	m^2	1. 清理基层 2. 刮腻子 3. 刷防护材料、油漆
020506002	抹灰线条油漆		m	

7. 喷塑、涂料。工程量清单项目设置应按表 13-47 的规定执行。

喷刷、涂料（编码：020507）　　**表 13-47**

项目编码	项目名称	项目特征	计量单位	工程内容
020507001	刷喷涂料	1. 基层类型 2. 腻子种类 3. 刮腻子要求 4. 涂料品种、刷喷遍数	m^2	1. 清理基层 2. 刮腻子 3. 刷、喷涂料

8. 花饰、线条刷涂料。工程量清单项目设置应按表 13-48 的规定执行。

花饰、线条刷涂料（编码：020508）　　**表 13-48**

<table>
<tr><th>项目编码</th><th>项目名称</th><th>项目特征</th><th>计量单位</th><th>工程内容</th></tr>
<tr><td>020508001</td><td>空花格、栏杆刷涂料</td><td rowspan="2">1. 腻子种类
2. 线条宽度
3. 刮腻子要求
4. 涂料品种、刷喷遍数</td><td>m^2</td><td rowspan="2">1. 清理基层
2. 刮腻子
3. 刷、喷涂料</td></tr>
<tr><td>020508002</td><td>线条刷涂料</td><td>m</td></tr>
</table>

9. 裱糊。工程量清单项目设置应按表 13-49 的规定执行。

裱糊（编码：020509）　　**表 13-49**

<table>
<tr><th>项目编码</th><th>项目名称</th><th>项目特征</th><th>计量单位</th><th>工程内容</th></tr>
<tr><td>020509001</td><td>墙纸裱糊</td><td rowspan="2">1. 基层类型
2. 裱糊构件部位
3. 腻子种类
4. 刮腻子要求
5. 粘结材料种类
6. 防护材料种类
7. 面层材料品种、规格、品牌、颜色</td><td rowspan="2">m^2</td><td rowspan="2">1. 清理基层
2. 刮腻子
3. 面层铺粘
4. 刷防护材料</td></tr>
<tr><td>020509002</td><td>织锦缎裱糊</td></tr>
</table>

三、其他相关问题说明

1. 门油漆应区分单层木门、双层（一玻一纱）木门、双层（单裁口）木门、全玻自由门、半玻自由门、装饰门及有框门或无框门等，分别编码列项。

2. 窗油漆应区分单层玻璃窗、双层（一玻一纱）木窗、双层框扇（单裁口）木窗、双层框三层（二玻一纱）木窗、单层组合窗、双层组合窗、木百叶窗、木推拉窗等，分别编码列项。

3. 木扶手应区分带托板与不带托板，分别编码列项。

【例 13-5】 计算例 13-1 中某混合结构办公楼的办公室内墙面涂料、外墙面涂料的清单工程量和综合单价（暂不考虑楼梯底面涂料的斜面积，保留小数点后两位数字）。

【解】 办公室内墙面涂料的清单工程量＝内墙面抹灰的清单工程量＋门窗洞口侧壁的面积

＝79.50＋0.07×(2.1×2＋0.9)×2＋0.08×1.5×4×2＝81.17m²

外墙面涂料的清单工程量＝外墙面抹灰的清单工程量＋门窗洞口侧壁的面积

＝195.31＋0.13×(1.2＋2×2.4＋0.9＋2×2.1)＋9×0.2×1.5×4＝207.55m²

外墙面刷喷涂料和内墙面刷喷涂料的清单综合单价分别见表13-50和表13-51。

工程量清单综合单价分析表 **表13-50**

工程名称：＊＊工程　　标段：　　第　页　共　页

项目编码	020201001001		项目名称		外墙面刷喷涂料			计量单位		m²	
清单综合单价组成明细											
定额编号	定额名称	定额单位	数量	单价				合价			
				人工费	材料费	机械费	管理费和利润	人工费	材料费	机械费	管理费和利润
3－28	外墙装修 涂料　涂料面层 凹凸型	m²	1	4.1	15.75	0.53	4.05	4.1	15.75	0.53	4.05
人工单价		小计						4.1	15.75	0.53	4.05
综合工日70元/工日		未计价材料费						0			
清单项目综合单价								24.43			
材料费明细	主要材料名称、规格、型号				单位	数量	单价（元）	合价（元）	暂估单价（元）	暂估合价（元）	
	水性封底漆（普通）				kg	0.113	6.7	0.76			
	水性中间（层）涂料				kg	0.225	4.7	1.06			
	复层涂料骨浆（喷涂型）				kg	1.8	4.3	7.74			
	水性耐候面漆（半光型）				kg	0.225	25.6	5.76			
	油性涂料配套稀释剂				kg	0.036	8	0.29			
	其他材料费						—	0.15	—	0	
	材料费小计						—	15.75	—	0	

工程量清单综合单价分析表 **表 13-51**

工程名称：＊＊工程 标段： 第 页 共 页

<table>
<tr><td>项目编码</td><td colspan="3">020201001002</td><td colspan="2">项目名称</td><td colspan="4">内墙面刷喷涂料</td><td>计量单位</td><td>m^2</td></tr>
<tr><td colspan="12">清单综合单价组成明细</td></tr>
<tr><td rowspan="2">定额编号</td><td rowspan="2">定额名称</td><td rowspan="2">定额单位</td><td rowspan="2">数量</td><td colspan="4">单 价</td><td colspan="4">合 价</td></tr>
<tr><td>人工费</td><td>材料费</td><td>机械费</td><td>管理费和利润</td><td>人工费</td><td>材料费</td><td>机械费</td><td>管理费和利润</td></tr>
<tr><td>3－104</td><td>内墙装修 涂料及裱糊面层耐擦洗涂料</td><td>m^2</td><td>1</td><td>2.83</td><td>2.15</td><td>0.09</td><td>2.16</td><td>2.83</td><td>2.15</td><td>0.09</td><td>2.16</td></tr>
<tr><td colspan="2">人工单价</td><td colspan="6">小 计</td><td>2.83</td><td>2.15</td><td>0.09</td><td>2.16</td></tr>
<tr><td colspan="2">综合工日 70 元/工日</td><td colspan="6">未计价材料费</td><td colspan="4">0</td></tr>
<tr><td colspan="8">清单项目综合单价</td><td colspan="4">7.23</td></tr>
<tr><td rowspan="7">材料费明细</td><td colspan="4">主要材料名称、规格、型号</td><td>单位</td><td>数量</td><td>单价（元）</td><td>合价（元）</td><td>暂估单价（元）</td><td>暂估合价（元）</td></tr>
<tr><td colspan="4"></td><td></td><td></td><td></td><td></td><td></td><td></td></tr>
<tr><td colspan="4"></td><td></td><td></td><td></td><td></td><td></td><td></td></tr>
<tr><td colspan="4">白色耐擦洗涂料</td><td>kg</td><td>0.3574</td><td>5.8</td><td>2.07</td><td></td><td></td></tr>
<tr><td colspan="4">乳液型建筑胶粘剂</td><td>kg</td><td>0.0306</td><td>1.6</td><td>0.05</td><td></td><td></td></tr>
<tr><td colspan="6">其他材料费</td><td>—</td><td>0.03</td><td>—</td><td>0</td></tr>
<tr><td colspan="6">材料费小计</td><td>—</td><td>2.15</td><td>—</td><td>0</td></tr>
</table>

第六节 其 他 工 程

一、其他工程的工程量计算规则

1. 柜类、货架包括柜台、酒柜、衣柜、存包柜、鞋柜、书柜、厨房壁柜、木壁柜、厨房低柜、厨房吊柜、矮柜、吧台背柜、酒吧吊柜、酒吧台、展台、收银台、试衣间、货架、书架、服务台。其计算规则为按设计图示数量计算。

2. 暖气罩包括饰面板暖气罩、塑料板暖气罩、金属暖气罩。其计算规则为按设计图示尺寸以垂直投影面积（不展开）计算。

3. 洗漱台的计算规则为按设计图示尺寸以台面外接矩形面积计算。不扣除孔洞、挖弯、削角所占面积，挡板、吊沿板面积并入台面面积内。

4. 晒衣架、帘子杆、浴缸拉手、毛巾杆（架）、毛巾环、卫生纸盒、肥皂盒的计算规则为按设计图示数量计算。

5. 镜面玻璃的计算规则为按设计图示尺寸以边框外围面积计算。

6. 镜箱的计算规则为按设计图示数量计算。

7. 压条、装饰线的计算规则为按设计图示尺寸以长度计算。装饰线按材质分为金属装饰线、木质装饰线、石材装饰线、石膏装饰线、镜面玻璃线、铝塑装饰线、塑料装饰线。

8. 雨篷吊挂饰面的计算规则为按设计图示尺寸以水平投影面积计算。金属旗杆的计算规则为按设计图示数量计算。

9. 平面、箱式招牌的计算规则为按设计图示尺寸以正立面边框外围面积计算。复杂形的凸凹造型部分不增加面积。竖式标箱、灯箱的计算规则为按设计图示数量计算。

10. 美术字包括泡沫塑料字、有机玻璃字、木质字、金属字。其计算规则为按设计图示数量计算。

二、其他工程清单项目设置

1. 柜类、货架。工程量清单项目设置及工程量计算规则，应按表13-52的规定执行。

柜类、货架（编码：020601）　　**表13-52**

项目编码	项目名称	项目特征	计量单位	工程内容
020601001	柜台	1. 台柜规格 2. 材料种类、规格 3. 五金种类、规格 4. 防护材料种类 5. 油漆品种、刷漆遍数	个	1. 台柜制作、运输、安装（安放） 2. 刷防护材料、油漆
020601002	酒柜			
020601003	衣柜			
020601004	存包柜			
020601005	鞋柜			
020601006	书柜			
020601007	厨房壁柜			
020601008	木壁柜			
020601009	厨房低柜			
020601010	厨房吊柜			
020601011	矮柜			
020601012	吧台背柜			
020601013	酒吧吊柜			
020601014	酒吧台			
020601015	展台			
020601016	收银台			
020601017	试衣间			
020601018	货架			
020601019	书架			
020601020	服务台			

2. 暖气罩。工程量清单项目设置及工程量计算规则，应按表13-53的规定执行。

暖气罩（编码：020602）　　**表13-53**

项目编码	项目名称	项目特征	计量单位	工程内容
020602001	饰面板暖气罩	1. 暖气罩材质 2. 单个罩垂直投影面积 3. 防护材料种类 4. 油漆品种、刷漆遍数	m^2	1. 暖气罩制作、运输、安装 2. 刷防护材料、油漆
020602002	塑料板暖气罩			
020602003	金属暖气罩			

3. 浴厕配件。工程量清单项目设置及工程量计算规则，应按表 13-54 的规定执行。

浴厕配件（编码：020603） **表 13-54**

项目编码	项目名称	项目特征	计量单位	工程内容
020603001	洗漱台	1. 材料品种、规格、品牌、颜色 2. 支架、配件品种、规格、品牌 3. 油漆品种、刷漆遍数	m^2	1. 台面及支架制作、运输、安装 2. 杆、环、盒、配件安装 3. 刷油漆
020603002	晒衣架		根（套）	
020603003	帘子杆			
020603004	浴缸拉手			
020603005	毛巾杆（架）			
020603006	毛巾环		副	
020603007	卫生纸盒		个	
020603008	肥皂盒			
020603009	镜面玻璃	1. 镜面玻璃品种、规格 2. 框材质、断面尺寸 3. 基层材料种类 4. 防护材料种类 5. 油漆品种、刷漆遍数	m^2	1. 基层安装 2. 玻璃及框制作、运输、安装 3. 刷防护材料、油漆
020603010	镜箱	1. 箱材质、规格 2. 玻璃品种、规格 3. 基层材料种类 4. 防护材料种类 5. 油漆品种、刷漆遍数	个	1. 基层安装 2. 箱体制作、运输、安装 3. 玻璃安装 4. 刷防护材料、油漆

4. 压条、装饰线。工程量清单项目设置及工程量计算规则，应按表 13-55 的规定执行。

压条、装饰线（编码：020604） **表 13-55**

项目编码	项目名称	项目特征	计量单位	工程内容
020604001	金属装饰线	1. 基层类型 2. 线条材料品种、规格、颜色 3. 防护材料种类 4. 油漆品种、刷漆遍数	m	1. 线条制作、安装 2. 刷防护材料、油漆
020604002	木质装饰线			
020604003	石材装饰线			
020604004	石膏装饰线			
020604005	镜面玻璃线			
020604006	铝塑装饰线			
020604007	塑料装饰线			

5. 雨篷、旗杆。工程量清单项目设置及工程量计算规则，应按表 13-56 的规定执行。

雨篷、旗杆（编码：020605） **表 13-56**

项目编码	项目名称	项目特征	计量单位	工程内容
020605001	雨篷吊挂饰面	1. 基层类型 2. 龙骨材料种类、规格、中距 3. 面层材料品种、规格品牌 4. 吊顶（天棚）材料品种、规格、品牌 5. 嵌缝材料种类 6. 防护材料种类 7. 油漆品种、刷漆遍数	m^2	1. 底层抹灰 2. 龙骨基层安装 3. 面层安装 4. 刷防护材料、油漆
020605002	金属旗杆	1. 旗杆材料、种类、规格 2. 旗杆高度 3. 基础材料种类 4. 基座材料种类 5. 基座面层材料、种类、规格	根	1. 土（石）方挖填 2. 基础混凝土浇筑 3. 旗杆制作、安装 4. 旗杆台座制作、饰面

6. 招牌、灯箱。工程量清单项目设置及工程量计算规则，应按表 13-57 的规定执行。

招牌、灯箱（编码：020606） **表 13-57**

项目编码	项目名称	项目特征	计量单位	工程内容
020606001	平面、箱式招牌	1. 箱体规格 2. 基层材料种类 3. 面层材料种类 4. 防护材料种类 5. 油漆品种、刷漆遍数	m^2	1. 基层安装 2. 箱体及支架制作、运输、安装 3. 面层制作、安装 4. 刷防护材料、油漆
020606002	竖式标箱		个	
020606003	灯箱			

7. 美术字。工程量清单项目设置及工程量计算规则，应按表 13-58 的规定执行。

美术字（编码：020607） **表 13-58**

项目编码	项目名称	项目特征	计量单位	工程内容
020607001	泡沫塑料字	1. 基层类型 2. 镌字材料品种、颜色 3. 字体规格 4. 固定方式 5. 油漆品种、刷漆遍数	个	1. 字制作、运输、安装 2. 刷油漆
020607002	有机玻璃字			
020607003	木质字			
020607004	金属字			

复　习　题（见光盘）

第十四章　建筑工程工程量清单计价实例（见光盘）

第四篇 工程造价的管理

第十五章 建设工程承包合同价格

本章学习重点：建设工程承包合同类型、建设工程招标标底与投标报价、工程量清单计价模式下的招标投标价格、工程量清单计价模式下工程合同价款的约定。

本章学习要求：掌握工程量清单计价模式下的招标投标价格和工程合同价款的约定；熟悉建设工程承包合同类型；熟悉建设工程招标标底与投标报价。

第一节 建设工程承包合同类型

《建筑工程施工发包与承包计价管理办法》（建设部令第107号）规定，建设工程承包合同价可以采用固定价、可调价和成本加酬金三种计价方式，根据计价方式的不同，建设工程承包合同可分为总价合同、单价合同和成本加酬金合同三种类型。

一、总价合同

总价合同是指承包人按照合同约定完成全部工程承包内容，发包人支付承包人一个确定的总价。在这类合同中，工程内容和要求应事先明确，承包人在投标报价时需考虑一定的风险费用。当承包人实施的工程内容和要求，以及有关条件不发生变化时，发包人支付给承包人的工程总价款就不变。而对于工程实施中，因发包人的原因发生的工程变更、工程量增减、条件变化等导致的总价变化，发、承包双方签订合同时应在合同专用条款中约定。

总价合同又分为固定总价合同和可调总价合同。

（一）固定总价合同

承包人按投标时发包人接受的合同总价一笔包死，没有特定情况不作变化，也称总价包死合同。这种合同在履行过程中，如果发包人没有要求变更原定的工程内容，承包人在完成承包的工程任务后，不论其实际成本如何，发包人均按合同总价支付。采用固定总价合同，承包人要承担合同履行过程中全部的工程量和价格的风险。因此，承包人在投标报价时，就要充分估计材料、设备、人工价格上涨，以及工程量变化，并将其包含在投标报价中。所以，这种合同的投标价格一般较高。显然固定总价合同的风险是偏于承包人，相对发包人有利，故常被发包人所采用。

固定总价合同的适用条件一般为：

1. 工程设计施工图纸及技术资料完备。招标时设计深度已达到施工图设计要求，技术资料详细齐全。合同履行过程中不会出现较大的设计变更，承包人依据的报价工程量与实际完成的工程量不会有较大偏差。

2. 工程规模较小、工序相对成熟、合同工期较短、风险小的中小型工程项目。施工条件变化小，承包人在报价时能够合理地预见施工中可能遇到的各种风险。

3. 招标时留给承包人投标时间相对充裕。承包人有充足的时间研究招标文件，到现场实地考察，核实相关资料，从而使投标报价更准确。

4. 工程任务、内容和范围清楚，施工要求明确。

（二）可调总价合同

这种合同与固定总价合同基本相同，只是由于合同工期较长，承包人在投标报价时不可能合理地预见市场价格浮动的影响。在固定总价合同的基础上，增加了因通货膨胀等原因使工料成本增加达到某一幅度时，合同总价可以相应调整的条款。这种合同发包人承担了市场价格变动的主要风险，合同总价是一个相对固定的价格。

可调总价合同一般适宜于工期较长（建设期 1 年以上）的工程。

二、单价合同

单价合同也称工程量清单合同，是指承包人根据招标文件所列的工程内容和估算工程量，确定并报出完成每项工程内容的单位价格，并据此计算出合同价。通常发包人委托工程造价咨询机构提出总工程量估算表，列出分部分项工程量，即工程量清单。承包人据此填报单价，以工程量清单和工程单价表为基础和依据来计算合同价格。但最终的结算价按照实际完成的工程量来计算，即以实际完成的工程量及其相应不变的单价进行计价和付款。

承包人投标报价时，在研究招标文件和合同条款基础上，根据施工图纸和规范，拟定的初步施工方案，进行成本计算和分析，考虑一定的风险因数后，按工程量表逐项报价，最后得出投标总价。

这类合同在工程结算时，由于允许承包人随着实际完成工程量的变化和在投标时不能合理预见的风险费用而调整工程总价，因此，较为合理地分担了合同履行过程中的风险，对合同双方都比较公平。单价合同是目前国内外工程承包中采用较多的一种合同形式。

单价合同适用于下列项目：

1. 合同条款采用 FIDIC 合同条款，业主委托工程师管理的项目。

2. 工程规模大、技术复杂、工期较长、不可预见的风险因数多的项目。

3. 招标时的工程设计图纸及技术资料不完整，工程内容尚不能十分明确，工程量不能精确计算的工程。

单价合同又分为固定单价合同和可调单价合同。

（一）固定单价合同

固定单价合同是指发、承包双方在合同中签订的单价，是固定不变的价格。当发包人没有提出变更的情况下，无论市场价格的变化，其合同单价都不予以调整。工程结算时，根据承包人实际完成的工程量乘以合同单价来进行计算。这类合同，承包人要承担全部市场价格上涨的费用，其风险比较大。

固定单价合同适用于工期短、工程量变化幅度小、市场价格相对稳定的工程。

（二）可调单价合同

可调单价合同是指发、承包双方在合同中签订的单价，根据合同约定的调价方法可做调整。可调价格包括可调综合单价和措施费等，双方应在合同中约定调整方法。因此，承包人的风险相对较小。

可调单价合同的调整因素包括：

1. 法律、行政法规和国家有关政策变化影响合同价款；

2. 工程造价管理机构发布的价格调整；

3. 经批准的设计变更；

4. 发包人更改经审定批准的施工组织设计（修正错误除外）造成费用增加；

5. 双方约定的其他因素。

三、成本加酬金合同

成本加酬金合同是指由发包人向承包人支付建设工程的实际成本，并按合同约定的计算方法支付承包人一定酬金的合同。在这类合同中，发包人几乎承担了项目的全部风险。承包人由于承担的风险很小，当然其报酬往往也较低。

成本加酬金合同的特点是发包人不易控制工程总造价，承包人也往往不注意降低工程成本。

成本加酬金合同适用于下列项目：

1. 时间特别紧迫，需要立即开展工作的项目，如抢险、救灾工程；

2. 新型的工程项目，或对项目工程内容及技术经济指标尚未完全确定的工程；

3. 工程特别复杂、风险很大的项目。

成本加酬金合同按照酬金的计算方法不同，有成本加固定百分比酬金合同、成本加固定金额合同、成本加奖罚合同、最高限额成本加固定最大酬金合同等几种形式。

（一）成本加固定百分比酬金合同

成本加固定百分比酬金合同是指发包人对承包人支付的人工、材料和施工机械使用费、其他直接费、施工管理费等按实际直接成本全部据实补偿，同时按照实际直接成本的固定百分比付给承包人一笔酬金，作为承包人的利润。

这种合同使得建安工程总造价及付给承包人的酬金随工程成本而水涨船高，不利于鼓励承包人降低成本，很少被采用。

（二）成本加固定金额合同

成本加固定金额合同与上述成本加固定百分比酬金合同价相似。其不同之处仅在于发包人付给承包人的酬金是一笔固定金额的酬金。

采用上述两种合同方式时，为了避免承包人企图获得更多的酬金而对工程成本不加控制，往往在承包合同中规定一些“补充条款”，以鼓励承包人节约资金，降低成本。

（三）成本加奖罚合同

采用这种合同，首先要确定一个目标成本，这个目标成本是根据粗略估算的工程量和单价表编制出来的。在此基础上，根据目标成本来确定酬金的数额，可以是百分数的形式，也可以是一笔固定酬金。然后，根据工程实际成本支出情况另外确定一笔奖金，当实际成本低于目标成本时，承包人除从发包人获得实际成本、酬金补偿外，还可根据成本降低额得到一笔奖金。当实际成本高于目标成本时，承包人仅能从发包人得到成本和酬金的补偿。此外，视实际成本高出目标成本情况，若超过合同价的限额，还要处以一笔罚金。除此之外，还可设工期奖罚。

这种合同形式可以促使承包人降低成本，缩短工期，而且目标成本随着设计的进展而加以调整，发、承包双方都不会承担太大风险，故应用较多。

（四）最高限额成本加固定最大酬金合同

在这种合同中，首先要确定限额成本、报价成本和最低成本，当实际成本没有超过最低成本时，承包人花费的成本费用及应得酬金等都可得到发包人的支付，并与发包人分享节约额；如果实际工程成本在最低成本和报价成本之间，承包人只能得到成本和酬金；如果实际工程成本在报价成本与最高限额成本之间，则只能得到全部成本；实际工程成本超过最高限额成本时，则超过部分发包人不予支付。

这种合同形式有利于控制工程造价，并鼓励承包人最大限度地降低工程成本。

四、工程量清单计价模式下合同类型的选择

工程项目选择什么样的合同类型进行发承包，如前面合同适用条件中所提到的，取决于建设工程的特点、业主对项目的设想和要求，以及项目的复杂程度、设计的深度、施工的难易程度和进度的紧迫程度等。

《计价规范》中规定，实行工程量清单计价的工程，宜采用单价合同。即合同约定的工程价款中所包含的工程量清单项目综合单价在约定条件内是固定的，不予调整，工程量允许调整。工程量清单项目综合单价在约定的条件外，允许调整。其调整方法，发、承包双方应在合同中约定。

当然，这种规定并不排斥采用总价合同。实践中常见的单价合同和总价合同两种主要合同形式，均可以采用工程量清单计价，区别在于工程量清单中所填写的工程量的合同约束力。采用单价合同形式时，工程量清单是合同文件必不可少的组成内容，其中工程量的量可调。而对总价合同形式，工程量清单中的工程量不可调，工程量以合同图纸的标示内容为准。

国际上通用的国际咨询工程师联合会制订的 FIDIC 合同条件、英国的 NEC 合同条件以及美国的 AIA 系列合同条件等，主要采用固定单价合同。

第二节　建设工程招标标底与投标报价

一、建设工程招标标底与投标报价的计价方法

《建筑工程施工发包与承包计价管理办法》（建设部令第 107 号）规定：施工图预算、招标标底和投标报价由成本（直接费、间接费）、利润和税金构成。其编制可以采用工料单价法和综合单价法两种计价方法。

（一）工料单价法

工料单价法采用的分部分项工程量的单价为直接工程费。直接工程费以人工、材料、机械的消耗量及其相应价格确定。措施费、间接费、利润、税金按照有关规定另行计算。

工料单价法根据其所含价格和费用标准的不同，又可分为以下两种计算方法：

1. 按现行预算定额的人工、材料、机械的消耗量及其预算价格确定直接工程费，措施费、间接费、利润（酬金）、税金按现行费用定额标准计算。

2. 按工程量计算规则和基础定额确定直接成本中的人工、材料、机械消耗量，再按市场价格计算直接工程费，然后按施工方案和市场行情计算措施费、间接费、利润和税金。

（二）综合单价法

分部分项工程量的单价为全费用单价。全费用单价综合计算完成分部分项工程所发生的直接费、间接费、利润和税金。工程量乘以综合单价就直接得到分部分项工程的造价费用，再将各个分部分项工程的造价费用加以汇总就直接得到整个工程的总建造费用。

需要说明的是，《计价规范》中规定的综合单价是指完成一个规定计量单位的分部分项工程量清单项目或措施清单项目所需的人工费、材料费、施工机械使用费和企业管理费与利润，以及一定范围内的风险费用。两者存在差异，差异之处在于后者不包括规费和税金。因为规费和税金是不可竞争的费用，不包括在工程单价之中。

国际工程中所谓的综合单价，一般是指全费用综合单价。

综合单价法按其所包含项目工作内容及工程计量方法的不同，又可分为以下三种表达形式：

1. 参照现行预算定额（或基础定额）对应子目所约定的工作内容、计算规则进行报价。

2. 按招标文件约定的工程量计算规则，以及按技术规范规定的每一分部分项工程所包括的工作内容进行报价。

3. 由投标人依据招标图纸、技术规范，按其计价习惯，自主报价，即工程量的计算方法、投标价的确定均由投标人根据自身情况决定。

一般情况下，综合单价法比工料单价法能更好地控制工程价格，使工程价格接近市场行情，有利于竞争，同时也有利于降低建设工程投资。

二、建设工程招标标底

（一）标底的概念

标底是指招标人根据招标项目的具体情况，编制的完成招标项目所需的全部费用，是依据国家规定的计价依据和计价办法计算出来的工程造价，是招标人对建设工程的期望价格。标底由成本、利润、税金等组成，一般应控制在批准的总概算及投资包干限额内。

（二）标底的作用

对设置标底价格的招标工程，标底价格是招标人的预期价格，对工程招标阶段的工作有着一定的作用。

1. 标底价格是招标人控制建设工程投资、确定工程合同价格的参考依据。

2. 标底价格是衡量、评审投标人投标报价是否合理的尺度和依据。

三、投标报价

工程的投标报价，是投标人按照招标文件中规定的各种因素和要求，根据本企业的实际水平和能力、各种环境条件等，对承建投标工程所需的成本、拟获利润、相应的风险费用等进行计算后提出的报价。

如果设有标底，投标报价时要研究招标文件中评标时如何使用标底：一是以靠近标底者得分最高，则报价就无需追求最低标价；二是标底价只作为招标人的期望，但仍要求低价中标，这时，投标人就要努力采取措施，使标价最具竞争力（最低价），又能使报价不低于成本，即能获得理想的利润。由于“既能中标，又能获利”是投标报价的原则，所以投标人的报价必须有雄厚的技术、管理实力作后盾，编制出有竞争力、又能盈利的投标报价。

四、评标定价

《招标投标法》中规定，评标委员会应当按照招标文件确定的评标标准和方法，对投标文件进行评审和比较，设有标底的，应当参考标底。中标人的投标应符合下列两个条件之一：

1. 能够最大限度地满足招标文件中规定的各项综合评价标准；

2. 能够满足招标文件的实质性要求，并且经评审的投标价格最低，但是投标价低于成本的除外。

投标人的投标报价是评标时考虑的主要条件，也是中标后签订合同的价格依据。

所以，招标投标定价方式也是一种工程价格的定价方式。在定价的过程中，招标文件及标底价均可认为是发包人的定价意图，投标报价可认为是承包人的定价意图，中标价可认为是两方都可接受的价格。中标价在合同中予以确定，便具有法律效力。

第三节　工程量清单计价模式下的招标投标价格

一、工程量清单计价模式下招标投标的特点

1. 工程量清单计价是一种与市场经济相适应的，由承包人自主报价，通过市场竞争确定价格，与国际惯例接轨的一种新的计价模式。

2. 工程量清单计价是各投标人根据市场的人工、材料、机械价格行情、自身技术实力和管理水平投标报价，其价格有高有低，具有多样性，其价格反映的是工程个别成本。

3. 建设工程招投标采用工程量清单计价后，其工程量的计算由原来的投标人依据招标人提供的图纸进行计算，改为由招标人公开提供工程量清单。

4. 投标人的综合单价报价中，不仅包括完成工程量清单计量单位项目所需的全部费用，还应包括工程量清单项目中没有体现而在施工中又必然发生的工作内容所需的费用，以及考虑风险因素而增加的费用等。

二、招标控制价

招标控制价是招标人根据国家或省级、行业建设主管部门颁发的有关计价依据和办法，按照设计施工图纸计算的，对招标工程限定的最高工程造价，有的地方亦称拦标价、预算控制价。当招标人不设标底时，为了有利于客观、合理的评审投标报价和避免哄抬标价，造成国有资产流失，招标人应编制招标控制价。其作用是招标人用于对招标工程发包的最高限价。

（一）招标控制价的应用。《计价规范》规定：国有资金投资的工程建设项目应实行工程量清单招标，并应编制招标控制价。招标控制价超过批准的概算时，招标人应将其报原概算审批部门审核。投标人的投标报价高于招标控制价的，其投标应予以拒绝。

（二）招标控制价编制依据。招标控制价应由具有编制能力的招标人，或受其委托具有相应资质的工程造价咨询人根据下列依据编制：

1.《计价规范》；

2. 国家或省级、行业建设主管部门颁发的计价定额和计价办法；

3. 建设工程设计文件及相关资料；

4. 招标文件中的工程量清单及有关要求；

5. 与建设项目相关的标准、规范、技术资料；

6. 工程造价管理机构发布的工程造价信息或参照市场价；

7. 其他相关资料。

（三）招标控制价的编制

1. 分部分项工程费。分部分项工程费应根据招标文件中的分部分项工程量清单项目的特征描述及有关要求，按照招标控制价编制的依据确定综合单价计算。招标文件提供了暂估单价的材料，应按暂估的单价计入综合单价。

综合单价中应包括招标文件中要求投标人所承担的风险内容及其范围（幅度）产生的风险费用。按照国际惯例，并根据我国工程建设的特点，发、承包双方对工程施工阶段的风险宜采取如下分摊原则：

（1）对于主要由市场价格波动导致的价格风险，一般主要材料以及人工和施工机械风险幅度考虑在±5%左右；

（2）对于非承包人原因引起的工程量增减风险，工程量变化的风险幅度考虑在±10%左右；

（3）对于法律、法规、规章或有关政策出台导致工程税金、规费、人工发生变化，并由省级、行业建设主管部门或其授权的工程造价管理机构根据上述变化发布的政策性调整，承包人不应承担此类风险，应按有关调整规定执行；

（4）对于承包人根据自身技术水平、管理、经营状况能够自主控制的风险，如承包人管理费、利润的风险，承包人应结合市场情况，根据企业自身实际合理确定，自主报价，该部分由承包人全部承担。

2. 措施项目费。措施项目费应根据招标文件中的措施项目清单所列内容按以下规定计价：

（1）可以计算工程量的措施项目，应按分部分项工程量清单的方式采用综合单价计价；

（2）以“项”为单位的方式计价的措施项目，应包括除规费、税金外的全部费用；计费基础、费率按国家或省级、行业建设主管部门的规定计取；

（3）措施项目清单中的安全文明施工费应按国家或省级、行业建设主管部门的规定计价。

3. 其他项目费。其他项目费应按下列规定计价：

（1）暂列金额。其他项目费中的暂列金额由招标人根据工程的复杂程度、设计深度、工程环境条件等，按有关计价规定进行估算确定。一般可按分部分项工程费的10%～15%作为参考。

（2）暂估价。暂估价中的材料单价应按照工程造价管理机构发布的工程造价信息或参照市场价格确定；暂估价中的专业工程金额应分不同专业，按有关计价规定估算。

（3）计日工。招标人应根据工程特点，按照列出的计日工项目和有关计价依据计算。计日工包括计日工人工、材料和施工机械。编制招标控制价时，对计日工中的人工单价和施工机械台班单价应按省级、行业建设主管部门或其授权的工程造价管理机构公布的单价计算；材料应按工程造价管理机构发布的工程造价信息中的材料单价计算，工程造价信息未发布材料单价的材料，其价格应按市场调查确定的单价计算。

（4）总承包服务费。招标人应根据招标文件中列出的内容和向总承包人提出的要求参照下列标准计算：

1）招标人仅要求对分包的专业工程进行总承包管理和协调时，按分包的专业工程估算造价（不含设备费）的1.5%～2%计算；

2）招标人要求对分包的专业工程进行总承包管理和协调，并同时要求提供配合服务时，根据招标文件中列出的配合服务内容和提出的要求，按分包的专业工程估算造价（不含设备费）的3%～5%计算；

3）招标人自行供应材料的，按招标人供应材料价值的1%计算。

4. 规费和税金。规费和税金应按国家或省级、行业建设主管部门的规定计算。

例如，北京市建设工程造价管理处（京造定［2009］6号）文件中规定，规费的计算方法为：

规费＝人工费×规费费率

规费费率表 **表 15-1**

定额编号	项目		计费基数	费率（%）
5—1	建筑工程		人工费	24.09
5—2	市政工程			26.50
5—3	庭院、绿化工程			20.19
5—4	地铁工程	土建、轨道工程		22.89
5—5		通信、信号、供电、机电、人防工程		27.18

注：装饰、安装、构筑物、钢结构、独立土石方、地下降水、桩基础、仿古工程执行建筑工程费率。

（四）招标控制价不同于标底，无须保密。招标人应在招标文件中如实公布招标控制价，包括招标控制价各项费用组成部分的详细内容，并不应上调或下浮招标控制价。

三、工程量清单招标的投标报价

投标人应按招标人提供的工程量清单填报价格。填写的项目编码、项目名称、项目特征、计量单位、工程量必须与招标人提供的一致。

（一）投标价编制依据。投标价应由投标人，或受其委托具有相应资质的工程造价咨询人根据下列依据编制：

1.《计价规范》；

2. 国家或省级、行业建设主管部门颁发的计价办法；

3. 企业定额，国家或省级、行业建设主管部门颁发的计价定额；

4. 招标文件、工程量清单及其补充通知、答疑纪要；

5. 建设工程设计文件及相关资料；

6. 施工现场情况、工程特点及拟定的投标施工组织设计或施工方案；

7. 与建设项目相关的标准、规范、技术资料；

8. 市场价格信息或工程造价管理机构发布的工程造价信息；

9. 其他相关资料。

（二）投标前的工程询价

工程询价是投标人在投标报价前，按照招标文件的要求，对工程所需材料、设备等资源的价格、质量、型号、市场供应等情况进行全面系统的了解，以及调查人工市场价格和分包工程报价的工作。包括生产要素询价（材料询价、机械设备询价、人工询价）和分包询价。工程询价是投标报价的基础，为工程投标报价提供价格依据。所以，工程询价直接影响着投标人投标报价的精确性和中标后的经济收益。投标人要做好工程询价除了投标时必要的市场调查了解外，更重要地平时要做好工程造价信息的收集、整理和分析工作。

（三）复核工程量

在工程量清单计价模式下，工程量清单由招标人通过招标文件提供给投标人。若工程量清单中存在漏项或错误，投标人核对后可以提出，并由招标人修改后通知所有投标人。投标人复核清单工程量的目的主要不是为了修改工程量清单，其目的是为了：

1. 编制施工组织设计、施工方案，选择合适的施工机械设备；

2. 中标后，承包人施工准备时能够准确地加工订货和施工物资采购；

3. 投标报价时可以运用不平衡报价技巧，使中标后能够获得更理想的收益。

（四）投标报价的编制

投标人在最终确定投标报价前，可先投标估价。投标估价是指投标人在施工总进度计划、主要施工方法、分包人和资源安排确定以后，根据自身工料实际消耗水平，结合工程询价结果，对完成招标工程所需要的各项费用进行分析计算，提出承建该工程的初步价格。

投标报价是投标人在投标时报出的工程造价。投标报价是在投标估价的基础上考虑投标人在该招标工程上的竞争地位、估价准确程度、风险偏好等因素，从投标人对于该工程的投标策略出发，以及在该工程上的预期利润水平，确定工程投标价格。

1. 分部分项工程费。根据《计价规范》规定，按照招标文件中分部分项工程量清单项目的特征描述确定综合单价计算。确定分部分项工程量清单项目综合单价的最重要依据是清单项目的特征描述，投标人应依据招标文件中分部分项工程量清单项目的特征描述确定清单项目的综合单价，当出现招标文件中分部分项工程量清单项目的特征描述与设计图纸不符时，投标人应以分部分项工程量清单项目的特征描述为准。

招标文件中要求投标人承担的风险费用，投标人应考虑计入综合单价。招标文件中提供了暂估单价的材料，按暂估的单价计入综合单价。

2. 措施项目费。投标人可根据工程实际情况结合施工组织设计，对招标人所列的措施项目进行增补。措施项目费应根据招标文件中的措施项目清单及投标时拟订的施工组织设计或施工方案按照规范规定自主确定。

由于各投标人拥有的施工装备、技术水平和采取的施工方法有所差别，招标人提出的措施项目清单是根据一般情况确定的，没有考虑不同投标人的“个性”。投标人应根据自身编制的投标施工组织设计（或施工方案）确定措施项目，并对招标人提供的措施项目进行调整。措施项目费的计算包括：

（1）措施项目的内容应依据招标人提出的措施项目清单和投标人拟定的施工组织设计或施工方案；

（2）措施项目费的计价方式应根据招标文件的规定，可以计算工程量的措施项目采用综合单价方式报价，其余的措施清单项目采用以“项”为单位的方式报价；

（3）措施项目费由投标人自主报价，但其中的安全文明施工费应按国家或省级、行业建设主管部门的规定报价，不得作为竞争性费用。

3. 其他项目费。

（1）暂列金额应按招标人在其他项目清单中列出的金额填写，不得变动；

（2）材料暂估价应按招标人在其他项目清单中列出的单价计入综合单价，专业工程暂估价应按招标人在其他项目清单中列出的金额填写；

（3）计日工按招标人在其他项目清单中列出的项目和数量，自主确定综合单价并计算计日工费用；

（4）总承包服务费根据招标人在招标文件中列出的分包专业工程内容和供应材料、设备情况，提出的协调、配合与服务和施工现场管理需要等要求自主确定。

4. 规费和税金。应按国家或省级、行业建设主管部门的规定计算，不得作为竞争性费用。

投标总价应当与分部分项工程费、措施项目费、其他项目费、规费和税金的合计金额一致。不能仅对投标总价优惠（让利），投标人对投标报价的任何优惠（让利）均应反映在相应清单项目的综合单价中。

投标人的投标报价不能高于招标控制价，否则其投标作废。也不能明显低于招标控制价（一般房屋建筑为低于招标控制价的6%），投标人应合理说明并提供相关证明材料，否则就是低于成本投标作废。

（五）不平衡报价法

不平衡报价法是指一个工程项目总价（估价）基本确定后，通过调整内部分项工程的单价，使投标人既不提高总报价，不影响中标，又能在工程结算时获得更大的收益。工程实践中，投标人采取不平衡报价法的通常作法有：

1. 能够早日结算的项目，如前期措施费、基础工程、土石方工程等可以适当提高报价。“早收钱，多收钱”，以利于资金周转，提高资金时间价值。后期工程项目如设备安装、装饰装修等的报价可适当降低。

2. 经过对清单工程量复核，预计今后工程量会增加的项目，单价可适当提高；预计今后工程量可能减少的项目，则单价可适当降低。

3. 设计图纸不明确、工程内容说明不清，预计施工过程中会发生工程变更的项目，则可以降低一些单价。

4. 对发包人在施工中有可能会取消的有些项目，或有可能会指定分包的项目，报价可低点。

5. 发包人要求有些项目采用包干报价时，宜报高价。一则这类项目多半有风险，二则这类项目在完成后可全部按报价结算。

6. 有时招标文件要求投标人对工程量大的项目报“工程量清单综合单价分析表”，投标时可将人工费和机械费报高些，而材料费报低些。因为结算调价时，一般人工费和机械费选用“综合单价分析表”中的价格，而材料则往往采用市场价。

投标人采取不平衡报价法要注意单价调整时不能畸高或畸低。一般来说，单价调整幅度不宜超过±10%，只有当对施工单位具有特别优势的分项工程，才可适当增大调整幅度。否则在评标“清标”时，所报价格就会被认为不合理，影响投标人中标。

第四节　工程量清单计价模式下工程合同价款的约定

合同价是指发、承包双方在施工合同中约定的工程造价。实行招标的工程合同价款应在中标通知书发出之日起30天内，由发、承包人双方依据招标文件和中标人的投标文件在书面合同中约定。合同约定不得违背招、投标文件中的实质性内容。招标文件与中标人投标文件不一致的地方，以投标文件为准。

不实行招标的工程，合同价款在发、承包人双方认可的工程价款基础上，由发、承包双方在合同中约定。

发、承包人双方应在合同条款中对下列事项进行约定；合同中没有约定或约定不明的，由双方协商确定；协商不能达成一致的，按《计价规范》执行。

1. 预付工程款的数额、支付时间及抵扣方式

对工程使用的水泥、钢材等大宗材料，可根据工程具体情况设置工程材料预付款。应在合同中约定预付款的数额，可以是绝对数，也可以是合同金额的一定比例；约定支付时间，合同签订后一个月，或开工前7天等；约定抵扣方式，在工程进度款中按比例抵扣；约定违约责任，如不按合同约定支付的利息、违约责任等。

2. 工程计量与支付工程进度款的方式、数额及时间

工程计量时间和方式，可按月计量，可按工程形象部位分段计量；约定支付时间，计量后几天内支付；约定支付额度，已完工程量的一定比例；约定违约责任，如不按合同约定支付的利息、违约责任等。

3. 工程价款的调整因素、方法、程序、支付及时间

约定工程价款的调整因素：法律、行政法规和国家有关政策变化，工程造价管理机构发布的价格调整，物价波动引起的价格调整，经批准的工程变更等；约定调整方法，随工程款支付一并调整，结算时一次调整等；约定调整程序，承包人提交调整报告给发包人（监理人），发包人（监理人）审核时间等；约定支付时间，与工程进度款同期支付等。

4. 索赔与现场签证的程序、金额确认与支付时间

索赔与现场签证的程序，承包人提出索赔通知、索赔报告的时限要求，发包人（监理人）审核批准时间等；各项费用的计取，金额的确认等；约定支付时间，索赔与现场签证费用与工程进度款同期支付等。

5. 发生工程价款争议的解决方法及时间

约定发生工程价款争议时，选择的协调、调解、仲裁，还是诉讼等。

6. 承担风险的内容、范围以及超出约定内容、范围的调整办法

约定物价变化、清单工程量变化等的调整幅度，相应的工程价款的调整办法等。

7. 工程竣工价款结算编制与核对、支付及时间

承包人编制提交竣工结算书的时间，发包人审核（审查）的时限要求，以及竣工结算款的支付金额及时间等。

8. 工程质量保证（保修）金的数额、预扣方式及时间

工程质量保证（保修）金的扣留比例；预扣方式，是随工程进度款扣留，还是竣工结算一次扣留；工程质量保证（保修）金支付时间，竣工验收1年后的什么时间内结清等。

9. 与履行合同、支付价款有关的其他事项等

合同中涉及工程价款的事项较多，对有些事项还需要进一步补充、说明，以避免因发、承包双方理解上的歧义造成合同纠纷。

【例 15-1】 某医院门诊楼工程，建设方采用工程量清单方式公开招标。招标文件中评标办法规定商务标部分分值为60分（技术标部分分值为40分），其商务标评分办法如下：

（1）商务标的评分采用“基准价”的办法来确定其标准，以“评标价格”与“基准

价”的差额比例（偏离程度）来确定其得分。

(2) 本工程招标控制价为1000万元。其中以项为单位的暂估价为100万元。

(3)“评标价格”为：有效的投标报价减去以项为单位的暂估价。

(4) 基准价为：各“评标价格”的算术平均值。

(5) 投标人商务标得分的计算。

1）计算“评标价格”与“基准价”比较百分比 L_i（偏离程度）：

$$L_i = \frac{(\text{评标价格} - \text{基准价}) \times 100\%}{\text{基准价}}$$

2）按“评标价格”与“基准价”的比较值 L_i 计算出各投标人的商务标得分。评分标准见表15-2。

商务标评分标准 **表15-2**

项目	标准分	评分标准	分值
投标报价	60分	$-5\% > L_i$	45分
		$-4\% > L_i \geqslant -5\%$	48分
		$-3\% > L_i \geqslant -4\%$	51分
		$-2\% > L_i \geqslant -3\%$	54分
		$-1\% > L_i \geqslant -2\%$	57分
		$0 \geqslant L_i \geqslant -1\%$	60分
		$+1\% \geqslant L_i > 0$	55分
		$+2\% \geqslant L_i > +1\%$	50分
		$+3\% \geqslant L_i > +2\%$	45分
		$+4\% \geqslant L_i > +3\%$	40分
		$+5\% \geqslant L_i > +4\%$	35分
		$L_i > +5\%$	25分

通过资格预审的A1、A2、A3共三家施工单位参加了本工程的投标，其有效投标的报价分别为990万元、980万元和970万元。

问题：按照本工程招标文件中商务标评标办法，试计算这三家施工单位商务标的评标得分。

【解】

按照本工程招标文件中商务标评标办法，评委对投标人商务标的评标分值计算及其各投标人商务标得分见表15-3。

商务标评分记录表 **表15-3**

投标人名称	投标报价（万元）	暂估价（万元）	评标价格（万元）	基准价（万元）	L_i（偏离程度）	得分	备注
A1	990	100	890	880	+1.14%	50	
A2	980		880		0	60	
A3	970		870		−1.14%	57	

评委签字： 日期： 年 月 日

复 习 题

1. 根据计价方式的不同，建设工程承包合同可分为哪几种类型？实行工程量清单计价的工程，宜采用哪种类型合同？

2. 总价合同一般适用于哪些项目？可调单价合同的调整因素有哪些？

3. 成本加酬金合同适用于哪些项目，按照酬金的计算方式不同，又有哪几种形式？

4. 根据《建筑工程施工发包与承包计价管理办法》的规定，建设工程计价时可以采用的计价方法有哪几种？

5. 我国《招标投标法》规定了中标人的投标应符合哪两个条件？

6. 采用工程量清单招标时，招标控制价的编制依据有哪些？

7. 简述招标控制价的编制。

8. 采用工程量清单招标时，工程量清单由招标人提供给投标人，而投标人复核清单工程量的目的是什么？

9. 简述投标报价的编制。

10. 什么是不平衡报价法？其通常有哪些做法？

第十六章　建设工程价款结算

本章学习重点： 工程变更价款的确定、工程索赔、工程价款调整、建设工程价款结算。

本章学习要求： 掌握建设工程价款结算；熟悉工程变更价款的确定；熟悉工程价款调整的方法；了解工程索赔。

第一节　工程变更价款的确定

工程建设投资巨大，建设周期长，建设条件千差万别，涉及的经济关系和法律关系比较复杂，受自然条件和客观条件因数的影响大。所以，几乎所有工程项目在实施过程中，实际情况与招标投标时的情况都会有所变化。正是由于工程建设过程中，工程情况的变化，引起了工程变更。

1. 发包人的变更指令。发包人对工程的内容、标准、进度等提出新要求，修改项目计划，增减预算等。

2. 勘察设计问题。建设工程设计中存在问题难以避免，就是国有大型名牌设计院也不例外。施工中常见的勘察设计问题主要有：地质勘察资料不准确，设计错误和漏项，设计深度不够，专业图纸中存在矛盾，施工图纸提供不及时等。

3. 监理人的不当指令。

4. 承包人的原因。承包人的施工条件限制、施工质量出现问题、提出便于施工的要求、对设计意图理解的偏差、合理化的建议等。

5. 工程施工条件发生变化。施工周围环境条件变化、异常气候条件的影响、不可抗力事件、不利的物质条件等。

6. 新技术、新方法和新工艺改变原有设计、实施方案和实施计划。

7. 法律、法规、规章和政策发生变化提出新的要求等。

以上这些情况常常会导致工程变更，使得工程内容变化、工程量增减、施工进度计划改变、价格调整等，从而最终会导致合同价款调整。

一、工程变更

施工中发包人需对原工程设计进行变更，应提前 14 天以书面形式向承包人发出变更通知。变更超过原设计标准或批准的建设规模时，发包人应报规划管理部门和其他有关部门重新审查批准，并由原设计单位提供变更的相应图纸和说明。承包人按照监理人发出的变更指示及有关要求，进行下列需要的变更：

1. 更改工程有关部分的标高、基线、位置或尺寸；
2. 增减合同中约定的工程量；
3. 改变有关工程的施工时间和顺序；

4. 其他有关工程变更需要的附加工作。

在合同履行中，经发包人同意，监理人可按约定的变更程序向承包人做出变更指示，承包人应遵照执行。因变更导致合同价款的增减及造成的承包人损失，由发包人承担，延误的工期相应顺延。

施工中承包人应严格按图施工，不得擅自对工程设计进行变更。因承包人擅自变更设计发生的费用和由此导致发包人的直接损失由承包人承担，延误的工期不予顺延。

承包人在施工中提出的合理化建议涉及对设计图纸或施工组织设计的更改及对材料、设备的换用，须经发包人（监理人）同意。未经同意擅自更改或换用时，承包人承担由此发生的费用，并赔偿发包人的有关损失，延误的工期不予顺延。

施工中发生工程变更，承包人应按照经发包人认可的设计变更文件，进行变更施工，其中，政府投资项目重大变更，需按基本建设程序报批后方可施工。

合同履行中发包人要求变更工程质量标准及发生其他实质性变更，由双方协商解决。

二、工程变更价款的确定

（一）工程变更价款的确定程序

承包人在工程变更确定后 14 天内，向发包人（监理人）提出变更工程价款的报告，经发包人（监理人）确认后调整合同价款。报告内容应根据变更估价原则，详细列出变更工作的价格组成及其依据，并附必要的施工方法说明和相关图纸。变更影响工期的，承包人应提出调整工期的具体细节。发包人（监理人）认为有必要时，可要求承包人提交提前或延长工期的施工进度计划及相应施工措施等详细资料。

承包人在双方确定变更后 14 天内未提出变更工程价款报告时，视为该项变更不涉及合同价款的变更。

发包人（监理人）应在收到变更工程价款报告之日起 14 天内予以确认，无正当理由不确认时，自变更工程价款报告送达之日起 14 天后视为变更工程价款报告已被确认。若不同意承包人提出的变更价款，按合同关于争议的约定处理。

重大工程变更涉及工程价款变更报告和确认的时限由发、承包双方协商确定。

确认增（减）的工程变更价款作为追加（减）合同价款与工程进度款同期支付。

（二）工程变更价款的确定方法

若施工中出现施工图纸（含设计变更）与工程量清单项目特征描述不符的，发、承包双方应按新的项目特征确定相应工程量清单项目的综合单价。因分部分项工程量清单漏项或非承包人原因的工程变更，造成增加新的工程量清单项目，其对应的综合单价按下列方法确定：

1. 合同中已有适用的综合单价，按合同中已有的综合单价确定；

2. 合同中有类似的综合单价，参照类似的综合单价确定；

3. 合同中没有适用或类似的综合单价时，由承包人提出综合单价，经发包人确认后执行。

因分部分项工程量清单漏项或非承包人原因的工程变更，引起措施项目发生变化，造成施工组织设计或施工方案变更，原措施费中已有的措施项目，按原有措施费的组价方法调整；原措施费中没有的措施项目，由承包人根据措施项目变更情况，提出适当的措施费变更，经发包人确认后调整。

因非承包人原因引起的工程量增减，该项工程量变化在合同约定幅度以内的，应执行原有的综合单价；该项工程量变化在合同约定幅度以外的，其综合单价及措施费应予以调整。

因承包人自身原因导致的工程变更，承包人无权要求追加合同价款。

（三）争议的处理

如发、承包双方对工程变更价款不能达成一致，可提请工程所在地工程造价管理机构进行咨询或按合同约定的工程计价争议处理。

（四）依据的规范、标准和文件

目前国内处理工程变更所依据的主要规范、标准和文件有：《建筑安装工程费用组成》（建标［2003］206号文）、《标准施工招标文件》（2007年版）、《建设工程施工合同（示范文本）》（GF-1999-0201）、《建设工程工程量清单计价规范》（GB 50500—2008），以及相关定额和造价管理机构发布的工程造价文件等。

三、暂列金额与计日工

暂列金额虽然列入合同价格，但并不属于承包人所有。只有按照合同约定发生后，对合同价格进行相应调整，实际发生额才归承包人所有。

采用计日工计价的工程变更发生时，其价款从暂列金额中支付。发包人认为有必要时，由监理人通知承包人以计日工方式实施变更的零星工作，其价款按列入已标价工程量清单中的计日工计价子目及其单价进行计算。

承包人应发包人要求完成合同以外的零星工作或非承包人责任事件发生时，承包人应按合同约定及时向发包人提出现场签证。当合同对此未作具体约定时，按照《建设工程价款结算暂行办法》（财建［2004］369号）的规定，承包人应在接受发包人要求的7天内向发包人提出签证，发包人签证后施工。若没有相应的计日工单价，签证中还应包括用工数量和单价，机械台班数量和单价、使用材料品种及数量和单价等。

工程施工中发生的计日工，由承包人汇总后，在承包人每次申请进度款支付时列入，由监理人复核并经发包人同意后列入进度付款中支付。

四、暂估价

工程招标时，招标人对工程必然发生但当时还不能确定价格的材料和专业工程，在工程量清单中提供一个暂估价格，以便于工程计价。对于暂估价的最终确定，在工程施工过程中一般按下列原则办理：

1. 依法必须招标的材料、工程设备和专业工程。由发包人（监理人）和承包人共同以招标的方式选择供应商或分包人，发、承包双方在此采购招标中的权利义务关系应在合同专用条款中约定。中标价与工程量清单中所列的暂估价的金额差以及相应的税金等计入结算价。

2. 不需要招标的材料和工程设备。由承包人提供，发包人（监理人）确认的材料和工程设备价格与工程量清单中所列的暂估价的金额差以及相应的税金等计入结算价。这种材料和工程设备价格确认的具体程序和办法在工程施工合同专用条款中约定。

3. 不需要招标的专业工程。由发包人（监理人）、总承包人与分包人按照合同约定的有关计价方法进行计价，其价格与工程量清单中所列的暂估价的金额差以及相应的税金等计入结算价。

五、工程变更的管理

业内有一句话，施工单位“中标靠低价，赢利靠变更”。一般的工程项目，大多数施工企业都能干。施工招标时，业主考虑更多的是要“物美价廉”。业主通过招标控制价，经济标评分办法、合同条款约定、风险转移等手段来降低工程造价。施工单位面对“僧多粥少”，竞争激烈的建设工程市场，要想中标，除了具备基本的实力、能力、资信，以及良好的沟通和服务外，更重要的一点就是投标报价不能报高，否则就中不了标。那么，施工单位承揽到项目后，要想赚到钱，除自身的成本控制外，就要依靠施工过程中的工程变更、现场签证，以及下节要讲的工程索赔。

所以，工程变更管理对施工单位能否在项目上取得好的经济效益相当重要。施工过程中，施工单位要做好工程变更与合同价款的调整确定工作。首先，当施工中发生变更情况时，应按照合同约定或相关规定，及时办理工程变更手续，之后尽快落实变更。其次，要做好工程变更价款的计价与确定工作，尤其新增项目的单价、甲方选用材料价格的确认，以及暂估价价格的认价工作。市场价格和造价信息价格一般都有一定“弹性”。材质、规格、型号、厂家、地点，以及数量等不同，价格就不同。承、发包双方尽可能要确认一个合适的价格，并及时办理有相关方（甲方、监理、施工等）签字、甚至盖章的签认手续，必要时，新增项目还应签订补充协议书。有些时候现场生产技术人员要配合造价人员使其了解变更工程的实施情况，以便全面完整地计价。同时要在合同约定或相关规定的时限内提出工程变更价款的申请报告。最后，施工单位还应做好工程变更及其价款调整确认文件资料的日常管理工作，及时收集整理设计变更文件资料包括图纸会审记录、设计变更通知单和工程洽商记录等，及时收集整理工程变更价款计价文件资料包括材料设备和专业工程的招投标文件、合同书、认价单，补充协议书、现场签证、变更工程价款结算书，以及相关计价文件等。

六、FIDIC施工合同条件下工程变更价款的确定方法

（一）工程变更价款确定的一般原则

1. 变更工作在合同中有同类工作内容，应以该费率或单价计算变更工程的费用；

2. 合同中有类似工作内容，则应在该费率或单价的基础上进行合理调整，推算出新的费率和单价；

3. 变更工作在合同中没有类似工作内容，应根据实际工程成本加合理利润，确定新的费率或单价。

（二）工程变更的估价

FIDIC施工合同条件中对工程变更的估价，采用新的费率或单价，有两种情况：

1. 第一种情况

（1）该项工作实际测量的数量比工程量表中规定的数量的变化超过10%；

（2）工程量的变化与该项工作的费率的乘积超过了中标合同金额的0.01%；

（3）工程量变化直接造成该项工作的单位成本变动超过1%，而且合同中没有规定该项工作的费率固定。

2. 第二种情况

（1）该工作是按照变更和调整的指示进行的；

（2）合同中没有规定该项工作的费率或单价；

(3) 该项工作在合同中没有类似的工作内容，没有一个适宜的费率或单价适用。

【例 16-1】 某办公楼装修改造工程，业主采用工程量清单方式招标与某承包商签订了工程施工合同。该合同中部分工程价款条款约定如下：

1. 当分项工程的工程量增减幅度超过清单工程量的 10%时，调整综合单价，调整系数为 0.9 (1.1)。其中的分项工程 B、C、D 的工程量及综合单价见表 16-1。

工程量及综合单价 **表 16-1**

分 项 工 程	B	C	D
综合单价 (元/m^2)	60	70	80
清单工程量 (m^2)	2000	3000	4000

2. 管理费费率取 7%，利润率（包括风险费用）取 5%。

3. 变更新增项目的费率与原合同报价的费率相同。

4. 合同未尽事宜，按照《建设工程工程量清单计价规范》(GB 50500—2008) 的有关规定执行。

工程施工过程中，发生了以下事件：

(1) 业主领导来工地视察工程后，提出局部房间布局调整的要求。由于此工程变更，导致分项工程 B、C、D 工程量发生变化。后经监理工程师计量确认承包商实际完成工程量见表 16-2。

实际完成工程量 **表 16-2**

分 项 工 程	B	C	D
实际工程量 (m^2)	2500	3100	3500

(2) 应业主要求，设计单位发出了一份设计变更通知单。其中新增加的一项分项工程 E，经造价工程师测算，完成分项工程 E 需要人工费 10 元/m，材料费 87 元/m，机械费 3 元/m。

(3) 业主为了确保内墙涂料墙面将来不开裂，要求承包商选用质量更好的基层壁基布，并对工程使用的壁基布材料双方确认价格为 16 元/m^2。由于承包商在原合同的内墙涂料项目报价中遗漏了基层壁基布的材料费，结算时承包商就按壁基布材料的确认价格 16 元/m^2 计取了材料价差。

问题：

1. 计算分项工程 B、C、D 的分项工程费用。

2. 由于工程变更造成增加新的工程量清单项目，其综合单价如何确定？

3. 计算新增分项工程 E 的综合单价。

4. 在问题 3 中，承包商按壁基布的全价 16 元/m^2 计取材料价差是否合理？

【解】

1. 分项工程 B、C、D 的分项工程费用计算：

(1) 分项工程 B 实际工程量增加 500m^2，超过清单工程量的 10%，故应按合同约定调整综合单价。

按原综合单价计算的工程量：$2000\times(1+10\%)=2200m^2$

按调整后的综合单价结算的工程量：2500－2200＝300m^2

分项工程 B 的分项工程费用＝2200×60＋300×60×0.9＝148200 元

(2) 分项工程 C 实际工程量增加 100m^2，没有超过清单工程量的 10%，故综合单价不予调整。

分项工程 C 的分项工程费用＝3100×70＝217000 元

(3) 分项工程 D 实际工程量减少 500m^2，减少幅度超过清单工程量的 10%，故应按合同约定调整综合单价。

分项工程 D 的分项工程费用＝3500×80×1.1＝308000 元

2. 工程变更造成增加新的工程量清单项目，其对应的综合单价按下列方法确定：

(1) 合同中已有适用的综合单价，按合同中已有的综合单价确定；

(2) 合同中有类似的综合单价，参照类似的综合单价确定；

(3) 合同中没有适用或类似的综合单价时，由承包人提出综合单价，经发包人确认后执行。

其中第 (3) 条“由承包人提出综合单价”，在工程计价实践中，发包人（监理人）、承包人之间经常会产生异议。所以，要想避免出现这种问题，在签订工程施工合同时，发、承包双方应就施工中工程变更可能引起的新增项目的计价：资源消耗量；人工、材料、机械的价格；以及管理费、利润、风险费的取费标准等做出约定。如果合同中未做约定，一般可按“实际成本加利润”的原则，由造价工程师按现行定额相关项目及有关规定的消耗量、当时当地资源市场价格或施工期造价信息价格，以及相应项目原投标费率等测算，经发包人与承包人协商后确定。

如果发包人与承包人就变更工程的价款不能协商一致，则按工程计价争议处理。

3. 新增分项工程 E 的综合单价＝(人工费＋材料费＋机械费)×(1＋管理费率)×(1＋利润率)＝(10＋3＋87)×(1＋7%)×(1＋5%)＝112.35 元/m

4. 不合理。按照工程量清单计价精神，工程量清单与计价表中列明的所有需要填写的单价和合价，投标人均应填写，未填写的单价和合价，视为此项费用已包含在工程量清单的其他单价和合价中。

所以，承包商在内墙涂料原合同报价中遗漏了基层壁基布的材料费，应认为该项的费用已包含在了其内墙涂料单价中。故结算时基层壁基布材料，承包商不应按确认价格 16 元/m^{2}来计算价差。这种情况，一般按施工期确认价格与投标报价期对应的造价信息价格，以及考虑合同约定的风险幅度，计算其超过部分的价差。

第二节　工　程　索　赔

工程索赔是在工程承包合同履行中，当事人一方由于另外一方未履行合同所规定的义务或者出现了应当由对方承担的风险而遭受损失时，向另外一方提出赔偿要求的行为。在国际工程承包中，工程索赔是经常大量发生且普遍存在的管理业务。许多国际工程项目通过成功的索赔使工程利润达到了 10%～20%，有的工程索赔额甚至超过了工程合同额。“中标靠低价，盈利靠索赔”，便是许多国际承包商的经验总结。

在实际工作中索赔是双向的，既包括承包人向发包人的索赔，也包括发包人向承包人的索赔。但在工程实践中，发包人索赔数量较少，而且处理方便，可以通过冲账、扣工程款、扣保证金等实现对承包人的索赔。通常情况下，索赔是指承包人在合同实施中，对非自身原因造成的工程延期、费用增加而要求发包人给予补偿的一种行为。按照索赔的目的将索赔分为工期索赔和费用索赔。

工程施工中，引起承包人向发包人索赔的原因一般会有：

1. 施工条件变化引起的；

2. 工程变更引起的；

3. 因发包人原因致使工期延期引起的；一周内非承包人原因停水、停电、停气造成停工累计超过 8 小时的；

4. 发包人（监理人）要求加速施工，更换材料设备引起的；

5. 发包人（监理人）要求工程暂停或终止合同引起的；

6. 物价上涨引起的；

7. 法律、行政法规和国家有关政策变化，以及货币及汇率变化引起的；

8. 工程造价管理部门公布的价格调整引起的；

9. 发包人拖延支付承包人工程款引起的；

10. 不利物质条件和不可抗力引起的；

11. 由发包人分包的工程干扰（延误、配合不好等）引起的；

12. 其他第三方原因（邮路延误、港口压港等）引起的；

13. 发、承包双方约定的其他因素引起的等。

一、索赔成立的条件

承包人的索赔要求成立，必须同时具备以下三个条件：

1. 与合同相对照，事件已造成了承包人施工成本的额外支出或总工期延误；

2. 造成费用增加或工期延误的原因，不属于承包人应承担的责任；

3. 承包人按合同规定的程序和时限内提交了索赔意向通知和索赔报告。

二、工程索赔的证据

当一方向另一方提出索赔时，要有正当索赔理由，且有索赔事件发生时的有效证据。工程施工过程中，常见的索赔证据有：

1. 工程招标文件、合同文件；

2. 施工组织设计；

3. 工程图纸、设计交底记录、图纸会审记录、设计变更通知单和工程洽商记录，以及技术规范和标准；

4. 来往函件、指令或通知；

5. 现场签证、施工现场记录以及检查、试验、技术鉴定和验收记录；

6. 会议纪要，备忘录；

7. 工程预付款、进度款拨付的数额及日期；

8. 发包人应该提供的设计文件和资料、甲供材料设备的进场时间记录；

9. 工程现场气候情况记录；

10. 工程材料设备和专业分包工程的招投标文件、合同书，以及材料采购、订货、进场方面的凭据；

11. 工程照片；

12. 法律、行政法规和国家有关政策变化文件，工程造价管理部门公布的价格调整文件；

13. 货币及汇率变化表、财务凭证等。

实践证明，承包人索赔成功与否的关键是有力的索赔证据。没有证据或证据不足，索赔要求就不能成立。索赔的证据一定要具备真实性、全面性、关联性、及时性以及法律有效性。

所以，承包人在施工中要注意及时收集整理有关的工程索赔证据，这是索赔工作的关键。

三、工程索赔的处理程序

索赔事件发生后，承包人应持证明索赔事件发生的有效证据，依据正当的索赔理由，按合同约定的时间内向发包人提出索赔。发包人应按合同约定的时间对承包人提出的索赔进行答复和确认。当发、承包双方在合同中对此未作具体约定时，按以下规定办理：

1. 承包人应在确认引起索赔的事件发生后 28 天内向发包人发出索赔通知，否则，承包人无权获得追加付款，竣工时间不得延长。

2. 承包人应在现场或发包人认可的其他地点，保持证明索赔可能需要的记录。发包人收到承包人的索赔通知后，未承认发包人责任前，可检查记录保持情况，并可指示承包人保持进一步的同期记录。

3. 在承包人确认引起索赔的事件后 42 天内，承包人应向发包人递交一份详细的索赔报告，包括索赔的依据、要追加付款的全部资料。

如果引起索赔的事件具有连续影响，承包人应按月递交进一步的中间索赔报告，说明累计索赔的金额。

承包人应在索赔事件产生的影响结束后 28 天内，递交一份最终的索赔报告。

4. 发包人在收到索赔报告 28 天内，应做出回应，表示批准或不批准并附具体意见。还可以要求承包人提供进一步的资料，但仍要在上述期限内对索赔做出回应。

5. 发包人在收到最终索赔报告后的 28 天内，未向承包人做出答复，视为该项索赔报告已经认可。

发、承包双方确认的索赔费用与工程进度款同期支付。

四、工程索赔费用的计算

1. 索赔费用的组成

索赔费用的主要组成部分，同工程款的计价内容相似。

(1) 人工费。包括变更和增加工作内容的人工费、业主或监理工程师原因的停工或工效降低增加的人工费、人工费上涨等。其中，变更工作内容的人工费应按前面讲的工程变更人工费计算；增加工作内容的人工费应按照计日工费计算；停工损失费和工作效率降低的损失费按照窝工费计算。窝工费的标准在合同中约定，若合同中未约定，由造价人员测算，合同双方协商确定。人工费上涨一般按合同约定或造价管理机构的有关规定计算。

(2) 材料费。包括变更和增加工作内容的材料费、清单工程量增减超过合同约定幅度、由于非承包人原因工程延期时材料价格上涨、由于客观原因材料价格大幅度上涨等。

变更和增加工作内容的材料费应按前面讲的工程变更材料费计算；工程量增减的材料费按照合同约定调整；材料价格上涨一般按合同约定或造价管理机构的有关规定计算。

(3) 施工机械使用费。包括变更和增加工作内容的机械使用费、业主或监理工程师原因的机械停工窝工费和工作效率降低的损失费、施工机械价格上涨等。其中，变更和增加工作内容的机械费应按照机械台班费计算；窝工引起的机械闲置费补偿要视机械来源确定：如果是承包人自有机械，按台班折旧费标准补偿，如果是承包人从外部租赁的机械，按台班租赁费标准补偿，但不应包括运转操作费用。施工机械价格上涨一般按合同约定或造价管理机构的有关规定计算。

(4) 管理费。包括承包人完成额外工作、索赔事项工作以及合同工期延长期间发生的管理费。根据索赔事件的不同，区别对待。额外工作的管理费按合同约定标准计算；对窝工损失索赔时，因其他工作仍然进行，可能不予计算。合同工期延长期间所增加的管理费，目前没有统一的计算方法。

在国际工程施工索赔中，对总部管理费的计算有以下几种：

1) 按投标书中的比例计算；

2) 按公司总部统一规定的管理费比率计算；

3) 按工期延期的天数乘以该工程每日管理费计算。

(5) 利润。索赔费用中是否包含利润损失，是经常会引起争议的一个比较复杂的问题。根据《标准施工招标文件》中通用合同条款的内容，在不同的索赔事件中，可以索赔的利润是不同的。一般因发包人自身的原因：工程范围变更、提供的文件有缺陷或技术性错误、未按时提供现场、提供的材料和工程设备不符合合同要求、未完工工程的合同解除、合同变更等引起的索赔，承包人可以计算利润。其他情况下，承包人一般很难索赔利润。

索赔费用利润率的计取通常是与原报价中的利润水平保持一致。

(6) 措施项目费。因分部分项工程量清单漏项或非承包人原因的工程变更，引起措施项目发生变化，造成施工组织设计或施工方案变更，原措施费中已有的措施项目，按原有措施费的组价方法调整；原措施费中没有的措施项目，由承包人根据措施项目变更情况，提出适当的措施费变更，经发包人确认后调整。

施工过程中，若国家或省级、行业建设主管部门对措施项目清单中的安全文明施工费进行调整的，应按规定调整。

(7) 规费和税金。按国家或省级、行业建设主管部门的规定计算。工作内容的变更或增加，承包人可以计取相应增加的规费和税金外，其他情况一般不能索赔。暂估价价差、主要材料、人工和机械的价差只计取税金。

(8) 保函手续费。工程延期时，保函手续费会增加，反之，保函手续费会折减。计入合同价中的保函手续费也相应调整。

(9) 利息。发包人未按合同约定付款的，应按银行同期贷款利率支付延迟付款利息。

根据我国《最高人民法院关于审理建设工程施工合同纠纷案件适用法律问题的解释》(法释［2004］14号) 第十七条的规定：当事人对欠付工程价款利息计付标准有约定的，按照约定处理；没有约定的，按照中国人民银行发布的同期同类贷款利率计息。

2. 索赔费用的计算方法

每一项索赔费用的具体计算根据索赔事件的不同，会有很大区别。其基本的计算方法有：

(1) 实际费用法

该法是工程费用索赔计算时最常用的一种方法。这种方法的计算原则是，按承包人索赔费用的项目不同，分别列项计算其索赔额，然后汇总，计算出承包人向发包人要求的费用补偿额。每一项工程索赔的费用，仅限于在该项工程施工中所发生的额外直接费，在额外直接费的基础上再加上相应的间接费、利润和税金，即是承包人应得的索赔金额。

实际费用法所依据的是实际发生的成本记录或单据，所以，在施工中承包人系统而准确地积累记录资料是非常重要的。

(2) 总费用法

即总成本法。就是当发生多次索赔事件以后，重新计算该工程的实际总费用，减去投标报价时的估算总费用，即为索赔金额。其公式为：

索赔金额＝实际总费用—投标报价估算总费用　(16-1)

该法只有在难以精确地计算索赔事件导致的各项费用增加额时才采用。因为实际发生的总费用中可能包括了承包人的原因，如施工组织不善而增加的费用，同时投标报价估算的总费用往往因为承包人想中标而过低。

(3) 修正总费用法

该法是对总费用法的改进，即在总费用计算的原则上，去掉一些不合理的因素，进行修正和调整，使其更合理。修正的内容有：

1) 计算索赔额的时段仅限于受影响的时间，而不是整个施工期；

2) 只计算受影响的某项工作的损失，而不是计算该时段内的所有工作的损失；

3) 与该工作无关的费用不列入总费用中；

4) 对投标报价费用按受影响时段内该项工作的实际单价进行核算，乘以实际完成该项工作的工程量，得出调整后的报价费用。其计算公式为：

索赔金额＝某项工作调整后的实际总费用—该项工作调整后的报价费用　(16-2)

修正总费用法与总费用法相比，有了实质性的改进，它的准确程度已接近于实际费用法。

【例 16-2】 某办公楼工程，业主和承包商按照《建设工程施工合同（示范文本）》签订了工程施工合同。合同中约定的部分价款条款如下：人工费单价为 45 元/工日；税金为 3.14%；人工市场价格的变化幅度大于 10%时，按照当地造价管理机构发布的造价信息价格进行调整，其价差只计取税金；非承包商原因造成的工程停工，人员窝工补偿费为 30 元/工日，机械闲置台班补偿费为 500 元/台班，其他费用不予补偿；其他未尽事宜，按照国家有关工程计价文件规定执行。

在施工过程中，发生了如下事件：

事件 1. 工程主体施工时，由于业主确定设计变更图纸延期 1 天，导致工程部分暂停，造成人员窝工 20 个工日，机械闲置 1 个台班；由于该地区供电线路检修，全场供电中断 1 天，造成人员窝工 50 个工日，机械闲置 1 个台班；由于商品混凝土供应问题，一个施工段的顶板浇筑延误半天，造成人员窝工 15 个工日，机械闲置 0.5 个台班。

事件 2. 工程施工期间，当地造价管理部门规定，由于近期市场人工工资涨幅较大，其上涨幅度超出正常风险预测范围。本着实事求是的原则，从当月起，在施工程的人工费单价按照造价信息价格进行调整。当地工程造价信息上发布的人工费单价为55～70元/工日。经造价工程师审核，影响调整的人工为10000工日。

事件3．工程装修施工时，当地造价管理部门发布，为了落实绿色施工要求，对原有的安全文明施工措施费的费率标准做出调整。对未完的工程量相应的安全文明施工措施费费率乘以1.05系数，承包商据此计算出本工程的安全文明施工措施费应增加2万元。但业主认为按照合同约定，工程没有发生变更，调整的费用承包商应自己承担。

问题：

1．事件1中，承包商按照索赔程序，向业主（监理）提出了索赔报告。试分析这三项索赔是否成立？承包商可以获得的索赔费用是多少？

2．计算事件2中承包商可以增加的工程费用是多少？

3．事件3中，业主的说法是否正确，为什么？

【解】

1．图纸延期和现场供电中断索赔成立，混凝土供应问题索赔不成立。因为设计变更图纸延期属于业主应承担的责任。对施工来说，现场供电中断是业主应承担的风险。商品混凝土供应问题是因为承包商自身组织协调不当。所以，承包商可以获得的索赔费用：

图纸延期索赔额＝20工日×30元/工日＋1台班×500元/台班＝1100元

供电中断索赔额＝50工日×30元/工日＋1台班×500元/台班＝2000元

总索赔费用＝1100＋2000＝3100元

2．按照当地造价管理部门发布的造价信息价格中，人工价格一般按照工程类别不同，分别会给出一个调整幅度的上限和下限。这时的人工费单价调整方法，当合同中没有约定时，一般取造价信息价格中人工费单价的下限，其差值全部计算价差。故本工程人工费单价可调整为55元/工日。

人工费价差调整额＝10000工日×（55－45）元/工日＝100000元

增加的工程费用＝100000×（1＋3.14%）＝103140元

3．业主的说法不正确。根据《建设工程工程量清单计价规范》（GB50500—2008）的规定，措施项目清单中的安全文明施工费应按照国家或省级、行业建设主管部门的规定计价，不得作为竞争性费用。在施工过程中，国家或省级、行业建设主管部门对安全文明施工措施费进行了调整的，措施项目费中的安全文明施工费应作相应调整。

所以，业主应支付施工单位按规定调整安全文明施工措施费所增加的费用。

五、工程索赔报告的编制

索赔报告的具体内容，因索赔事件性质和特点的不同而有所差别。一般地讲，基本内容应包括以下几个方面：

1．索赔申请。根据施工合同条款约定，由于什么原因，承包人要求的费用索赔金额和（或）工期延长时间。

2．索赔事件。简明扼要介绍索赔事件发生的日期、过程和对工程的影响程度，目前工程进展情况，承包人为此采取的措施，承包人为此消耗的资源等。

3．索赔依据。依据的合同具体条款以及相关文件规定。说明自己具有的索赔权利，索赔的时限性、合理性和合法性。

4. 计算部分。该部分是具体的计算方法和过程，是索赔报告的核心内容。承包人应根据索赔事件的依据，采用详实的资料数据和合适的计算方法，计算自己应得的经济补偿数额和（或）工期延长的时间。计算索赔费用时，注意要采用合理的计价方法，详细的计算过程，切忌笼统的估计。

5. 证据部分。包括该索赔事件所涉及的一切可能的证明材料及其说明。证据是索赔成立与否的关键。

六、费用索赔的审核

工程费用索赔是工程结算审核的一个重点内容。首先注意索赔费用项目的合理性，然后选用的计算方法和费率分摊方法是否合理、计算结果是否准确、费率是否正确、有无重复取费等。

（一）索赔取费的合理性

不同原因引起的索赔，承包人可索赔的具体费用内容是不完全一样的。要按照各项费用的特点、条件进行分析论证，挑出不合理的取费项目或费率。

索赔费用的主要组成，国内同国际上通行的规定不完全一致。我国按《建筑安装工程费用项目组成》的规定，建筑安装工程费用包括直接费、间接费、利润和税金。而国际工程建筑安装工程费用基本组成一般包括工程总成本、暂列金额和盈余。

（二）索赔计算的正确性

1. 在索赔报告中，承包人常以自己的全部实际损失作为索赔额。审核时，必须扣除两个因素的影响：一是合同规定承包人应承担的风险；二是由于承包人报价失误或管理失误等造成的损失。索赔额的计算基础是合同报价，或在此基础上按合同规定进行调整。在实际中，承包人常以自己实际的工程量、生产效率、工资水平等作为索赔额的计算基础，从而过高地计算索赔额。

2. 停工损失中，不应以计日工的日工资计算，通常采用人员窝工费计算；闲置的机械费补偿，不能按台班费计算，应按机械折旧费或租赁费计算，不应包括机械运转操作费用。正确区分停工损失与因工程师临时改变工作内容或作业方法造成的工效降低损失的区别。凡可以改做其他工作的，不应按停工损失计算，但可以适当补偿降效损失。

3. 索赔额中包含利润损失，是经常会引起争议的问题。一般因发包人自身的原因引起的索赔，承包人才可以计算利润。

4. 按照国际工程惯例，索赔准备费用、索赔额在索赔处理期间的利息和仲裁费等费用不计入索赔额中。

5. 关于共同延误的处理原则

在实际施工中，工期拖延很少是只由一方，往往是两三种原因同时发生（或相互影响）而造成的，称为"共同延误"。在这种情况下，要具体分析哪一种情况延误是有效的，应依据以下原则：

（1）首先判断造成拖期的哪一种原因是先发生的，即确定"初始延误"者，他应对工程拖期负责。在初始延误发生作用期间，其他并发的延误者不承担责任。

（2）如果初始延误者是发包人原因，则在发包人原因造成的延误期内，承包人既可得到工期延长，又可得到费用补偿。

（3）如果初始延误者是客观原因，则在客观因素发生影响的延误期内，承包人可以得到工期延长，但很难得到费用补偿。

（4）如果初始延误者是承包人原因，则在承包人原因造成的延误期内，承包人既不能得到工期延长，又不能得到费用补偿。

索赔方都是从维护自身利益的角度和观点出发，提出索赔要求。索赔报告中往往夸大损失，或推卸责任，或转移风险，或仅引用对自己有利的合同条款等。

因此，审核时，对索赔方提出的索赔报告必须全面系统地研究、分析、评价，找出问题。一般审核中发现的问题有：承包人的索赔要求超过合同规定的时限；索赔事项不属于发包人（监理人）的责任，而是与承包人有关的其他第三方的责任；双方责任大小划分不清，必须重新计算；事实依据不足；合同依据不足；承包人没有采取适当措施避免或减少损失；合同中的开脱责任条款已经免除了发包人的补偿责任；索赔证据不足或不成立，承包人必须提供进一步的证据；损失计算夸大等。

【例 16-3】 某城市改造工程项目，在施工过程中，发生了以下几项事件：

事件 1. 在土方开挖中，发现了较有价值的出土文物，导致施工中断，施工单位部分施工人员窝工、机械闲置，同时施工单位为保护文物付出了一定的措施费用。在土方继续开挖中，又遇到了工程地质勘察报告中没有的旧建筑物基础，施工单位进行了破除处理。

事件 2. 在地基处理中，施工单位为了使地基夯填质量得到保证，将施工图纸的夯击处理范围适当扩大。其处理方法也得到了现场监理工程师认可。

事件 3. 在基础施工过程中，遇到了季节性大雨后又转为罕见的特大暴风雨，造成施工现场临时道路和现场办公用房等设施以及已施工的部分基础被冲毁，施工设备损坏，工程材料被冲走。暴风雨过后，施工单位花费了很多工时进行工程清理和修复作业。

事件 4. 工程主体施工中，业主要求施工单位对某一构件做破坏性试验，以验证设计参数的正确性。该试验需修建两间临时试验用房，施工单位提出业主应支付该项试验费用和试验用房修建费用。业主认为，该试验费属建筑安装工程检验试验费，试验用房修建费属建筑安装工程措施费中的临时设施费，该两项费用已包含在施工合同价中。

事件 5. 业主提供的建筑材料经施工单位清点入库后，在专业监理工程师的见证下进行了检验，检验结果合格。其后，施工单位提出，业主应支付其所供材料的保管费和检验费。由于建筑材料需要进行二次搬运，业主还应支付该批材料的二次搬运费。

问题：

1. 事件 1 中施工单位索赔能否成立，应如何计算费用索赔？

2. 事件 2 中施工单位将扩大范围的工程量向造价工程师提出了计量付款申请，是否合理？

3. 事件 3 中施工单位按照索赔程序，向业主（监理）提出了索赔报告。试问应如何处理？

4. 事件 4 中试验检验费用和试验用房修建费应分别由谁承担？

5. 事件 5 中施工单位的要求是否合理？

【解】

1. 施工单位索赔成立

（1）在土方开挖中，发现了较有价值的出土文物，是业主应承担的风险。对施工索赔来说，可以理解为业主的责任（原因）。

1）因业主原因造成的施工人员窝工，其费用补偿按降效处理，即可以考虑施工单位应该合理安排窝工人员去做其他工作，只补偿工效差。一般用工日单价乘以一个测算的降效系数（有的取60%）计算这一部分损失，而且只计算成本费用，不包括利润。

2）因业主原因造成的施工机械闲置，其费用补偿要视机械来源确定：如果是施工单位自有机械，一般按台班折旧费标准补偿；如果是施工单位租赁的机械，一般按台班租赁费标准补偿，不包括运转所需费用。

3）施工单位为保护文物而支出的措施费用，业主应按实际发生额支付。

（2）土方开挖中遇到了工程地质勘察报告中没有的旧建筑物基础，这种情况在地基与基础工程施工中经常会碰到。是由于地质勘察报告的资料数据不详的原因，很难避免。从施工角度来说，是业主应该承担的风险，所以应给予施工单位相应的费用补偿。

在工程施工中，类似这种隐蔽工程：地下障碍物的清除处理、新增项目回填土、局部拆除改造、楼地面修整等的工程费用。结算计价时，发包人（监理人）与承包人之间经常会对工程量计算中的厚度、体积、尺寸大小，以及施工条件难易程度等有异议。对于这些主要依靠施工现场准确记录计量的、不可追溯的工程项目，施工时发包人（监理人）与承包人要及时计量，并办理签证手续。不要在结算时，依靠施工人员"回忆"当时情况来结算。

2. 不合理。该部分的工程量超出了施工图纸的范围，一般地讲，也就超出了工程合同约定的工程范围。监理工程师认可的只是施工单位为保证施工质量而采取的技术措施。在没有设计变更情况下，技术措施费已包含在施工合同报价中，故该项费用应由施工单位自己承担。

3.（1）对于前期的季节性大雨，这是一个有经验的承包商能够合理预见的因数。是施工单位应承担的风险，故由此造成的损失不能给予补偿。

（2）对于后期罕见的特大暴风雨，是承包商不能够合理预见的，应按不可抗力事件处理。根据不可抗力事件的处理原则（详见本章第三节），被冲毁现场临时道路、业主的现场办公室等设施，以及已施工的部分基础，被冲走的工程材料，工程清理和修复作业等经济损失应由业主承担。损坏的施工设备，以及由此造成的人员窝工和机械设备闲置、被冲毁的施工现场办公用房等经济损失由施工单位承担。

4. 两项费用均应由业主承担。依据建设部、财政部发布的《建筑安装工程费用组成》（建标［2003］206号文）中的有关规定，建筑安装工程费（或检验试验费）中不包括构件破坏性试验费，建筑安装工程临时设施费中不包括试验用房修建费用。

5. 施工单位要求业主支付材料保管费和检验费合理，要求业主支付二次搬运费不合理。依据《建设工程施工合同（示范文本）》的有关规定，业主提供的材料，施工单位负责保管和检验，业主应承担相应的保管费用和检验费用。其二次搬运费已包含在施工单位的措施项目费报价中。

第三节　工程价款的调整

由于影响建设工程产品价格的因数繁多，而且随着时间的变化，这些价格因数也会发生变化，最终将会导致工程产品价格的变化。工程建设过程中发、承包双方在签订建设工程施工合同时，都会从维护自身经济利益的角度考虑，在合同中对合同价款调整做出明确规定。

发、承包双方履行合同的过程中，当合同约定的工程价款调整因数情况发生时，应当对合同工程价款进行调整。

一、工程价款调整因素

1. 法律、行政法规和国家有关政策变化；

2. 工程造价管理机构发布的价格调整；

3. 物价波动引起的价格调整；

4. 经批准的设计变更；

5. 发包人更改经审定批准的施工组织设计（修正错误除外）造成费用增加；

6. 双方约定的其他因素。

二、工程价款调整程序

工程价款调整报告应由受益方在合同约定时间内向合同的另一方提出，经对方确认后调整合同价款。受益方未在合同约定时间内提出工程价款调整报告的，视为不涉及合同价款的调整。当合同未作约定时，可按下列规定办理：

1. 调整因素情况发生后 14 天内，由受益方向对方递交包括调整原因、调整金额的调整工程价款报告。受益方在 14 天内未递交调整工程价款报告的，视为不调整工程价款。

2. 收到调整工程价款报告的一方应在收到之日起 14 天内予以确认或提出修改意见，如在 14 天内未作确认也未提出修改意见，视为已经同意该项调整。

经发、承包双方确定调整的工程价款，将作为追加（减）合同价款与工程进度款同期支付。

三、工程价款调整

（一）国家有关法律、法规、规章和政策变化引起的价款调整

招标工程以投标截止日前 28 天，非招标工程以合同签订前 28 天为基准日，其后国家的法律、法规、规章和政策发生变化影响工程造价的，应按省级或行业建设主管部门或其授权的工程造价管理机构发布的规定调整合同价款。

工程建设过程中，发、承包双方都是国家法律、法规、规章和政策的执行者。因此，在发、承包双方履行合同的过程中，当国家的法律、法规、规章和政策发生变化，国家或省级、行业建设主管部门或其授权的工程造价管理机构据此发布工程造价调整文件，工程价款应当进行调整。

（二）市场价格波动引起的价款调整

若施工期内市场价格波动超出一定幅度时，应按合同约定调整工程价款；合同没有约定或约定不明确的，应按省级或行业建设主管部门或其授权的工程造价管理机构的规定调整。

例如，北京市建设工程造价管理处（京造定［2009］7 号）文件中规定：

（1）发、承包人应当在施工合同中约定市场价格变化幅度超过合同约定幅度的调整办法，可采用加权平均法、算术平均法或其他计算方法。

（2）主要材料和机械市场价格的变化幅度小于或等于合同中约定的价格变化幅度时，不做调整；变化幅度大于合同中约定的价格变化幅度时，应当计算超过部分的价差，其价

差由发包人承担或受益。

(3) 人工市场价格的变化幅度小于或等于合同中约定的价格变化幅度时，不做调整；变化幅度大于合同中约定的价格变化幅度时，其价差全部由发包人承担或受益。

人工、材料和机械计算后的差价只计取税金。

(4) 变化幅度应以《北京工程造价信息》中的市场信息价格（简称造价信息价格）为依据，造价信息价格中有上、下限的，以下限为准，造价信息价格中没有的，按发、承包人共同确认的市场价格为准。施工期市场价格以发、承包人共同确认的价格为准。若发、承包人未能就共同确认价格达成一致，可以参考造价信息价格。

(5) 当投标报价时的单价低于投标报价期对应的造价信息价格时，按施工期确认价格或对应的造价信息价格与投标报价期对应的造价信息价格计算其变化幅度；当投标报价时的单价高于投标报价期对应的造价信息价格时，按施工期确认价格或对应的造价信息价格与投标报价时的价格计算其变化幅度。

（三）工程变更引起的价款调整

若施工中出现施工图纸（含设计变更）与工程量清单项目特征描述不符的，发、承包双方应按新的项目特征确定相应工程量清单的综合单价；因分部分项工程量清单漏项或非承包人原因的工程变更，造成增加新的工程量清单项目，引起措施项目发生变化，其对应的综合单价或措施费的调整确认，详见本章第一节“工程变更价款的确定”。

（四）工程量变化引起的价款调整

因非承包人原因引起的工程量增减，该项工程量变化在合同约定幅度以内的，应执行原有的综合单价；该项工程量变化在合同约定幅度以外的，其综合单价及措施项目费应予以调整。

在合同履行过程中，因非承包人原因引起的工程量增减与招标文件中提供的工程量可能有偏差，该偏差对工程量清单项目的综合单价将产生影响，是否调整综合单价以及如何调整应在合同中约定。若合同未作约定，按以下原则办理：

1. 当工程量清单项目工程量的变化幅度在10%以内时，其综合单价不做调整，执行原有综合单价。

2. 当工程量清单项目工程量的变化幅度在10%以外，且其影响分部分项工程费超过0.1%时，其综合单价以及对应的措施费（如有）均应作调整。调整的方法是由承包人对增加的工程量或减少后剩余的工程量提出新的综合单价和措施项目费，经发包人确认后调整。

（五）不可抗力事件引起的价款调整

不可抗力是指承包人和发包人在订立合同时不可预见，在工程施工过程中不可避免发生并不能克服的自然灾害和社会性突发事件，如地震、海啸、瘟疫、水灾、骚乱、暴动、战争和合同约定的其他情形。

因不可抗力事件导致的费用，发、承包双方应按以下原则分别承担并调整工程价款。

1. 工程本身的损害、因工程损害导致第三方人员伤亡和财产损失以及运至施工现场用于施工的材料和待安装的设备的损害，由发包人承担；

2. 发包人、承包人人员伤亡由其所在单位负责，并承担相应费用；

3. 承包人的施工机械设备的损坏及停工损失，由承包人承担；

4. 停工期间，承包人应发包人要求留在施工现场的必要的管理人员及保卫人员的工资费用，由发包人承担；

5. 工程所需清理、修复费用，由发包人承担。

四、工程价款调整方法

（一）按市场价格调整法

有些工程施工合同约定工程使用的部分主要材料的价格，结算时按市场价格调整，即按承包人实际购买的材料价格结算。这种合同条件下，承包人使用的主要工程材料价格是按实结算，因而承包人对降低价格不感兴趣。另外，这些材料的现场确认价格有时比实际价格高很多。为了避免这些问题，合同中应约定发包人和监理人有权参与材料询价，并要求承包人选择满足工程要求的价廉的材料，或由发包人（监理人）和承包人共同以招标的方式选择供应商，发、承包双方在此采购招标中的权利义务关系应在合同专用条款中约定。一般造价管理机构发布的造价信息价格，是结算的最高限价。

发包人在招标文件中列出需要调整价差的主要材料及其暂估价。工程结算时，若是招标采购的，应按中标价调整；若为非招标采购，按施工期确认价格调整。其价格与招标文件中材料暂估价价格的差额及其相应税金等计入结算价。

若发、承包人未能就共同确认价格达成一致，可以参考当时当地造价管理部门发布的造价信息价格。

（二）采用造价信息价格调整法

施工期内因人工、材料、设备和机械台班价格波动影响合同价格时，人工费、材料费和机械使用费按照国家或省级、行业建设管理部门或其授权的工程造价管理机构发布的造价信息价格进行调整；

价格调整幅度应以造价信息价格为依据，造价信息价格中有上、下限的，以下限为准，造价信息价格中没有的，按发、承包人共同确认的市场价格为准。

这种方法适用于使用的材料品种较多，相对而言每种材料的使用量较小的房屋建筑和装饰工程。

（三）调价系数法

是指工程施工合同约定，工程结算时按工程造价管理机构发布的调价系数及调价计算方法，进行工程价款调整。一般工程所在地的工程造价管理机构会定期发布调价系数，以便发、承包双方办理结算。

（四）按政府有关部门规定进行价款调整法

采用工程量清单计价时，措施项目费中的安全文明施工费，以及计价中的规费和税金应按照国家或省级、行业建设主管部门的规定计算，不得作为竞争性费用。在施工过程中，若国家或省级、行业建设主管部门对其进行调整的，应做相应调整。

计算基础和费率标准按照工程所在地工程造价管理机构的规定执行。

（五）调值公式法

按照国家发改委、财政部、建设部等九部委第56号令发布的《标准施工招标文件》中的通用合同条款，因人工、材料和设备等价格波动影响合同价格时，可采用调值公式（16-3）计算差额并调整合同价格：

$$\Delta P = P_0[A + (B_1 \times F_{t1}/F_{01} + B_2 \times F_{t2}/F_{02} + B_3 \times F_{t3}/F_{03} + \cdots + B_n \times F_{tn}/F_{0n}) - 1] \tag{16-3}$$

1. 以上价格调整公式中的各可调因子、定值和变值权重，以及基本价格指数在投标函附录价格指数和权重表中约定。价格指数应首先采用有关部门提供的价格指数，缺乏时，可采用价格代替。

2. 权重的调整。工程变更导致原合同中的权重不合理时，由发包人、监理人和承包人协商调整。

3. 承包人工期延误的价格调整。由于承包人原因导致工程未在合同约定的工期内竣工，则对原约定竣工日期以后继续施工的工程，在使用调值公式时，应采用原约定竣工日期和实际竣工日期的两个价格指数中较低的一个作为现行的价格指数。

调值公式法适用于使用的材料品种较少，但每种材料的使用量较大的土木工程，如公路、水坝等工程不宜采用调值公式法。

【例 16-4】 某土石方工程，合同总价为 1000 万元，工程价款采用调值公式动态结算。人工费、材料费和机械费占工程价款的 85%，人工、材料和机械费中各项费用比例分别为人工费 30%，机具折旧费 35%，柴油 35%。投标报价期为 2010 年 3 月，2010 年 10 月完成的工程价款占合同总价的 20%。有关月报的工资、材料物价指数见表 16-3。

工资、材料物价指数表 **表 16-3**

项　目	人工费	机具折旧	柴　油
2010 年 3 月指数	100.0	150.2	170.3
2010 年 9 月指数	110.1	160.2	190.3

问题：试按调值公式，计算 2010 年 10 月调整的价格差额。

【解】

不调值费用占工程价款的比例为 15%，则调值的各项费用占工程价款的比例计算：

人工费 85%×30%=26%

机具折旧 85%×35%=30%

柴油 85%×35%=30%

$$\begin{aligned}\Delta P &= P_0[A+(B_1\times F_{t1}/F_{01}+B_2\times F_{t2}/F_{02}+B_3\times F_{t3}/F_{03}+\cdots+B_n\times F_{tn}/F_{0n})-1]\\ &=1000\times 20\%\times[0.14+(0.26\times 110.1/100.0+0.30\times 160.2/150.2\\ &\quad +0.30\times 190.3/170.3)-1]\\ &=16.29\text{ 万元}\end{aligned}$$

第四节　建设工程价款结算

建设工程价款结算是指对建设工程的发承包合同价款进行约定和依据合同约定进行工程预付款、工程进度款、工程竣工价款结算的活动。工程价款结算应按合同约定办理，合同未作约定或约定不明的，按财政部、建设部《建设工程价款结算暂行办法》（财建[2004] 369 号）和《计价规范》的规定办理。

一、工程预付款

也称为预付备料款。是指发包人按照合同约定，在工程开工前预先支付给承包人作为工程施工储备主要材料和构配件所需的资金。支付的预付款，按照合同约定在工程进度款中抵扣。

（一）工程预付款的额度

包工包料工程的预付款按合同约定拨付，原则上预付比例不低于合同金额（扣除暂列金额）的10%，不高于合同金额的30%；对重大工程项目，按年度工程计划逐年预付。实行工程量清单计价的工程，实体性消耗和非实体性消耗部分应在合同中分别约定预付款比例（或金额）。

（二）工程预付款的支付时间

在具备施工条件的前提下，发包人应在双方签订合同后的一个月内或不迟于约定的开工日期前的7天内预付工程款。发包人不按合同约定预付，承包人应在预付时间到期后10天内向发包人发出要求预付的通知，发包人收到通知后仍不按要求预付，承包人可在发出通知14天后停止施工，发包人应从约定应付之日起向承包人支付应付款的利息（利率按同期银行贷款利率计），并承担违约责任。

（三）工程预付款的抵扣方式

工程实施后，随着工程所需主要材料储备的逐步减少，工程预付款应以抵充工程进度款的方式陆续扣回，抵扣方式在合同中约定。

凡是没有签订合同或不具备施工条件的工程，发包人不得预付工程款，不得以预付款为名转移资金。

二、工程进度款

（一）工程进度款结算方式

工程进度款结算方式有以下两种：

1. 按月结算与支付。即实行按月支付进度款，竣工后清算的办法。合同工期在两个年度以上的工程，在年终进行工程盘点，办理年度结算。

2. 分段结算与支付。即当年开工、当年不能竣工的工程按照工程形象进度，划分不同阶段支付工程进度款。具体工程分段划分应在合同中明确，且付款周期应与计量周期一致。

（二）工程计量

1. 工程计量的原则

工程量应按承包人在履行合同义务过程中实际完成的工程量计量。若发现工程量清单中出现漏项、工程量计算偏差，以及工程变更引起工程量的变化应按实调整，正确计量。结算的工程量按发、承包双方在合同中约定，应予计量且实际完成的工程量确定。

2. 工程计量的要求

承包人应当按照合同约定的方法和时间，向发包人提交已完工程量的报告。发包人应在接到报告后按照合同约定进行核对。

当发、承包双方在合同中未对工程量的计量时间、程序、方法和要求作约定时，按以下规定办理。

（1）承包人应在每个月末或合同约定的工程段完成后向发包人提交上月或上一工程段已完工程量报告；

（2）发包人应在接到报告后7天内按施工图纸（含设计变更）核实已完工程量，并在计量前24小时通知承包人，承包人应提供条件并派人参加核实；

(3) 发、承包双方认可的核对后的计量结果，应作为工程进度款支付的依据。

承包人收到通知后不参加核实，以发包人核实的工程量作为工程价款支付的依据；发包人不按约定时间通知承包人，致使承包人未能参加核实的，核实结果无效；

发包人收到承包人报告后7天内未核实完工程量，从第8天起，承包人提交的工程计量即视为发包人已经认可；对承包人超出设计图纸（含设计变更）范围和因承包人原因造成返工的工程量，发包人不予计量。

（三）工程进度款支付

根据确定的工程计量结果，承包人在每个付款周期末（月末或合同约定的工程段完成后），向发包人递交进度款支付申请，并附相应的证明文件。除合同另有约定外，进度款支付申请应包括下列内容：

1. 本周期已完成工程的价款；

2. 累计已完成的工程价款；

3. 累计已支付的工程价款；

4. 本周期已完成计日工金额；

5. 应增加和扣减的变更金额；

6. 应增加和扣减的索赔金额；

7. 应抵扣的工程预付款；

8. 应扣减的质量保证金；

9. 根据合同应增加和扣减的其他金额；

10. 本付款周期实际应支付的工程价款。

发包人在收到承包人递交的工程进度款支付申请及相应的证明文件后，发包人应在合同约定的时间内核对并支付工程进度款，同时按合同约定的时间、比例（或金额）扣回工程预付款。

《建设工程价款结算暂行办法》（财建［2004］369号）规定：发包人在收到承包人递交的工程进度款支付申请及相应的证明文件后14天内，应按不低于工程价款的60%，不高于工程价款的90%向承包人支付工程进度款。

发包人超过约定的支付时间不支付工程进度款，承包人应及时向发包人发出要求付款的通知；发包人收到承包人通知后仍不能按要求付款，可与承包人协商签订延期付款协议，经承包人同意后可延期支付；协议应明确延期支付的时间和从工程计量结果确认后第15天起计算应付款的利息（利率按同期银行贷款利率计）。

发包人不按合同约定支付工程进度款，双方又未达成延期付款协议，导致施工无法进行时，承包人可停止施工，由发包人承担违约责任。

三、工程竣工结算

工程完工后，双方应按照约定的合同价款及合同价款调整内容以及索赔事项，进行工程竣工结算。

（一）工程竣工结算方式

工程竣工结算分为单位工程竣工结算、单项工程竣工结算和建设项目竣工总结算。

（二）工程竣工结算编制

工程完工后，发、承包双方应在合同约定时间内办理工程竣工结算。工程竣工结算由承包人或受其委托具有相应资质的工程造价咨询人编制，由发包人或受其委托具有相应资质的工程造价咨询人核对。

1. 工程竣工结算编制的依据

（1）国家有关法律、法规、规章制度和相关的司法解释；

（2）工程造价计价方面的规范、规程、标准，以及造价管理机构发布的文件和要求；

（3）施工承包合同，包括专业分包合同及补充合同，有关材料、设备采购合同；

（4）工程竣工图纸或施工图、施工图会审记录、经批准的施工组织设计，以及设计变更、工程洽商和相关会议记录；

（5）经批准的开、竣工报告或停、复工报告；

（6）双方确认的工程量；

（7）双方确认追加（减）的工程价款；

（8）双方确认的索赔、现场签证及其价款；

（9）招标投标文件，包括招标答疑文件、投标承诺、中标报价书及其组成内容；

（10）其他依据。

2. 工程竣工结算的编制内容

采用工程量清单计价的工程，工程竣工结算的编制内容应包括工程量清单计价表所包含的各项费用内容：

（1）分部分项工程费应依据双方确认的工程量、合同约定的综合单价计算，如发生调整的，以发、承包双方确认调整的综合单价计算。

（2）措施项目费应依据合同约定的项目和金额计算；如发生调整的，以发、承包双方确认调整的金额计算。

1）采用综合单价计价的措施项目，应依据发、承包双方确认的工程量和综合单价计算；

2）以“项”为单位计价的措施项目，应依据合同约定的措施项目和金额或发、承包双方确认调整后的措施项目费金额计算；

3）措施项目清单中的安全文明施工费按照国家或省级、行业建设主管部门的规定计算。施工过程中，国家或省级、行业建设主管部门对安全文明施工费进行调整的，措施项目费中的安全文明施工费应作相应调整。

（3）其他项目费用应按下列规定计算：

1）计日工的费用应按发包人实际签证确认的数量和合同约定的相应项目综合单价计算；

2）暂估价中的材料单价应按发、承包双方确认价格在综合单价中调整；专业工程暂估价应按中标价或发包人、承包人与分包人最终确认价格计算；

3）总承包服务费应依据合同约定金额计算，如发生调整的，以发、承包双方确认调整的金额计算。竣工结算时，总承包服务费应按分包专业工程结算造价（不含设备费）及原投标费率进行调整；

4）索赔费用应依据发、承包双方确认的索赔事项和金额计算；

5）现场签证费用应依据发、承包双方签证资料确认的金额计算；

6）暂列金额是招标人在工程量清单中暂定并包括在合同价款中的一笔款。其用途为在工程施工中可能发生的工程变更、价款调整、费用索赔、现场签证等费用，结算时按照合同约定实际发生后，按实结算。暂列金额减去工程价款调整与索赔、现场签证金额，如有余额归发包人。

(4) 规费和税金应按国家或省级、行业建设主管部门对规费和税金的计取标准计算。施工过程中，国家或省级、行业建设主管部门对规费和税金进行调整的，应作相应调整。

将以上各项结算费用汇总填入表16-4。

单位工程竣工结算汇总表 **表16-4**

工程名称： 第 页 共 页

序 号	汇 总 内 容	金额（元）
1	分部分项工程	
1.1		
1.2		
1.3		
2	措施项目	
2.1	安全文明施工费	
2.2		
2.3		
3	其他项目	
3.1	专业工程结算价	
3.2	计日工	
3.3	总承包服务费	
3.4	索赔与现场签证	
4	规费	
5	材料暂估价价差	
6	人工、材料、机械价差	
7	税金	
竣工结算总价合计＝1＋2＋3＋4＋5＋6＋7		

3. 单位工程竣工结算由承包人编制，发包人审核；实行总承包的工程，由具体承包人编制，在总承包人审核的基础上，发包人审核。单项工程竣工结算或建设项目竣工总结算由总（承）包人编制，发包人可直接进行审核，也可以委托具有相应资质的工程造价咨询人进行审核。政府投资项目，由同级财政部门审核。工程竣工结算经发、承包人签字盖章后有效。

(三) 工程竣工结算的递交

承包人应在合同约定时间内编制完成竣工结算书，并在提交竣工验收报告的同时递交给发包人。承包人未在合同约定时间内递交竣工结算书，经发包人催促后仍未提供或没有明确答复的，发包人可以根据已有资料办理结算。

(四) 工程竣工结算审核期限

发包人在收到承包人递交的竣工结算书后，应按合同约定时间核对。合同中对核对竣工结算时间没有约定或约定不明的，发包人应按表16-5规定的时间进行核对，并提出核对意见。

工程竣工结算审核期限 **表16-5**

	工程竣工结算书金额	审核时间
1	500万元以下	从接到竣工结算书和完整的竣工结算资料之日起20天
2	500万元～2000万元	从接到竣工结算书和完整的竣工结算资料之日起30天
3	2000万元～5000万元	从接到竣工结算书和完整的竣工结算资料之日起45天
4	5000万元以上	从接到竣工结算书和完整的竣工结算资料之日起60天

建设项目竣工总结算在最后一个单项工程竣工结算审核确认后15天内汇总，送发包人后30天内审核完成。

同一工程竣工结算核对完成，发、承包双方签字确认后，禁止发包人又要求承包人与另一个或多个工程造价咨询人重复核对竣工结算。

发包人或受其委托的工程造价咨询人收到承包人递交的竣工结算书后，在合同约定期限内，不核对竣工结算或未提出核对意见的，视为承包人递交的竣工结算书已经认可，发包人应向承包人支付工程结算价款。

承包人在接到发包人提出的核对意见后，在合同约定时间内，不确认也未提出异议的，视为发包人提出的核对意见已经认可，竣工结算办理完毕。

竣工结算办理完毕，发包人应将竣工结算书报送工程所在地工程造价管理机构备案。竣工结算书作为工程竣工验收备案、交付使用的必备文件。

（五）工程竣工结算的审核

1. 审核的原则

工程竣工结算审查（审核）时应坚持“实事求是，有理有据”的原则。

2. 审核的方法

（1）逐项审核法

又称全面审核法，即对各项费用组成、工程细目、价格逐项全面审核的一种方法。其优点是全面、细致、审核质量高、效果好，缺点是工作量大。这种方法适合于审核时间充裕，或工程量小，或工艺简单、或工程结算编制问题较多的工程。

（2）标准预算审核法

是指对利用标准图纸或通用图纸施工的工程，以收集整理编制的标准预算为准来核对工程结算，对局部修改部分单独审核的一种方法。其优点是时间短、效果好、易定案。缺点是适用范围小，仅适用于采用标准图纸的工程（或其中的部分）。

（3）分组计算审核法

是把结算中有关项目按类别划分若干组，利用同组中的一组相互关联数据或计算基础审核分项工程量的一种方法。如一般建筑工程中将底层建筑面积编为一组，先计算建筑面积或楼地面面积，从而得出楼面找平层、天棚抹灰等的工程量。其优点是审核速度快、工作量小，因而造价人员常常采用。

（4）对比审核法

是用已建成工程的预算或虽未建成但已审核修正的工程预算对比审核拟建类似工程预算的一种方法。使用这种方法时，要注意工程之间应具有可比性。

(5) 筛选审核法

是统筹法的一种，也是一种对比方法。建筑工程虽然有面积和高度的不同，但是它们各个分部分项工程的单位建筑面积指标变化不大，归纳为工程量、造价、用工三个单方基本指标，并注明其适用条件。用基本指标来筛选各分部分项工程，筛下去的就不审核了，没有筛下去的就意味着此分部分项工程的单位建筑面积数值不在基本指标范围之内，应对该分部分项工程进行详细审核。其优点是简单易懂，便于掌握，审核速度快，便于发现问题。但要解决差错，分析其原因还需继续核对。因此，此方法适用于审核住宅工程，或不具备全面审核条件的工程。

(6) 重点审核法

就是抓住结算中的重点进行审核。审核重点一般是工程量大或造价高的分部分项工程，新增项目，工程变更价款的调整、工程索赔，暂估价价差，主要材料、设备和机械价格的调整等。其优点是重点突出，审核时间短、效果好。

一般可将以上几种方法结合起来使用，这样既能提高审核质量，又能提高工作效率。比如某大型住宅小区项目，我们可以先采用筛选审核法，将结算书中有问题项目筛出来，再采用重点审核法，对其中工程量大或造价高的问题项目（外墙装饰、门窗工程、防水工程等）进行重点审核，其他有些问题项目可以采用逐项审核法。

3. 审核中的问题

工程结算审核中，一般常出现的问题有：招标文件中项目标段和招标范围的划分不合理，不利于造价控制；招标控制价没有合理考虑承包人应承担的风险；招标文件与施工合同内容衔接的不好；合同签订滞后；合同中变更价款调整、新增项目计价的条款表述太笼统，可操作性差；分包工程合同划界不清；合同工程内容与结算工程内容不一致；总包服务费所包含的服务内容不具体；工程量计算规则不熟悉漏算；应扣除的工程量不扣除多算；应合并计算的工程量分开重复计算；汇总计算错误；套错定额，高套定额，重复套定额；随意提高材料消耗量；多算钢筋调整量；定额换算不合规定；没有扣除甲供材料，或没有全部扣除；结算材差系数、计算基数与造价主管部门发布的文件不一致；材料价格确认单不全，结算资料收集整理不齐全、不准确，后补结算资料；工程洽商和现场签证内容含糊不清楚，重复签证，签证内容与实际情况不符；设计变更文件没有签字或签字不全；隐蔽工程没有现场记录；竣工图没有全面反映实际施工情况；费用的计算基础或取费标准不符合合同约定、或费用定额、或造价主管部门的文件规定；在县城的却套用市区的税率；承包人不能按合同约定或有关规定时限内提交结算书；发包人没有在合同约定或有关规定时限内审核结算书等。

这些问题可以分为两部分。一是错误部分，属于纯数学计算问题，包括承包人故意留的审核余量，只要审核双方按照合同约定和有关规定，花费一定时间去详细计算核对即可，一般能够达成一致。另一是争议部分，审核双方由于站的角度不同，对合同（或有关文件）中的部分条款（规定）理解往往会存在歧义，容易产生扯皮，这类问题解决起来比较费劲。因此，第二类问题是工程结算审核中协调解决的重点。

工程结算审核中，工程洽商变更费用、暂估价的确认与计价、材料价差、索赔费用、新增隐蔽项目的计量等最易产生歧义。要避免结算中出现这些问题，发、承包双方首先要加强合同管理。在招标投标时，通过合同条款对有些结算中易扯皮的事项：工程洽商变更项目的计价、暂估价价格的确认、新增项目的组价方法、总包服务费所包含的服务内容、甲方分包工程的划界以及工程价格风险承担的方式等进行预控。在合同中提前约定好，能够细化的就尽量不要笼统表述。其次，在施工过程中，发、承包双方要及时办理工程价款方面的确认手续，如工程洽商变更价款的确定、新增隐蔽项目的工程量计量、暂估价认价单、甲方指定材料认价单、索赔与现场签证费用等，必要时双方应签订补充协议，做到“先签字后干活”。然后，对承包人来说，还应安排有工程经验的专职经营人员管理合同，尤其大型工程项目和情况复杂的工程项目，使施工技术与经营管理配合密切。最后，施工中要及时准确收集整理有关计价方面的资料和文件，做到资料及时齐全、有理有据，避免工程结算审核时资料缺乏、依据不足。

（六）工程竣工价款结算

竣工结算办理完毕，发包人应根据确认的竣工结算书在合同约定时间内向承包人支付工程竣工结算价款。若合同中没有约定或约定不明的，发包人应在竣工结算书确认后15天内向承包人支付工程竣工结算款，保留5%左右的质量保证（保修）金，待工程交付使用一年质保期到期后清算。

发包人未在合同约定时间内向承包人支付工程结算价款（拖欠工程款）的，承包人可催告发包人支付结算价款。如达成延期支付协议的，发包人应按同期银行同类贷款利率支付拖欠工程价款的利息。如未达成延期支付协议，承包人可以与发包人协商将该工程折价，或申请人民法院将该工程依法拍卖，承包人就该工程折价或者拍卖的价款优先受偿。

四、工程价款结算争议处理

工程造价咨询人接受发包人委托，审核工程竣工结算，应按合同约定和实际履约事项认真办理，其出具的竣工结算报告经发、承包双方签字盖章后生效。当事人一方对报告有异议的，可对工程结算中有异议部分，向有关部门申请咨询后协商处理。若不能达成一致，双方可按合同约定的争议或纠纷解决程序处理。

1. 在工程计价中，对工程造价计价依据、办法以及相关政策规定发生争议事项的，由工程造价管理机构负责解释。

2. 发包人以对工程质量有异议，拒绝办理工程竣工结算的，已竣工验收或已竣工未验收但实际投入使用的工程，其质量争议按该工程保修合同执行，竣工结算按合同约定办理；已竣工未验收且未实际投入使用的工程以及停工、停建工程的质量争议，双方应就有争议的部分委托有资质的检测鉴定机构进行检测，根据检测结果确定解决方案，或按工程质量监督机构的处理决定执行后办理竣工结算，无争议部分的竣工结算按合同约定办理。

3. 发、承包双方发生工程造价合同纠纷时，应通过下列办法解决：

（1）双方协商；

（2）提请调解，工程造价管理机构负责调解工程造价问题；

（3）按合同约定向仲裁机构申请仲裁或向人民法院起诉。

4. 在合同纠纷案件处理中，需做工程造价鉴定的，应委托具有相应资质的工程造价咨询人进行。

五、其他事项

发包人和承包人要加强施工现场的造价控制，及时对工程合同外的事项如实记录并履行书面手续。凡由发、承包双方授权的现场代表签字的现场签证以及发、承包双方协商确定的索赔等费用，应在工程竣工结算中如实办理，不得因发、承包双方现场代表的中途变更改变其有效性。

工程竣工结算以合同工期为准，实际施工工期比合同工期提前或延后，发、承包双方应按合同约定的奖惩办法执行。

接受委托承接有关工程结算咨询业务的工程造价咨询人应具有工程造价咨询单位资质，其出具的办理拨付工程价款和工程结算的文件，应当由造价工程师签字，并应加盖执业专用章和单位公章。

六、FIDIC 施工合同条件下工程费用的结算

(一）预付款

当承包商按照合同约定提交保函后，业主应支付一笔预付款，作为用于动员的无息贷款。预付款的总额、分期预付的次数和时间安排，以及使用的币种和比例，应按投标书附录中的规定。

预付款通过付款证书中按百分比扣减的方式付还。

(二）工程费用的支付

1. 工程费用支付的条件

(1) 质量合格是工程支付的必要条件；

(2) 符合合同条件；

(3) 变更工程必须有工程师的变更通知；

(4) 支付金额必须大于中期支付证书规定的最小限额；

(5) 承包商的工作使工程师满意。

2. 工程期中付款的支付

承包商提出期中付款申请。承包商应在每个月末后，按工程师指定的格式向工程师递交月报表，详细说明自己认为有权得到的款额，以及按照进度报告编制的相关进度报告在内的证明文件。

工程师对承包商提出的付款申请进行审核，确认期中付款金额。若期中付款金额小于合同规定的期中付款证书最低限额时，则工程师不需签发付款证书。工程师应在收到承包商月报表和证明文件 28 天内向业主递交期中付款证书，并附详细的说明资料。

在工程师收到承包商报表和证明文件后 56 天内，业主应向承包商支付工程师期中付款证书确认的金额。

3. 竣工报表

承包商在收到工程的接收证书后 84 天内，应向工程师提交竣工报表，并附有按工程师指定格式编写的证明文件。

工程师应在收到承包商竣工报表和证明文件 28 天内，对承包商其他支付要求进行审核，确认应支付尚未支付的金额，并上报业主支付。

4. 最终报表和结清证明

承包商完成了施工和竣工缺陷修补工作后，工程师颁发履约证书。同时业主应将履约保证退还给承包商。

承包商应在收到履约证书后56天内，向工程师提交按照工程师指定格式编制的最终报表草案并附证明文件，详细列出：

（1）根据合同应完成的所有工作的价值；

（2）承包商认为根据合同或其他规定应支付的任何其他款额。

在与工程师达成一致意见后，承包商可向工程师提交正式的最终报表。同时向业主提交一份结清证明，说明按照合同约定业主应支付承包商的结算总金额。

如承包商与工程师未能就最终报表草案达成一致，则争议部分由裁决委员会裁决。

5. 工程最终付款的支付

工程师在收到正式最终报表和结清证明后28天内，应向业主提交最终付款证书，说明：

（1）工程师认为按照合同最终应支付给承包商的款额；

（2）业主以前已付款额、尚需支付承包商或承包商尚需付给业主的款额。

业主应在收到最终付款证书56天内，向承包商支付最终付款证书确认的金额。否则应按投标书附录中的规定，支付延误付款的利息。

（三）保留金

保留金一般为合同总价的5%。当已颁发工程接收证书时，工程师应确认将保留金的前一半支付给承包商。在各缺陷通知期限的最后一个期满日期后，工程师应立即确认承包商未付保留金的余额给予支付。

【例16-5】 某混凝土工程，发、承包双方签订的施工合同中，工程价款部分条款约定如下：

（1）混凝土工程计划工程量5000m^3，以实际完成工程量结算。实际完成工程量以监理工程师计量的结果为准。

（2）采用以直接费为计算基础的全费用综合单价计价，合同总价218.9万元。混凝土工程的全费用综合单价为437.80元/m^3，其中直接费为350元/m^3，间接费费率取12%，利润率为8%，税金为3.41%。

（3）若混凝土工程实际工程量增减幅度超过计划工程量的20%时，则工程完工当月结算时，全部混凝土工程综合单价的间接费费率调整系数为0.9（1.1），利润率调整系数为0.9（1.2）。其他不予调整。

（4）合同工期5个月。

（5）工程预付款为合同价的20%。在开工前7天拨付，在第2、3两个月平均扣回。

（6）工程进度款以实际完成工程量按月支付。总监理工程师每月签发进度款的最低额度为25万元。

（7）工程质保金3%，随工程进度款逐月扣留，混凝土工程完工一年后付清。

（8）其他未尽事宜，按照国家有关工程计价文件规定执行。

工程施工过程中，由于建设方取消了部分混凝土分项工程，使得施工单位实际施工工程量比合同计划工程量减少，同时施工单位也将工期缩减到4个月完成。

该混凝土工程每月实际完成，并经监理工程师计量确认的工程量见表16-6。

每月实际完成的工程量　　表 16-6

月　份	1	2	3	4	累计
工程量（m³）	500	1300	1200	900	3900

问题：

1. 该工程预付款为多少？

2. 计算该混凝土工程调整后的全费用综合单价（以直接费为计算基础的全费用综合单价）。

3. 施工单位每月应得工程进度款，以及完工当月工程结算款是多少？总监理工程师每月签发的实际付款金额应是多少？

4. 该混凝土工程结算合同总价款为多少？完工后扣留的质保金为多少？

【解】

1. 工程预付款＝218.9×20％＝43.78 万元

2. 混凝土工程调整后的全费用综合单价计算见表 16-7。

全费用综合单价　　表 16-7

序号	费用项目	计算方法	工程量增加 20％的调整(元/m³)	工程量减少 20％的调整(元/m³)
①	直接费	……	350	350
②	间接费	①×间接费费率	350×12％×0.9＝37.8	350×12％×1.1＝46.2
③	利润	(①＋②)×利润率	(350＋37.8)×8％×0.9＝27.92	(350＋46.2)×8％×1.2＝38.04
④	税金	(①＋②＋③)×税率	(350＋37.8＋27.92)×3.41％＝14.18	(350＋46.2＋38.0)×3.41％＝14.81
⑤	综合单价	①＋②＋③＋④	350＋37.8＋27.92＋14.18＝429.90	350＋46.2＋38.04＋14.81＝449.05

3. 施工单位每月应得的工程进度款以及总监理工程师签发的实际付款金额

(1)第 1 个月完成工程量价款 500×437.8＝218900 元

施工单位应得工程进度款 218900×(1－3％)＝212333 元

212333 元＜250000 元，总监理工程师不签发付款，转下月支付。

(2) 第 2 个月完成工程量价款 1300×437.8＝569140 元

施工单位应得工程进度款 569140×(1－3％)－437800÷2＝333165.8 元

212333＋333165.8＝545498.8 元＞250000 元

本月应签发的实际付款金额为 545498.8 元。

(3) 第 3 个月完成工程量价款 1200×437.8＝525360 元

施工单位应得工程进度款 525360×(1－3％)－437800÷2＝290699.2 元

290699.2 元＞250000 元

本月应签发的实际付款金额为 290699.2 元。

(4) 第 4 个月完工结算，最终累计实际完成工程量 3900m³，较计划工程量 5000m³ 减少了

(5000－3900)/5000×100％＝22％＞20％

工程结算款＝3900×449.05×(1－3％)－545498.8－290699.2－437800＝424758.15 元

本月应签发的结算付款金额为 424758.15 元。

4. 该混凝土工程结算合同总价款＝3900×449.05＝1751295 元

扣留的质保金＝1751295×3％＝52538.85 元

复 习 题

1. 简述工程变更价款的确定程序和方法。
2. 在工程施工过程中，暂估价确定的原则是什么？
3. 施工过程中，施工单位应如何作好工程变更管理？
4. 简述 FIDIC 施工合同条件下工程变更价款的确定方法。
5. 工程施工中，引起承包人向发包人索赔的原因一般会有哪些？
6. 索赔成立的条件是什么？试述索赔处理的程序。
7. 工程施工过程中，常见的索赔证据有哪些？
8. 工程索赔费用的计算方法有哪几种？费用索赔计算中应注意哪些问题？
9. 简述工程价款的调整程序。
10. 工程常用的动态结算方法有哪几种？
11. 工程价款结算主要包括哪几种结算？
12. 工程竣工结算编制的主要依据有哪些？
13. 简述工程竣工结算的审核方法及各方法的优缺点和适用范围。
14. FIDIC 施工合同条件下，工程费用支付的条件是什么？
15. 合同以外零星项目工程价款如何结算？
16. 工程价款结算时应注意的问题有哪些？
17. 工程价款结算争议如何处理？

参考文献

[1] 《建设工程工程量清单计价规范》编制组. 《建设工程工程量清单计价规范》宣贯辅导教材. 北京：中国计划出版社，2008

[2] 北京市建设工程造价管理处. 北京市《建设工程工程量清单计价规范》应用指南. 北京：2004

[3] 全国一级建造师执业资格考试用书编写委员会. 建设工程经济(第三版). 北京：中国建筑工业出版社，2011

[4] 全国造价工程师执业资格考试培训教材编审组. 工程造价计价与控制(第三版). 北京：中国计划出版社，2009

[5] 国际咨询工程师联合会，中国工程咨询协会. FIDIC施工合同条件. 北京：机械工业出版社，2010

[6] 孙震主编. 建设工程概预算与工程工程量清单计价. 北京：人民交通出版社，2003